纺织服装高等教育"十三五"部委级规划教材
浙江省示范性高等职业院校建设教材
服装职业教育项目课程系列教材　系列教材主编：张福良

服装材料应用

（第三版）

Application of Garment Materials

主　编◎朱远胜　　副主编◎季　荣　陈　敏

东华大学出版社
·上海·

内容提要

本书通过大量图片对服装材料及其应用等内容做了详细的讲解,包括纤维和纱线、服装常用面料、服装常用辅料、服装材料的染整、服装材料的质量与鉴别、服装材料与服装工艺、服装材料与服装设计。本书的特点是着重讲解服装材料的应用,而对服装材料本身的理论知识未做太多讲解,目的是为读者正确应用服装材料打下基础。本书可用作职业教育服装院校专业教材,也可用作服装厂工人、技术人员、设计人员的参考用书,对服装经营消费者及出口商品检验者都有实用参考价值。

图书在版编目(CIP)数据

服装材料应用 / 朱远胜主编. —3 版. —上海:东华大学出

版社,2016.1

ISBN 978-7-5669-0879-7

Ⅰ. 服　Ⅱ.朱…　Ⅲ.服装—材料—教材　Ⅳ.TS941.15

中国版本图书馆 CIP 数据核字(2015)第 189389 号

责任编辑:马文娟

封面设计:戚亮轩

服装材料应用(第三版)
FUZHUANG CAILIAO YINGYONG

主　编:朱远胜

副主编:季　荣　陈　敏

出版:东华大学出版社(上海市延安西路 1882 号,200051)

本社网址:http://www.dhupress.net

天猫旗舰店:http://dhdx.tmall.com

营销中心:021-62193056　62373056　62379558

印刷:上海锦良印刷厂

开本:787mm×1092mm　1/16　印张:15.75　字数:405 千字

2016 年 1 月第 3 版　2016 年 1 月第 1 次印刷

ISBN 978-7-5669-0879-7/TS · 642

定价:49.80 元

前　言

随着我国高等教育规模的扩大和服装产业的迅速发展,服装院校专业课程教学面临着新的标准和新的要求,与此相适应,需对高职教材进行重新调整与定位。本教材充分考虑高职学生的学习特点,理论上尽量做到"必需、够用",教材形式也尽量图文并茂,以有助于提高学生的学习积极性。同时本教材力求反映服装材料发展的新成果,具有先进性、科学性和教学适应性,充分体现高职教育的特征。

本书主要介绍构成服装所需的纤维材料和非纤维材料,对服装常用的面料和辅料进行图文并茂的叙述,就服装材料在服装工艺、服装设计中的应用进行详细的叙述,并就常用服装材料的质量与鉴别等内容做详细介绍。

本书编写有三个方面的特点:第一,采用大量图片来介绍服装材料,目的是使广大读者能够更加直观地认识服装材料;第二,重点放在服装材料的应用上,便于读者能够理论联系实际;第三,内容上力求反映服装材料近年来的发展,尽量介绍当前市场上能够见到的新材料,以使读者掌握的内容不至于落伍。

本书由浙江纺织服装职业技术学院朱远胜任主编,季荣、陈敏任副主编。全书各章节分工如下:朱远胜编写绪论、第一章、第二章第三、四、五节、第六章、第七章第一、二、四节,季荣编写第二章第一节、第四章、第五章,陈敏编写第三章,刘立华编写第二章第二节,北京服装学院郭凤芝老师编写第七章第三节。全书由主编统稿、校正。

由于编者水平有限,书中不足之处在所难免,敬请读者批评指正。

编者

再版说明

本书自 2006 年 2 月出版以来,受到纺织服装教育者、技术人员、设计人员及广大读者的关注,也收到广大兄弟院校和我院相关教师的修订意见,并于 2009 年 6 月出版了第二版,与第一版相比,第二版做了以下修改:

第一,增加了 50 张高清晰的彩色典型面料图片,避免了印刷时黑白照片清晰度不够的缺点,便于广大读者能更形象的了解面料的外观特征。

第二,增加了第八章纺织面料成本核算的内容。这主要是考虑涉及到面料采购岗位人员的使用。

第三,增加了第二章第五节其他结构的纺织面料内容,这主要是考虑目前除了传统意义上的纺织面料外,复合面料、刺绣面料、植绒面料也有广泛的应用。

第四,对第四章服装材料的染整中有关前处理、染色、印花有了较大改动,更利于服装专业对染整知识的掌握。

第五,正文内容更新和增加了大量图片。

但在使用过程中仍然存在不少问题,因此,决定出版第三版。2016 年 1 月第三版主要做了以下内容修订:

第一,将原先穿插在正文中的面料图片全部采用彩色图片,取消原先单独放置的彩图,对一些面料的定义和描述也做了一些修订。

第二,第五章的标题由原先的"服装材料的质量与鉴别"改为"服装材料的检验",正文内容增加了有关服装材料检验分类、纺织品检验标准的介绍。

第三,第八章的标题由"纤维面料成本核算"改为"服装面辅料的采购",增加了寻找采购渠道、服装面辅料的跟单等内容。

第四,对第一章中蚕丝、莫代尔纤维、大豆纤维、甲壳素纤维、聚乳酸纤维以及纱线分类等内容进行了修订。

尽管本书的编写者尽全力做了大量的编写修订工作,但离广大读者的需求还有距离,同时因为编者知识的局限性,难免有错误和不当之处,诚挚的希望同行批评指正。

编者

目 录

第一章　纤维和纱线

　　现在我们所使用的服装材料种类很多,可是到底哪些种类材料最适合人类的服装用呢?一方面这种材料要具有防护机能,即包裹人的身体,弥补人体生理机能对于环境的不足和保护肉体的机能,也就是尽量减少寒冷、炎热、下雨等气候条件对人的影响和保护人体动作不受外伤的机能。前者要求材料具有保温、保暖、透气、透湿、防雨等性能,后者要求材料具备适当的强度、厚度、压缩性、伸缩性和耐磨损性等性能。另一方面要具有装饰机能,即在社会环境中,衣服能在外观上发挥装饰的效果,能够代表穿着者的思想。当然这两种方式的最终体现是服用,因此还要求具备服用机能,即能够包裹人体的机能。服用材料在形态上必须是薄的平面体,容易成形;在着装上要轻、柔软,有较强的韧性和弹性;要便于整理和保管;物理化学性能稳定。实际上,能够满足这些要求的最理想的材料是纤维,其次是各种天然及人造皮膜、动物皮革等。现在我们从原料的不同和用途上的差异来看看常用服装材料的分类。

　　根据原料的不同,分类如下:

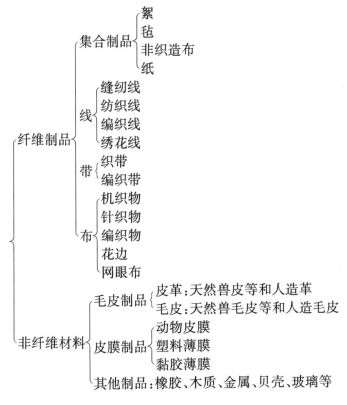

根据服装材料在服装上的用途可分为面料和辅料,前者主要指机织物、针织物、编织物、皮革和毛皮等,后者包括里料、缝纫线、垫肩、填充料、衬料、花边、纽扣、拉链等。由于它们的材质、外观、性能等均有很大差异,因此要根据目的和用途合理搭配。

无论是哪一种分类方法,应用在服装上的材料大多由纺织品构成,而纺织品大多由纱线构成,纱线又由纤维组成,所以纤维和纱线对服装的影响很大。掌握纤维和纱线的基本知识,对了解纺织品的特性,进而对服装的设计、生产、使用和保养都有极其重要的意义。

第一节　纤　维

纤维是直径为几微米到几十微米,长度比直径大百倍到上千倍的细长物质。但不是所有的纤维都能用于纺织服装。只有具有一定的长度和细度、一定的强度、可纺性能和服用性能的纤维才是纺织服装用纤维。

一、纤维的基本性能及分类

(一)纤维的基本性能

1. 机械性能(Mechanical Property)

纤维的机械性能直接影响纺织品和服装的耐用性和外观,通常包括断裂性能、延伸性、刚度、弹性四个方面。其中断裂性能和延伸性影响服装的耐用性。一般来说,纤维强度越高,纤维就越结实;延伸性可以在织物受外力作用时,增加织物的耐用性。弯曲刚度影响织物的手感和悬垂感,弯曲刚度大的纤维难以弯曲,制成的纺织品手感硬挺、垂感差,反之则手感柔软、垂感好。弹性影响产品的抗皱性和外观保持性,弹性好的纤维制成的服装,不易形成折皱,外观保持性好。

2. 吸湿性(Absorbent Quality)

吸湿性是指纤维在空气中吸收或放出气态水的性能。一般来说,吸湿性好的纤维,其制成的纺织品透气,不易积蓄静电,穿着舒适,便于洗涤和染色,但会对织物的形态、尺寸、质量、机械性能产生影响。

3. 热学性能(Thermal Property)

纤维的热学性能通常包括导热性、耐热性、热定型性、燃烧性等方面。

纤维传导热量的能力,称为导热性,它直接影响最终产品的保暖性和触感。导热性好的纤维手感凉爽,保暖性差;反之手感温暖,保暖性好。一般来说,空气的导热性小于纤维,水的导热性大于纤维,因此纤维材料内部增加静止空气,会增加保温性;服装淋湿后会降低保温性,有凉感。

纤维的耐热性指纤维抵抗高温的能力。纤维在过高温度中,会出现强度下降、弹性消失甚至熔化等现象,尤其是很多合成纤维,受热后会收缩,因此对服装进行热湿加工时要注意把握温度,避免产生不必要的热收缩。

热定型性指纤维在热及外力的作用下容易变形并能使形态固定下来的性能。定型得当会改善服装的尺寸、稳定性、弹性、抗皱性等性能。

纺织纤维大多可燃,各种纤维的燃烧性能差异较大,按燃烧难易可分为易燃纤维、可燃纤维和难燃纤维。

4.耐气候性(Weather Resistance)

纤维的耐气候性涉及纤维的耐热光性,以及抵抗大气中各种气体和微粒的破坏作用,主要影响服装的耐用性和外观。

5.电学性能(Electrical Property)

纤维的电学性能主要是导电性和静电性,特别是静电性,对服装的穿着性能有很大影响。

6.化学性能(Chemical Property)

纤维的化学性能主要是指在染整加工、服装洗涤、保管等过程中与各种化学药剂发生相互作用的性能,主要影响纤维的染色性、耐久性等。

(二)纤维的分类

1.纤维的来源

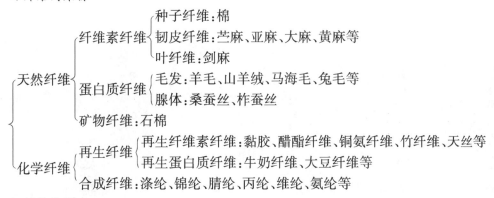

2.纤维的形态

按照纤维的长短可分为长丝、短纤,按照截面可分为圆形和异形纤维,按照粗细可分为粗纤和细旦纤维等。

3.性能

按照纤维的性能可分为弹性、亲水性、抗静电性、耐热性等纤维。

二、天然纤维基本特性

(一)天然纤维素纤维

1.棉纤维(Cotton 缩写代号为 C)

早在公元前 3 000 年古印度人就已经开始使用棉花。至宋朝棉制品在我国流行,至今棉纤维仍是纺织工业的重要原料。棉纤维是棉花种子上覆盖的纤维,属种子纤维,简称"棉"。棉纤维在使用前要把纤维和棉籽分开,得到的纤维叫作原棉或皮棉。根据棉纤维的长度和细度不同可把棉分为三类:

细绒棉:又称陆地棉,最早在美洲大陆种植而得名,栽种最广,产量最高,占世界棉花总产量的 85% 以上。在我国大部分地区种植的均为细绒棉。这种纤维的长度和细度中等,一般长度在 25~35 mm,细度为 18~20 μm,色洁白或乳白,有丝光。可按成熟度、色泽和轧工质量分为 7 级,1 级或 2 级可用于精梳棉织品,也可和其他级一样用于粗梳棉织品或用作絮棉。

长绒棉：又称海岛棉，原产于美洲西印度群岛，现主要生产于埃及、苏丹、美国、摩洛哥等国，我国仅新疆、上海、广州有少量种植。长绒绵纤维品质优良，较细绒棉细且长度长，一般长度在35～60 mm，细度为13～17 μm，色泽乳白或淡棕黄，富有丝光，强力较高，是高档棉纺产品的原料。

粗绒棉：原产印度，又称亚洲棉，中国种植有2000年历史。粗绒棉生长期短，一般长度在20 mm以下，细度为20～30 μm，纤维粗短，色泽呆白，少丝光。只适合于纺中特、粗特纱，用于织制绒布类织物或絮棉。由于产量低，纺织价值低，现趋淘汰。

（1）棉纤维的形态特征（Morphologic Characteristics）

棉纤维是细而长的扁平带状物，具有天然转曲，它的纵向呈不规则的而且沿纤维长度不断改变转向的螺旋形扭曲。正常成熟的纤维天然转曲最多。未成熟纤维呈薄壁管状，转曲少。过成熟纤维呈棒状，转曲也少。棉纤维的截面结构与成熟度有关，成熟正常的棉纤维截面呈不规则的腰圆形，有中腔。未成熟的棉纤维截面形态极扁，中腔很大。过成熟的纤维截面呈圆形，中腔很小（图1-1）。

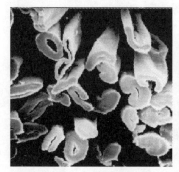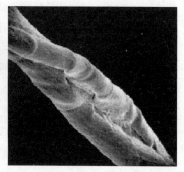

图 1-1 棉纤维的横、纵截面

（2）棉纤维的服用性能（Wear Property）

○ 外观性能（Appearance）

棉纤维由于天然转曲的存在，纤维光泽暗淡，棉织物外观风格自然朴实，但由于棉的吸湿性能较好，易于染色，所以可以上染各种颜色。棉的弹性差，织物在穿着过程中易起皱，这是因为纤维素纤维易受外力作用产生变形而不容易回复的性质所致，现在也可以利用后整理来改善这一缺点。对纤维进行防皱整理来提高棉纤维的回弹性，使织物在穿着中不易折皱，有较好的保形能力，可制作免烫衬衫。

○ 舒适性能（Comfortability）

棉纤维有较强的吸湿能力，穿着时有很好的吸湿透气性，不易产生静电。另外，棉手感柔软、保暖性能良好，可作贴身服饰及保暖的絮料。

○ 耐用与保养性能（Durability and Maintenance）

棉纤维的物理化学性能对其耐用与加工保养性能有很大的决定作用。棉纤维的延伸性和弹性较差，经摩擦后会断裂，造成织物变薄破裂，经常折叠的地方易损坏，因此棉纤维的耐磨性能不好，属耐用性较差的纤维。而它的吸湿性能好，在吸水以后纤维的强度反而增大，棉织物耐水洗。棉纤维吸水后会膨胀，织物长度会产生收缩且缩水率大，在加工前要进行预缩处理。棉纤维耐碱而不耐酸，可用碱性洗涤剂水洗。在一定浓度的氢氧化钠溶液或液氨中处理后，棉纤维横向会发生膨化，截面变圆，天然转曲消失，使纤维呈现丝一般的光泽。如果在膨化的同时再给织物施以一定的张力,则纤维的强力会增加,此时织物也会变得平整光滑,并可改善染色性能和光泽。这一加工叫丝光,针织、机织物均可进行。如果此时不施加张力,织物长度会产生收缩,织物会变得丰厚紧密,富有弹性,保形性好。这一加工叫碱缩,主要用于针织物。

由于棉纤维的耐热性好,织物可用热水浸泡与高温烘干及高温熨烫,温度可达 190 ℃,垫布后可用更高的熨烫温度。棉纤维易发霉变色,存放时要置于通风干燥处。

2. 麻纤维

麻纤维是人类最早使用的纤维,埃及人早在公元前 5000 多年就开始使用亚麻。麻纤维是从各种麻类植物的茎或叶中取得,从麻类植物的茎中取得的叫茎纤维(韧皮纤维),而从麻类植物的叶子取得的纤维叫叶纤维,在服装上使用的大多是茎纤维。服用麻纤维的品种主要有苎麻、亚麻、黄麻、大麻、洋麻、罗布麻和青麻等。

苎麻(Ramie,缩写代号为 Ram):原产于中国,通常称"中国草",以我国的产量为最高。纤维品质优良,有较好的光泽,呈青白色或黄白色,是麻纤维中最为优良的服用原料。可纯纺或与涤纶混纺成较细的纱线,制成的织物手感硬挺,穿着凉爽透气,不易贴身,是很好的夏季服装用料。

亚麻(Flax 或 Linen,缩写代号为 F 或 L):是最早使用的麻纤维。亚麻的适应性强,种植区域很广,我国主要产地是黑龙江、吉林等省。纤维品质也较好,脱胶后呈淡黄色,比苎麻纤维柔软,可纯纺,也可与苎麻、棉纤维、化学纤维混纺。织物用于服装或抽纱绣用布。

其他麻纤维:除了苎麻和亚麻外,用于服装的麻纤维还有大麻(Hemp,缩写代号为Hem)、罗布麻(Apocynum)、洋麻(Kenaf)、黄麻(Jute,缩写代号为J)等多种。罗布麻属野生植物,纤维较柔软,表面光滑,有保健作用;大麻有天然抑菌功能、细度小、端部成钝角形,穿着不刺身,能屏蔽紫外线辐射。洋麻及黄麻也由于具有很好的吸湿透气性而逐渐被应用于服装生产当中。

(1)麻纤维的形态特征

麻纤维的主要组成成分和棉纤维一样,也是纤维素,单纤维是一个两端封闭的细胞。不同种类的麻纤维的形态不尽相同,表 1-1 显示了几种不同品种的麻纤维在长度、细度、横截面、纵向结构上的不同,图 1-2～图 1-7 分别显示了 6 种纤维的横、纵截面。

表 1-1　几种主要麻纤维的形态结构对比

品种	长度(mm)	细度(μm)	截面结构	纵向结构
苎麻	60～250	20～80	呈腰圆形,有中腔	扁平带状,表面有条纹,胞壁有裂纹,有粗横节
亚麻	17～25	12～17	呈多角形(五角形或六角形),中腔较小	表面有结节和条痕
大麻	15～25	16～50	圆形,顶端为钝圆形	圆筒形,表面有横节
黄麻	2～4	10～28	不规则多角形,中腔大小不规则	表面无横节

(2)麻纤维的服用性能

○ 外观性能

麻纤维的光泽较好,有自然颜色,一般呈象牙白、棕黄、灰等色,纤维之间有色差且不易漂白染色,因此麻纤维织成的织物颜色不均匀,多为本色或浅灰、浅米等颜色,色泽鲜艳的麻

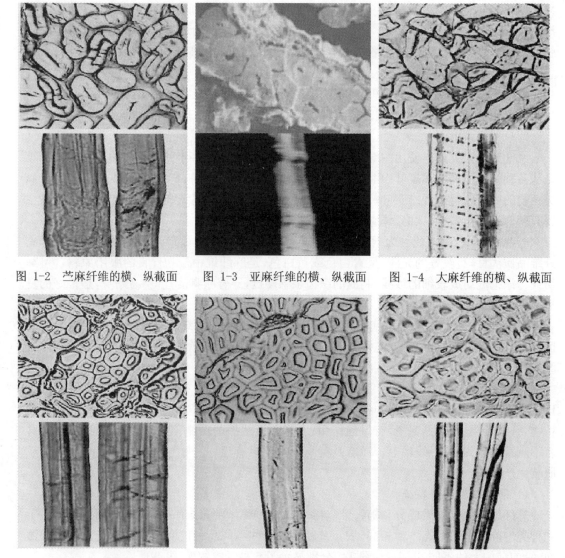

图 1-2　苎麻纤维的横、纵截面　　图 1-3　亚麻纤维的横、纵截面　　图 1-4　大麻纤维的横、纵截面

图 1-5　黄麻纤维的横、纵截面　　图 1-6　剑麻纤维的横、纵截面　　图 1-7　洋麻纤维的横、纵截面

布不多。麻纤维的粗细差异大，长短不一，它纺成的纱线条干不均匀，最终造成麻织物有一种粗细明显条影的麻状外观，非常粗犷豪放，具有立体感。麻的硬度大，穿着时不易变形，但麻的弹性差，一旦起皱后不易回复，做面料等需经防皱整理。对麻纤维进行改性研究正在进行，如柔软、抗皱或烧毛整理，或与较为柔软或抗皱性较好的纤维混纺，使其成为理想的服装材料。

　　○ 舒适性能

　　麻纤维的导热性能比其他纤维强，吸湿能力强且吸放湿速度快，穿着凉爽，特别适宜于制作夏季服装。麻纤维的刚度也大，因此在穿着时易于吸汗且出汗后不易沾身，但有一种刺痒感。同时由于麻的吸湿性好，不易产生静电。

　　○ 耐用与保养性能

　　麻纤维是天然纤维中拉伸强度最高的纤维，湿态下强度比干态约高20%，因此麻织物较耐用、耐水洗。由于麻纤维的主要成分是纤维素,可用碱性洗剂水洗,同时耐热性较好,可用高温熨烫。麻纤维的延伸性是天然纤维中最小的,较脆硬,压缩弹性差,易断裂,在常折叠的地方更易断裂,所以在保存时不能折叠。褶裥处不宜重复熨烫,设计时要避免褶裥等造型。麻纤维抗霉、防蛀性能较好,易于保管。

(二)天然蛋白质纤维

1. 毛纤维

天然动物毛的种类很多,服装常用的毛纤维有绵羊毛、山羊绒、马海毛、兔毛、羊驼毛、牦牛毛(绒)。服装面料中使用量最多的是绵羊毛,在纺织上所说的羊毛狭义上专指绵羊毛。

(1)羊毛(Wool,缩写代号为 W)

羊毛是服装业的重要原料,具有许多优良的特性。它由羊皮肤上的细胞发育而成,属于多细胞纤维,其主要成分是蛋白质。通常按粗细分为细羊毛、半细羊毛、粗羊毛。细羊毛的细度最细、质量最好,细羊毛又以澳大利亚美利奴羊毛为最好。细羊毛毛质均匀,手感柔软而有弹性,光泽柔和,可纺性能和服用性能都很好。刚从羊毛身上剪下来的毛叫原毛,原毛里含有较多的油脂、羊汗和植物性杂质,必须经过洗毛、炭化除去各种杂质才能应用于纺织生产。

①羊毛纤维的形态特征

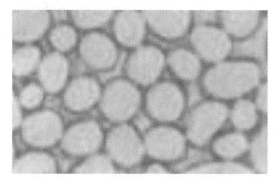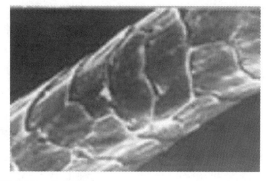

图 1-8 羊毛纤维的横、纵截面

羊毛纤维的形态如图 1-8 所示,沿长度方向有天然的立体卷曲,纤维表面覆盖有鳞片。比棉纤维粗长,其长度为 50～120 mm,细度低于 25 μm。毛的截面形态结构近似圆形或椭圆形。由外到内分为表皮层。皮质层和髓质层。并不是所有的羊毛纤维都有髓质层,只有一些粗羊毛会有,它的存在影响羊毛的质量。皮质层是羊毛的主要组成部分,它决定了羊毛的性质。表皮层又称鳞片层,外观像鱼鳞一样覆盖在羊毛的表面。它具有两个作用:一是保护羊毛不受外界条件影响;二是它的存在使羊毛织品具有缩绒性,即羊毛在热、湿和揉搓等机械外力的作用下,纤维发生相互间的滑移、纠缠、咬合,使织物发生毡缩而尺寸缩短,无法回复,这种现象叫缩绒。日常生活中羊毛织品洗涤不当就会发生缩绒,工业上防止缩绒可采用破坏鳞片或填平鳞片的方法来使羊毛表面变得光滑,避免

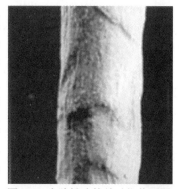

图 1-9 去除鳞片的羊毛纵截面图

缩绒产生(图 1-9)。利用羊毛性缩绒的可制作一些缩绒织物,它们表面具有一层绒毛,比较厚实,手感柔软丰满,保暖性能良好,是典型的粗纺毛制品的特征。

②羊毛纤维的服用性能

○ 外观性能

羊毛纤维的强度较小,弹性和延伸性好,制成的织品有身骨且不易起皱,织物的褶皱经悬挂后会回复,但羊毛吸湿后弹性下降,衣服易变形变皱,所以羊毛织品怕水。羊毛纤维光泽柔和,染色性能优良,是冬季内外衣的良好材料。

○ 舒适性能

羊毛纤维的吸湿能力较强,在吸湿后不易显潮,所以在穿着时舒适透气。羊毛纤维具有天然的卷曲,蓬松性好,所以非常保暖。但是低支毛刚度大,穿着时会有刺痒感。

○ 耐用与保养性能

羊毛虽然强度较低,但延伸性高,其制成品的耐磨性较好,所以毛织物较耐穿。羊毛的耐热性在天然纤维中最差,在 100～105 ℃的干热中蒸干后,纤维开始泛黄发硬,当温度再升高时纤维就会分解直至全部破坏,因此羊毛织物不能干烫,应喷水湿烫或垫湿布熨烫。羊毛的主要成分是蛋白质,因此较耐酸而不耐碱,碱对羊毛纤维有腐蚀作用,如在 10%的氢氧化钠溶液中煮 15 min,羊毛纤维会全部溶解。因此羊毛织物不能用碱性洗涤剂洗涤。洗涤时如用较高温度,羊毛纤维会发生纠缠而形成毡缩现象,所以也不能高温洗涤。羊毛对氧化剂的作用也比较敏感,不能使用氧化漂白。在水洗时建议用中性洗涤剂、温水,并以轻柔手洗为主。高级服装应使用干洗。如果羊毛与涤纶或其他纤维混纺,则可以水洗。由于羊毛易被虫蛀,还会发霉,存放时要放置樟脑丸,并事先清洗干净。

(2)山羊绒(Cashmere Hair,缩写代号为 WS)

山羊绒又称羊绒,是紧贴山羊表皮生长的浓密细软的绒毛。山羊绒毛纤维由鳞片层和皮质层组成,没有毛髓。山羊绒鳞片呈环形,边缘较光滑,鳞片密度为 70～80 个/mm(一般细羊毛为 60～70 个/mm),而且鳞片紧抱毛干,张开角度较小。山羊绒横截面多呈规则的圆形,比细支羊毛的圆整度好。所以羊绒的光泽好,手感柔滑,这也是细羊毛所不具备的特点。由于山羊绒在纤维结构上没有毛髓,其保暖性就比羊毛好(图 1-10),具有细腻、轻盈、柔软、保暖性好等优点。

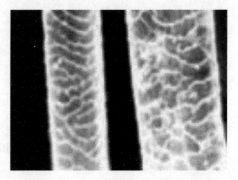

图 1-10　山羊绒和羊毛纵截面对比图

据统计,全世界山羊绒年产量为 10 000～12 000 t,而我国产绒量约占世界产绒量的 70%。一只山羊一年仅能产 50～80 g 山羊绒,也就是说五只山羊一年所产的绒仅可制作一件普通羊绒衫。羊绒产量少,价格高,素有"软黄金"之称。又由于羊绒最早产于亚洲克什米尔地区,国际市场上习惯称山羊绒为"开司米"(Cashmere 的音译)。羊绒一般用于生产羊绒衫、围巾、手套等针织品和高档的粗纺大衣呢等。

根据羊绒的色彩可分为白绒、青绒、紫绒三种。白绒色浅青并带灰白,呈冰糖色,纤维细长,拉力大,净绒率高,不可有杂色绒毛夹入。青绒色浅青并带灰白,纤维长,但较粗,拉力大,光泽好,允许有少量黑丝毛。紫绒色呈紫褐,纤维细柔而长,油润细腻,拉力大,光泽好,含绒量高,其中允许有白、青、红绒夹入。由于白绒可以染成许多其他颜色,因此价格最高,但有时由于市场供求关系,紫绒价格反而更高。

(3)马海毛(Mohair Hair,缩写代号为M)

马海毛又称安哥拉山羊毛,原产于土耳其的安哥拉地区,是安哥拉山羊的马海种所产的毛,以长度长和光泽亮为主要特征。它的最大特点是纤维长,毛长120～150 mm,但较羊毛粗,直径为10～90 μm。由于鳞片少,约为细羊毛的一半,且平阔紧贴于毛干,很少重叠,使纤维表面光滑,色泽洁白光亮。纤维很少卷曲,弹性足,强度高,防污性好,不易收缩也难毡缩,容易洗涤,其横、纵截面形状如图1-11所示。对一些化学药剂的作用比一般羊毛敏感,有较好的染色性,吸湿性与羊毛近似。马海毛属于多用性纤维,可纯纺也可混纺。将马海毛掺入精纺呢绒中,可增加织物竖挺感;掺入大衣呢中,可生产银光闪闪的银枪大衣呢;掺入毛毯中,又能生产出高级水纹羊毛毯。

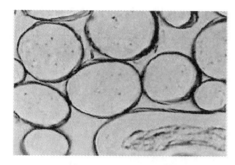

图 1-11　马海毛的横、纵截面

(4)兔毛(Rabbit Hair,缩写代号为RH)

纺织用兔毛来源于安哥拉兔和家兔。安哥拉兔毛细长,品质优良;家兔毛的品质较次。兔毛有绒毛和粗毛之分。绒毛直径5～30 μm,绝大多数细度在10～15 μm之间;粗毛细度为30～100 μm,长度多集中在25～45 mm。兔毛的绒毛和粗毛都有髓质层,呈多列块状,含有空气,保暖性强。绒毛横截面呈近圆形或不规则四边形,粗毛截面为腰子形、椭圆形或哑铃形,其横、纵截面如图1-12所示,纵向与羊毛的对比如图1-13所示。兔毛密度小,粗毛的密度为0.96 g/m³,绒毛的密度为1.12 g/m³,混合原毛为1.095 g/m³。纤维表面平滑,蓬松易直,长度也比羊毛短一些,所以纤维间的抱合力稍差。如果穿着时和其他服装紧密接触、不断摩擦,就容易掉毛、起球。因此兔毛衫一般不要夹在多层服装中穿着。还有一点易被疏忽,即兔毛衫不宜和化纤服装同时穿着。因为化纤的吸湿性十分差,服装相互摩擦时,会产生静电。衣服带有静电,其纤维就易和其他相邻服装的纤维相互排斥或吸引,甚至发生缠附、黏合现象,这时抱合力稍差的兔毛衫就会变得更容易掉毛、起球。纺织用的兔毛颜色洁白如雪,光泽晶莹透亮,柔软蓬松,保暖性强,是毛织品尤其是针织品的优等原料,做成的服装轻软柔和,以轻、细、软、保暖性强、价格便宜的特点而受到人们喜爱。由于兔毛强度低,不宜单独纺纱,因此多与羊毛或其他纤维混纺,制成针织品和女士呢、大衣呢等服装面料。

(5)羊驼毛(Alpaca Hair,缩写代号为AL)

羊驼毛又称"驼羊毛",羊驼一般生长在海拔4 000 m的高原上,主要分布在南美洲的秘

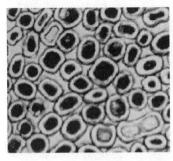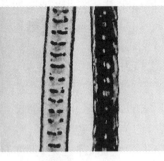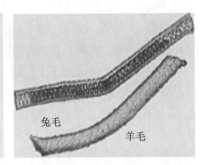

图 1-12　兔毛的横、纵截面　　　　图 1-13　兔毛和羊毛的纵截面对比图

鲁、玻利维亚和智利等国，大部分已饲养成家畜，其中以秘鲁产羊驼毛为最多，占世界总产量的 90％左右，几乎全部出口。目前，原毛等级规格尚无具体标准，而是根据主要市场和口岸的名称来区分原毛等级。再将毛的颜色由浅至深分为白色、浅褐黄、灰、浅棕、棕色、深棕、黑色及杂色等 8 种。羊驼毛纤维的鳞片边缘比羊毛光滑，鳞片排列与细羊毛极为相似，但边缘凸出程度不如细羊毛，其横、纵截面如图 1-14 所示。各种颜色的羊驼毛，其长度范围基本相同，纤维长 200～400 mm，平均细度为 20～30 μm。它有两个品种：一种是纤维卷曲，具有银色光泽；另一种是纤维平直，卷曲少，具有近似马海毛的光泽。常与其他纤维混纺，作为制作高档服装的优质材料。目前市场上的羊驼毛，大多是东欧的产品。

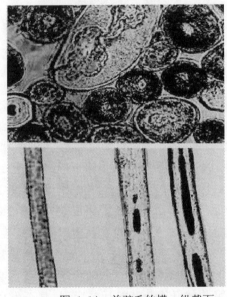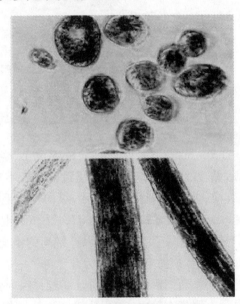

图 1-14　羊驼毛的横、纵截面　　　　图 1-15　牦牛毛的横、纵截面

(6)牦牛毛(Yak Hair，缩写代号为 YH)

牦牛是我国青藏高原地区的一种珍奇物种，其总数约占世界数量的 85％以上，牦牛绒产量约占世界 90％以上。牦牛的皮毛由粗毛和绒毛构成，多为黑色、黑褐色或夹杂有白毛，不利于染色。甘肃产的白牦牛绒则属珍品。牦牛绒很细，平均细度在 18 μm 左右，长约 30 mm，有不规则弯曲，鳞片呈环状边缘整齐，紧贴毛干，其横、纵截面如图 1-15 所示。牦牛绒本身独特的风格及其良好的物理性能，使用其制成的牦牛绒面料具有独特的保暖性和穿着服用性，

富有弹性,手感柔软、滑、挺、糯,光泽柔和,花型饱满,悬垂性能好。牦牛绒可与羊毛、化纤、绢丝等混纺,制作精纺、粗纺原料。牦牛毛则粗得多,平均细度约 70μm,长度也较长,约 110mm,有毛髓,纤维平直,表面光滑,刚韧而有光泽,毡缩性差,可制作衬垫、帐篷及毛毡等。

2. 蚕丝(Silk,缩写代号为 S)

蚕丝原产于中国,已有 6 000 多年的历史,是一种天然蛋白质纤维,属动物的腺分泌物。丝纤维纤细而柔软,光泽优雅悦目,丝绸产品具有华丽而富贵的风格,是其他纤维和织物所不能及的,属于高档纺织服装原料。

(1)来源与分类

丝纤维来自蚕的腺体,是蚕的腺分泌物吐出以后凝固形成的线状长丝,其主要成分是蛋白质。由于蚕有左右两个绢丝腺,所以吐出来的是两根单丝,在外面包覆丝胶,每根长丝的长度可达数百米到上千米,是唯一的天然长丝,蚕丝从蚕茧上分离下来后经合并形成生丝。由于生丝外面包有丝胶,因此生丝的手感较硬、光泽较差,一般要在后加工中脱去大部分的丝胶,形成柔软平滑、光泽悦目的熟丝。

蚕丝按蚕的品种可分为家蚕丝和野蚕丝。家蚕丝即桑蚕丝,有 6 000 多年的历史,主要产于我国。野蚕丝有柞蚕丝、蓖麻蚕丝、木薯蚕丝、柳蚕丝、天蚕丝等。其中柞蚕丝的质量最好,长度最长,可以用来缫丝,是野蚕丝中使用最广的一种。

(2)丝纤维的形态特征

丝纤维是纤细的长丝,是天然纤维中唯一的长丝,长度 1 km 左右,其细度也是天然纤维中最细的,桑蚕丝在 2.8～3.9 dtex,柞蚕丝 5.6 dtex 左右。每根茧丝均由丝素与丝胶两部分组成,其中丝素是主体。丝胶包在丝素外面,起到保护丝素的作用;丝素纵向平直光滑,富有光泽,截面呈不规则的三角形。这种截面结构与丝纤维的特殊光泽及丝鸣有关(图 1-16)。外包丝胶的纤维叫茧丝,截面形态呈不规则的椭圆形。柞蚕丝较为扁平,呈长椭圆形,似牛角,内部有细小的毛孔,横、纵向结构如图 1-17 所示。

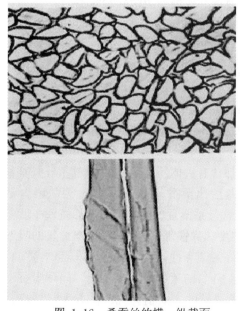

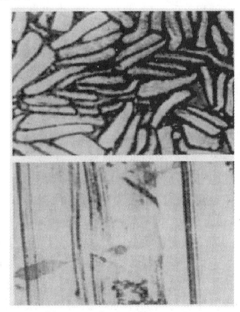

图 1-16 桑蚕丝的横、纵截面　　　　图 1-17 柞蚕丝的横、纵截面

(3)服用性能

○ 外观性能

桑蚕丝未脱胶前为白色或淡黄色,脱胶后变为白色;柞蚕丝未脱胶前呈棕、黄、橙、绿等色,脱胶后变为淡黄色。丝纤维易变色泛黄。未脱胶的生丝较硬挺,光泽柔和,脱胶后变得柔和而有弹性,光泽变亮。蚕丝染色性能好,色泽鲜艳,纤维柔软,悬垂性能好。

○ 舒适性能

蚕丝具有很好的保温性。蚕丝的导热系数既低于涤纶、丙纶、锦纶,又低于棉、黏胶,与羊毛、醋酯、腈纶相近,因而是保暖性良好的材料。蚕丝又是多孔性的,有冬暖夏凉的特性。

蚕丝具有良好的吸湿和放湿性。试验测定结果表明,蚕丝的吸、放湿性均好,而棉是吸湿性好而放湿性差的纤维。锦纶吸湿性在开始时虽胜过蚕丝,但随着时间的推移,却逊于蚕丝,而放湿性比蚕丝低得多。至于涤纶的吸、放湿性,远不如蚕丝。

家蚕丝触感柔软舒适,有凉爽光滑的手感;野蚕丝有温暖干爽的手感。所有的丝织物穿着时都吸湿透气,有丝鸣声。

○ 耐用与保养性能

蚕丝纤维强度接近棉纤维,弹性好,制成的织物抗皱性能较好。但在温度升高和含水量增加的情况下,蚕丝强度下降,变形增加,故丝织物湿态下易起皱,洗后免烫性差。

丝纤维耐弱酸不耐碱,在遇到含氯的氧化剂时会发生氧化分解,所以洗涤时不能用碱性洗涤剂,也不能用含氯的漂白剂漂白和含漂白粉的洗涤剂洗涤。丝纤维经醋酸处理后会变得更加柔软光滑,保养时可用白醋加水漂洗。丝纤维耐热性在天然纤维中属较好,但耐光性较差,在日光照射下,蚕丝易发黄,强度下降。

丝纤维比任何纤维都娇嫩,主要表现为对盐的抵抗力差。若将其放在5%的食盐溶液中浸泡较长时间,它的组织将受到破坏,严重影响使用寿命。人体的汗水里含有盐的成分,所以夏天丝绸服装被汗水浸湿后,应马上冲洗干净,千万不要浸泡。

蚕丝和羊毛一样,容易被虫蛀也可发霉,因此要做好丝织物的防蛀和防霉。

(4)桑蚕丝(Mulberry silk,缩写代号为 Ms)与柞蚕丝(Tussah silk,缩写代号为 Ts)的区别

生长环境不同:桑蚕又名家蚕,室内饲养,因食桑叶而得名,年产丝量10万吨之多。柞蚕在比较寒冷的北方山区的柞树林中生长,属野蚕种类,因食柞树叶而得名,受野外自然界环境影响很大,年产柞蚕丝5千余吨。

应用领域有差异:桑蚕丝细软、织物薄如蚕翼、轻如纱,最适合作为轻薄衣料使用;柞蚕丝粗、蓬松、挺括,纤维内部组织多孔隙,又产自北方寒带,保暖性和弹性好,是制作蚕丝被、蚕丝毯等家纺产品的首选原料。

性能有区别:两种蚕丝同属动物蛋白质纤维,都含有人体所需的18种氨基酸,但氨基酸组成差异较大。柞蚕丝素中,具有活泼基团的氨基酸比桑蚕丝多,柞蚕丝的丙氨酸含量为40%,桑蚕丝为30%。柞蚕丝的色氨酸、组氨酸的含量是桑蚕丝的5倍。故柞蚕丝中肽链的弯曲和缠结程度比桑蚕丝大,这就使柞蚕丝的延伸度和弹性都高于桑蚕丝,柞蚕丝的吸湿性也远大于桑蚕丝,因此,柞蚕丝与人体肌肤有着更好的亲和性,但比桑蚕丝容易起水渍。

抗紫外线效果不同:由于两种蚕茧的生长环境不同,防紫外线效果不同。国际野蚕学会对两种蚕丝进行测试:柞蚕丝的防紫外线效果是桑蚕丝的3.5倍。抗菌性方面,试验表明:

在相同条件下,柞蚕丝更优。

内部结构有差异:柞蚕丝的内部结构比桑蚕丝要复杂,纵截面比桑蚕丝更加扁平,纵向有条纹,它的茧丝各个细纤维之间都有一定的空隙(毛细孔),位于纤维的中心的空隙较大,相当于空心的,就像牦牛的绒毛一样,这是桑蚕丝所没有的,其孔隙率为桑蚕丝的2倍,其"呼吸"更强,密度更小。这种构造预示着柞蚕丝的透气性、吸湿性、调节温湿度的功能更强(冬暖夏凉),而且更轻、更蓬松,更适合做被子。

天然颜色有区别:桑蚕丝色白、光泽好;柞蚕丝天生具有淡黄色色素,不易去除。

3. 蜘蛛丝(Spider Silk)

人类在蚕丝的开发利用方面已经取得了令人惊叹的成就,相关技术已相当成熟和普及。同样由昆虫分泌的天然生物材料——蜘蛛丝虽在很久以前就引起了人们的好奇心,然而受当时科学技术水平的限制,对蜘蛛丝的研究开发仅停留在一个较低的层面上。直到近几年,随着现代基因工程技术以及生物材料技术的迅猛发展,科学家们利用基因和蛋白质测定等技术,经过深入研究,解开了蜘蛛丝的奥秘,在人工生产蜘蛛丝方面也取得了突破性进展,使其像蚕丝那样大规模地开发和利用蜘蛛丝的愿望进入日程。

(1)形态结构

利用扫描电镜研究发现,蜘蛛丝的横截面形态接近圆形,与蚕丝的三角形不同,横切断裂面的内外层为结构一致的材料,无丝胶。蜘蛛丝是单丝,不需要丝胶来粘住两根丝,因此没有蚕丝那样覆盖于表面的水溶性物质。蜘蛛丝的纵向形态为丝中央有一道凹缝痕迹,平均直径约$6.9\mu m$,约为蚕丝的一半。蜘蛛丝在水中会发生截面膨胀,而径向收缩。在碱性条件下,其黄色加深;在酸性条件下,其性能会受到破坏(图1-18)。

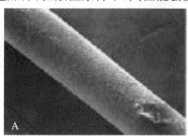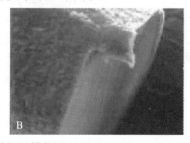

图 1-18　蜘蛛丝的纵、横截面

(2)服用性能

蜘蛛丝的主要成分为蛋白质,外观上又细又柔软,具有极好的弹性和强度。其原因在于蜘蛛丝中有不规则的蛋白质分子链,因此具有弹性,而另一种规则的蛋白质分子链施予蜘蛛丝以强度。蜘蛛在结网时,顺序上亦是先结直线,再结横丝。直丝有如整片网的骨架,因此强度高。横丝上附有黏球液体,用以粘住昆虫,并抵消昆虫的撞击力。直丝的弹性度只有30%,而横丝的弹性度高度200%。蜘蛛丝是目前世界上最为坚韧且具有弹性的纤维之一,尤其是它的牵引丝在力学性能上具有蚕丝和一般的合成纤维所无法比拟的突出优势。

蜘蛛丝的密度为$1.34 \mathrm{g/cm^3}$,与蚕丝和羊毛相近。蜘蛛丝光滑闪亮,耐紫外线性能强,而且较耐高温和低温。热分析表明,蜘蛛丝在200℃以下热稳定性良好,300℃以上才产生黄变,－40℃时仍有弹性,只有在更低的温度下才会变硬。在强度方面,它与Kevlar纤维相似,但是其断裂功却是Kevlar的1.5倍,初始模量比尼龙大得多,达到Kevlar纤维的高强高模水平。蜘蛛丝的断裂伸长率达 $36\%\sim50\%$，而 Kevlar 纤维只有 $2\%\sim5\%$，因而蜘蛛丝具有吸收巨大能量的性能。在黏弹性能方面，蜘蛛丝高于尼龙，也高于 Kevlar 纤维。因此，蜘蛛丝具有强度高、弹性好、初始模量大、断裂功高等特性，是一种性能十分优异的材料。

蜘蛛丝具有特殊的溶解特性，它所显示的橙黄色遇碱加深，遇酸褪色；它不溶于稀酸、稀碱，仅溶于浓硫酸、溴化钾、甲酸等，并且对大部分水解蛋白酶具有抵抗性。蜘蛛丝在水中有相当大的溶胀性，纵向有明显的收缩。在加热时，蜘蛛丝能微溶于乙醇中。由于蜘蛛丝的构造材料几乎完全是蛋白质，所以它是生物可溶的，并可以生物降解和回收。

蜘蛛丝具有强度大、弹性好、柔软、质轻等优良性能，尤其是具有吸收巨大能量的能力，是制造防弹衣的绝佳材料。蜘蛛丝还可用于结构材料、复合材料和宇航服装等高强度材料。

由于蜘蛛是同类相食的动物，吐出的丝量亦只够结网，并不像蚕丝那样易于收集。科学家在研究如何能大量制造蜘蛛丝的方法，丹麦阿赫斯大学的研究人员发现仿效蜘蛛吐丝原理进行制造。在研究中，发现蜘蛛造丝的蛋白质与酸接触时，它们之间相互叠合，连接成链状，使丝的强度大增，此项发现有助于工业化生产蜘蛛丝。国外曾有人研究从蜘蛛身上抽取蜘蛛基因，植入山羊体内，让羊奶具有蜘蛛丝蛋白，再利用特殊的纺丝程序，将羊奶中的蜘蛛丝蛋白纺成人造基因蜘蛛丝，这种丝又称为生物钢（Bio-Steel）。用此种方法生产的人造基因蜘蛛丝在强度上比钢高 $4\sim5$ 倍，而有如蚕丝般的柔软和光泽。它可以用来制造手术缝线、耐磨服装，还能制成具有防御功能且柔软的防弹衣。

（三）天然纤维的新发展

棉、麻、丝、毛作为传统意义上的四大天然纤维，在服装应用史上已有几千年的历史。四大天然纤维的发现和利用，不仅标志着服装材料的发展进入一个新阶段，而且在人类社会发展史和人类自身进化史上具有相当深远的历史意义。但自 19 世纪末起，化学纤维开始生产并迅速发展，20 世纪中叶以来，合成纤维产量迅速增长，纺织原料的构成发生了很大变化，大有取代天然纤维的趋势，致使天然纤维在纺织纤维中占的比重有所下降，但仍占一半以上。化学纤维特别是合成纤维织物由于其热湿舒适性、手感、光泽和外观等性能差，常常充当低档廉价产品的角色，直至 20 世纪 80 年代末，天然纤维一直独霸高档服装面料市场。20世纪 80 年代后期以来，随着日本的新合成纤维、欧美的细且纤维制品问世，合纤产品在人们心目中的形象开始改变，一些涤纶仿丝、仿毛产品的手感与外观酷似丝、毛织物，而且其洗涤可穿性、颜色优于天然纤维，因此深受消费者喜爱，涤纶产品开始挤入高档服装面料市场。但在化学纤维到处泛滥的时代，天然纤维从心理上更容易受到消费者喜爱，只要性能不低于化纤产品，价格也能被消费者接受，消费者当然首先选用天然纤维产品。但天然纤维面料不能停留在原来的发展水平上，目前天然纤维面料正呈现以下几个方面的发展趋势：

1. 与基因工程相结合

天然纤维与基因工程相结合，改变了天然纤维的本来面目，扩展了纤维的应用范围，增强了它们与化学纤维的竞争力。目前已经有许多成功的例子，同时还有许多科研工作者正致力于此方面的研究。

彩色棉花种植成功。通过杂交、基因变异等手段开发出了具有天然的浅黄、绿、粉红等颜色的彩色棉花，有的彩色棉品种还通过基因工程植入抗毛虫基因，减少了农药对人体和环境的危害，减少了染料对环境的污染以及化学残留物对人体的伤害。这种转基因棉花对人体及环境无害，具有卓越的环保性能，在强调绿色环保的今天，这种新品种的开发无疑是符合国际潮流的，受到人们的欢迎也是理所当然的了。

兔毛棉花的研究成功。中科院上海植物生理生态研究所利用兔子身上分离的角蛋白基因转入棉花，使棉花纤维具有了兔毛的品质。用该原料制作的的 T 恤面料十分滑爽，且更具弹性，色泽似兔毛般光亮，手感也更加柔软。

另外，彩色羊毛的开发。俄罗斯已培育出彩色的绵羊，其颜色有蓝、红、黄和棕色。澳大利亚也培育出了蓝色羊毛的绵羊，色泽从浅蓝、天蓝到海蓝。在改良毛兔种方面，法国和中国都培育出了多种彩色兔，我国的彩色兔据报道有 13 种。这些彩色原料的出现，无疑对纺织工业带来革命性的变革，对减少环境污染和对人体的保健，发挥了不可低估的作用。

2. 强调轻薄化、柔软化

在穿着上日益注重个性化、随意化的今天，要求面料趋向轻薄柔软，显示浪漫和潇洒。面对合成纤维的超细化的竞争，天然纤维也正向这方面努力，并取得了不错的成果。天然纤维如棉、毛、丝等面料，通过物理或化学方法进行砂洗，以达到轻薄化、柔软化。迄今为止，世界上已开发出 1.9 tex 的棉纱（采用埃及长绒棉）。墨西哥已培养出一种超长棉品种，纤维特别长，整齐度好，具有柔软手感和优美光泽，日本正利用这种超长纤维制作高档面料和服装。传统的羊毛织物以其厚重和保暖为贵，现在由于新型保暖化学纤维的出现，这种优势已不复存在，再加上空调设备的广泛应用，对服装的保暖性要求并不是非常高，则要求毛织物也要向轻薄化方向发展。通过纤维拉长、等离子体、与水溶性的 PVA 纤维混纺再溶解等技术，国际市场上已出现 90 公支以上的羊毛面料做的衬衣，已成为高贵的象征。

3. 追求舒适性和易护理性

现在，人们对衣着的要求不仅保暖，更重视穿着时的舒适与健康，于是人们在追逐返璞归真、回归大自然的时尚中，对曾一度受到冷落的纯棉织物又产生好感。特别是进入 20 世纪 80 年代，人们对生存环境的关注日益强烈，这些因素极大地促进了纯棉织物的流行和应用。到了 90 年代，人们仍崇尚有自然外观、舒适的衣着，然而人们又希望休闲服装具有更为整洁的外观。棉织物由于其弹性差、易折皱而限制了应用，而快节奏的生活方式又要求产品具有防皱免烫功能。于是专家们纷纷开展对纯棉织物免烫整理的研究，并取得了一定的成果，在服装市场上纯棉免烫服装已逐渐成为消费中的热点。麻织物则通过上浆、轧光等工艺来改善其易折皱的缺点。羊毛纤维由于其表面含有鳞片，容易发生毡缩，不可以机洗，通过氧化法或树脂法进行防毡缩整理，可以避免羊毛的毡缩现象发生，因此市场上出现了防缩羊毛内衣、机洗羊毛衫。另外，适用于夏季的凉爽羊毛也产生了。利用化学方法或低温等离子技术处理，去掉由羊毛表面鳞片引起的不适感和刺痒感，并经纺、织、染加工后，在高温高压下，用在水溶液中扩散的约 7 μm 的陶瓷粉末处理，使陶瓷粉末充填在鳞片空隙中。由于这种陶瓷粉末孔隙率在 90% 以上，并能迅速吸收水分，使水转移到鳞片深处，因而这种羊毛衣料让人感到光滑凉爽，适合夏天穿着。

4. 注重与其他纤维的混纺

由于天然纤维、人造纤维、合成纤维性能各异，都具有一定的优点和不足，且天然纤维的资源有限，通过混纺可使各种纤维取长补短，大大提高产品服用性。

羊毛可以和人类迄今发现的任何纤维混纺，以适应各种需求。在羊毛含量低于 35% 的羊毛混纺制品,可以为混纺织物赋予一定的特性,含毛量较高的混纺织物一般是以羊毛与其他天然纤维混纺。例如:以增加光泽的羊毛和马海毛混纺织物;以增加柔软和豪华手感的羊毛和驼毛混纺织物;以增强优雅和潇洒风格的羊毛和棉纤维混纺织物;以增强柔软性和减轻质量的羊毛和锦纶纤维混纺织物;以改进手感和表面效果的羊毛和 Lyocell 纤维混纺织物。

三、化学纤维基本特性

（一）再生纤维（Regenerated Fiber）

再生纤维也可叫人造纤维,是以天然的聚合物为原料,经过人工溶解或熔融再抽丝制成的纤维,包括再生纤维素纤维和再生蛋白质纤维。

1. 再生纤维素纤维（Regenerated Cellulose Fiber）

（1）黏胶（Rayon,缩写代号为 R）

黏胶一般以木材、棉短绒、甘蔗渣、芦苇等为原料,再经过一系列的化学与机械方法而制成,其主要成分是纤维素,是最早工业化生产的化纤。新世纪以来随着黏胶纤维"似棉更胜于棉"的优良性能被重新认识,不仅具有棉纤维的吸湿、抗静电、柔软等实用性能,而且在悬垂性、染色性等性能上更胜一筹,对棉纤维有很强的替代性,黏胶纤维进入快速发展时期。但黏胶行业属于劳动技术密集型产业,生产工艺对环境有污染,如一个大型黏胶厂的排污量相当于一个中等城市所有排污量的总和。而且还有大量的能源消耗,例如生产 1 t 黏胶短纤维要消耗 500 m^3 水和 2 000 kW 电,而生产黏胶长丝更需要 600 m^3 水和 10 000 kW 电。因此发达国家纷纷退出黏胶纤维的生产,转移到发展中国家。按照纤维的长短,黏胶可分为以下品种:

$$
\left.\begin{array}{l}
\text{短纤}\left\{\begin{array}{l}
\text{按纺织用途分:棉型、毛型、中长型}\\
\text{按性能分:普通型、强力型、高湿模量型（国内商品名为富强纤维）}\\
\text{按纤维形状分:卷曲型、中空型、异型、偏型}
\end{array}\right.\\
\text{长丝:普通丝、强力丝、其他}
\end{array}\right.
$$

①纤维形态特征

普通黏胶纤维的截面呈锯齿状,有皮芯结构,无中腔,纵向平直且有凹槽（图 1-19）。其高强高湿型和高强低湿型如图 1-20 和图 1-21 所示。

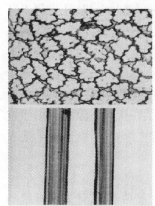
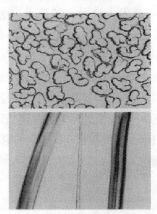
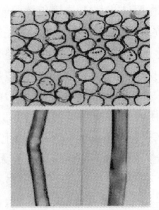

图 1-19　黏胶（普通）的横、纵截面　　图 1-20　黏胶（高强高湿拉伸）的横、纵截面　　图 1-21　黏胶（高强低湿拉伸）的横、纵截面

②服用性能

○ 外观性能

黏胶纤维有长丝和短纤之分。黏胶长丝的光泽像丝一般光亮,但不如丝柔和,可称人造丝;黏胶短纤和棉、毛一样光泽暗淡,因此黏胶短纤又可叫人造棉、人造毛。黏胶纤维的吸湿能力强,所以染色性能好,可染鲜艳的颜色,且色牢度高,但在染色时上染速度快,易染花。黏胶纤维的柔软度好,织物悬垂性好,适宜做裙装。但是黏胶的弹性差,织物在使用过程中易起皱。

○ 舒适性能

黏胶的手感柔软,穿着起来有天然纤维的舒适感觉,另外黏胶纤维的吸湿能力较强,因此它织成的织物不易起静电及具有良好的抗起毛起球性能。黏胶纤维的导热性好,在穿着时会有凉爽舒适的感觉,比较适用于湿热的环境,但在吸湿后纤维的强力下降,纤维发胀变硬,所以黏胶织物不能多洗。

○ 耐用与保养性能

普通黏胶纤维强力低,耐用性差,不耐磨、不耐洗,缩水严重,在加工前要预缩。富强纤维与普通黏胶纤维相比,由于改善了纤维的湿态强力差的缺点,因此较耐穿、较耐水洗、缩水率低。

黏胶织物洗涤时不宜用酸性洗涤剂,洗后可用高温熨烫,温度略低于棉织物。黏胶织物也易发霉,要避免在高温高湿条件下存放。

(2)醋酯纤维(Acetate Fiber,缩写代号为CA)

用含有纤维素的天然原料与醋酐发生反应,生成纤维素醋酸酯,经纺丝形成纤维,它已不属于纤维素纤维,因此和黏胶在性能上有较大差异。常见品种有二醋酯和三醋酯:二醋酯的酯化程度低,以长丝为主,织物与丝绸风格相同,用于领带、披肩、里料,三醋酯纤维的酯化程度高,以短纤为主产,用于与锦纶混纺,织成织物多做罩衫及裙装。

①纤维形态特征

醋酯纤维无皮芯结构,截面不规整,呈花朵状,纵向平直光滑(图 1-22)。

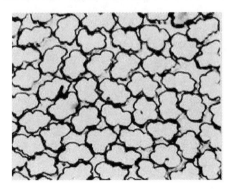

图 1-22 醋酯纤维的横、纵截面

②服用性能

○ 外观性能

醋酯纤维光泽好,织物悬垂性好,纤维弹性伏于黏胶,所以织物不易起皱。二醋纤具有蚕丝的光滑和身骨,可制柔软缎类,也可制挺爽的塔夫绸;三醋纤具有较好的弹性和回复性,常用于经编织物。

○ 舒适性能

醋酯纤维手感平滑柔软,质量较轻,穿着时轻柔,但其吸湿性差于黏胶,因此织物的吸湿、透气性不如黏胶织物,静电现象严重。

○ 耐用与保养性

二醋纤强度比黏胶差,湿强下降,但湿强下降的幅度没有黏胶大,耐用性较差;三醋纤较二醋纤织物结实耐用。总的来说,醋酯纤维易变形,也容易回复,不易起皱,手感柔软,具有蚕丝风格。

醋酯纤维的耐酸碱性都不如纤维素纤维。吸湿性明显低于黏胶和天然纤维素纤维,织物可以水洗,不易缩水和变形,但温度不宜过高。二醋纤耐热性较差,很难进行热定形加工;三醋纤耐热性比二醋纤高,可进行热定形,形成褶裥等外观。

(3)铜氨纤维(Cuprammonium Rayon,缩写代号为CUP)

铜氨纤维是把纤维素溶解于铜氨溶液中,经纺丝并还原而成。铜氨纤维的性能比黏胶纤维优良,可以制成非常细的纤维,为制成高级丝织品提供条件。但由于受原料(铜和氨)的限制,其产量受到一定的限制。

①纤维形态特征

截面呈均匀的圆形,无皮芯结构,但纤维细度可制得很细,表面光滑(图1-23)。

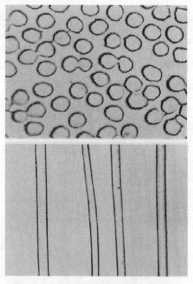 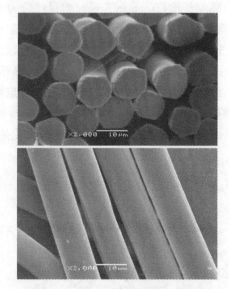

图 1-23 铜氨纤维的横、纵截面　　　　图 1-24 Tencel纤维的纵、横截面

②服用性能

○ 外观

由于细度较小,光泽和风格与蚕丝类似。

○ 舒适性能

铜氨纤维具有手感柔软光滑、吸湿透气性强、悬垂感强等优点。

○ 耐用与保养性

铜氨纤维具有耐磨性强、抗静电性明显、吸湿性高于醋酯纤维、与黏胶接近等优点。由于没有皮层，所以吸水量比黏胶纤维高 20%左右，可以进行水洗。浓硫酸和热稀酸能溶解铜氨纤维，稀碱对其有轻微损伤，浓碱可使其溶胀并逐渐溶解。

（4）Tencel 纤维（缩写代号为 Tel）

Tencel 是商品名，学名叫 Lyocell 纤维，我国俗称天丝。它与黏胶纤维同属再生纤维素纤维，但黏胶纤维的制造工艺严重污染环境。而天丝采用全新溶剂，在制造过程中可回收，产品使用后可生化降解，所以称为"21 世纪的绿色纤维"。

①纤维形态特征

横截面呈圆形或椭圆形，纵向光滑（图 1-24）。

②服用性能

○ 外观

具有丝般光泽，制成的服装如丝绸般悬垂。纤维容易原纤化，通过酶处理，去除较长的原纤，进行二次原纤化，可得到桃皮绒的外观。

○ 舒适性能

Lyocell 纤维手感柔软，悬垂性好，吸湿透气，抗静电。

○ 耐用与保养性

天丝是所有纤维素纤维中强度最高的一种，与涤纶相仿，湿强仅比干强低 10%，纺织加工性能优良，尺寸稳定，适宜水洗。

（5）莫代尔纤维（Modal，缩写代号为 Md）

莫代尔纤维属于第二代高湿模量黏胶纤维，第一代高湿模量黏胶纤维为波里诺西克（polynosic）纤维，我国商品名为富强纤维，日本称之为虎木棉。后来，国际人造丝和合成纤维标准局把高湿模量黏胶纤维统称为莫代尔纤维。它具有生物降解性，在生产过程中不产生类似黏胶纤维的污染环境问题。该纤维采用洁净的溶剂法纺丝工艺制造而成，其生产过程符合环保要求，被誉为 21 世纪的绿色环保纤维。

莫代尔纤维的形态结构如图 1-25 所示，属于纤维素纤维，与棉纤维相比，结晶度较低，其微细结构与棉相同，有原纤结构，但截面有皮芯结构，皮层较厚，纵向有 1～2 根沟槽，截面呈腰圆形。

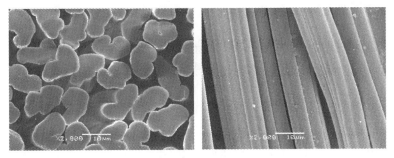

图 1-25 莫代尔纤维的横、纵截面

②服用性能

莫代尔的特点是将天然纤维的豪华质感与合成纤维的实用性合二为一，具有棉的柔软、丝的光泽。麻的滑爽,而且其吸水、透气性能都优于棉,其染色性能与黏胶基本一致,对设备无特殊要求,得色量高,色泽鲜艳。

○ 外观

莫代尔纤维具有很好的上色率、色牢度,吸收染料迅速而彻底,并且持久不褪色,多次洗涤仍保持本色。制成的面料具有良好的悬垂性,没有棉质的板结与真丝的揉皱凌乱,始终保持极好的悬垂性,显得雍容华贵,大大提升了服装的档次,其良好的手感和悬垂性使服装显得更加飘逸,随身性更强。

○ 舒适性能

莫代尔纤维充分细旦化,其纵截面的结构平滑,使它具有丝般的柔软和润滑,与肌肤接触就能感觉到它的柔软和爽滑。莫代尔的横截面结构使其有独特的亲水性,可产生良好的凉爽感,当它与肌肤接触的瞬间,感觉清凉舒爽。极柔软的触感赋予织品第二肌肤之美称。莫代尔纤维的吸湿能力比棉纤维高出50%,这使莫代尔纤维织物可保持干爽、透气,是理想的贴身织物和保健服饰产品,有利于人体的生理循环和健康。

○ 耐用与保养性

莫代尔纤维在光泽度、柔软性、吸湿性、染色性、染色牢度方面均优于纯棉产品;用它所制成的面料,展示了一种丝面光泽,具有宜人的柔软触摸感觉和悬垂感以及极好的耐穿性能。莫代尔纤维具有合成纤维的强力和韧性,干强接近于涤纶,湿强比普通黏胶纤维提高许多。莫代尔纤维与棉纤维相比,具有良好的形态与尺寸稳定性,使织物具有天然的抗皱性和免烫性,使穿着更加方便、自然。莫代尔纤维的染色性能较好,且经过多次洗涤仍保持鲜艳如新,没有纯棉服装易褪色、发黄的缺点。同时,经测试比较,与棉织物一起经过25次洗涤后,棉织物手感将越来越硬,而莫代尔纤维面料恰恰相反,越洗越柔软,越洗越亮丽。莫代尔纤维面料成衣效果好,形态稳定性强,具有天然的抗皱性和免烫性,使穿着更加方便、自然。

(6)竹纤维(Bamboo Fiber)

竹纤维是以竹子为原料的新型纤维素纤维,包括竹原纤维和竹浆纤维。竹原纤维是通过对天然竹子进行类似麻脱胶工艺的处理,形成适合在棉纺和麻纺设备上加工的纤维,生产的织物真正具有竹子特有的风格与感觉;竹浆纤维则是以竹子为原料,通过黏胶生产工艺加工成的新型黏胶纤维,在显现黏胶纤维特性的同时,也体现出竹子特有的手感柔软、滑爽、悬垂性好、飘逸、凉爽等优点。

①纤维形态特征

横截面内部存在许许多多的管状腔隙,这种天然的超中空纤维,可在瞬间吸收和蒸发水分,因此,竹纤维又被称为"会呼吸的纤维"。竹原纤维和竹浆纤维的结构分别如图1-26和图1-27所示。

②服用性能

○ 外观

该纤维的细度、白度与普通精漂黏胶相近。

○ 舒适性能

竹纤维截面中空,呈梅花形排列,是一种凉爽型的纤维。吸湿透湿,具有良好的防水功能。

○ 耐用与保养性

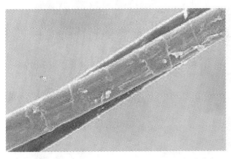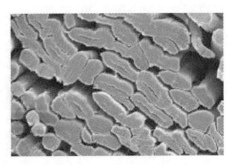

图 1-26　天然竹原纤维的纵、横截面

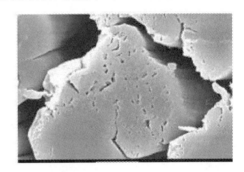

图 1-27　竹浆纤维的纵、横截面

竹纤维具有耐久的消臭抗菌作用,在日本测试,抗菌率开始为33％,洗涤10次后再测试达到71％。耐磨性好,做成的服装不起毛、不起球。绿色环保,可降解,可再生。

2.再生蛋白质纤维(Regenerated Protein Fiber)

(1)大豆纤维(Soybean Fiber)

大豆蛋白纤维是以出油后的大豆废粕为原料,运用生物工程技术,将豆粕中的球蛋白提纯,并通过助剂、生物酶的作用,用湿法纺丝工艺纺成单纤0.9～3.0dtex的丝束,经稳定纤维的性能后,再经过卷曲、热定形、切断,即可生产出各种长度规格的纺织用高档纤维。

①纤维形态特征

大豆纤维横向截面近似豆瓣状,结构较紧密、均匀,含有一定量的微小空洞和缝隙;大豆蛋白纤维的纵向均有不规则的纵向条纹和不连续的细微裂缝(图1-28)。

②服用性能

○ 外观

大豆蛋白纤维本色为淡黄色,很像柞蚕丝色。大豆蛋白纤维面料具有真丝般的光泽,其悬垂性佳,给人以飘逸感,用高支纱织成的织物,表面纹路细洁、清晰,是高档的衬衣面料。

○ 舒适性能

以大豆蛋白纤维为原料的面料手感柔软、滑爽,质地轻薄,具有真丝与山羊绒混纺的感觉;其吸湿性与棉相当,而导湿透气性远优于棉,保证了穿着的舒适与卫生。除了优良的舒适性外,还具有抑菌抗菌、防紫外线、发射远红外线和负氧离子四种人体保健功能。这是因为一方面,大豆纤维在纺丝过程中加入一种纳米级的"蛋白质功能催效素",在其中发挥出重要作用;另一方面,大豆中含有的低聚糖、异黄酮和皂甙和酪氨酸、苯丙氨酸等微量元素在起

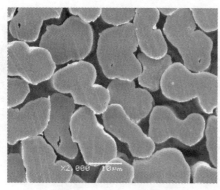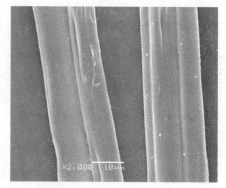

图 1-28 大豆纤维的横、纵截面

作用,使大豆纤维同时具有四种保健功能,这在其他改性纤维中是很少有的。

○ 耐用与保养性

大豆纤维比羊毛、棉、蚕丝的强度都高,仅次于涤纶等高强度纤维,而细度已可达到 0.9 dtex。目前,利用 1.27 dtex 的棉型纤维在棉纺设备上已纺出 6 dtex 的高品质纱,可开发高档的高支高密面料。由于大豆蛋白纤维的初始模量偏高,而沸水收缩率低,故面料尺寸稳定性好,在常规洗涤下不必担心织物的收缩,且易洗、快干。但存在抗皱性差、易起毛、耐磨性差等缺点。

(2)牛奶蛋白纤维(Milk Protein Silk)

①形态结构

纤维的横截面及纵向表面形态如图 1-29 所示。纤维横截面呈扁平状,为腰圆形或哑铃形,属于异形纤维,并且在截面上有细小的微孔,这些细小的微孔对纤维的吸湿、透湿性有很大的影响。纤维的纵向表面有不规则的沟槽和海岛状的凹凸,这是由于纺丝过程中纤维表面脱水、纤维取向较快形成的,它们的存在也使纤维具有优异的吸湿和透湿性能,同时对纤维的光泽和刚度也有重要影响。

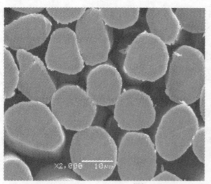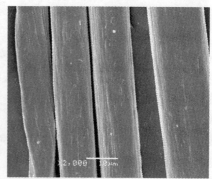

图 1-29 牛奶蛋白纤维的横、纵截面

②服用性能

○ 外观

牛奶蛋白纤维外观呈乳白色,有着真丝般柔和的光泽和滑爽手感。牛奶蛋白纤维具有一定的卷曲,手感柔软。纤维表面的不光滑和一些微细的凹凸变化可以改变光的吸收、反射、折射和散射,从而影响纤维的光泽性,纤维表面粗糙时,具有柔和的光泽,而不会出现"极光"现象。

○ 舒适性能

由于牛奶蛋白纤维具有光滑、柔软的手感和较好的温暖感,加之纤维密度小,由它加工制成的服装穿着时非常轻盈舒适。而且该纤维能快速吸收水分,吸湿后能迅速将水分导出,湿润区不会像真丝或棉一样粘贴在身上而又能保持真丝般的光滑和柔顺,从不会产生闷热的不舒服感。由于该纤维是蛋白质纤维,因此具有自然水分保持性和氨基酸的常规性能。穿着由牛奶纤维制成的服装不会使皮肤感觉干燥。同时,牛奶蛋白纤维能够迅速吸收并传导汗液,使皮肤保持真丝般的光滑和鲜嫩。人体在皮肤干燥时能渗出水分,而当皮肤由于出汗而有过量的水分时又会自行干燥。这是由于皮肤蛋白中氨基酸的作用,由于牛奶蛋白纤维是用蛋白质制造的纤维,因此也具有同样的水分吸收和扩散性能。舒适性能还表现在牛奶蛋白纤维洗涤后能速干,汗液可被迅速吸收,而保持皮肤干爽舒适。

○ 耐用与保养性

牛奶蛋白纤维,初始模量较大,强度高,伸长率好,钩结和打结强度好,抵抗变形能力较强,吸湿性能好,具有一定的卷曲数、一定的摩擦力和抱合力。牛奶蛋白纤维的质量比电阻低于真丝和聚丙烯腈纤维。但静电现象仍较突出,在纺纱过程中须加防静电剂,而且要严格控制纺纱时的温湿度,以保证纺纱的顺利进行和成纱质量。牛奶蛋白纤维具有较低的耐碱性,耐酸性稍好。

牛奶蛋白纤维经紫外线照射后,强力下降很少,说明纤维具有较好的耐光性。牛奶蛋白纤维具有天然抗菌功效,它不像其他蛋白质纤维(如羊毛、真丝等)那样容易霉蛀或老化,不会对皮肤造成任何过敏反应。纤维中含的蛋白质等成分为人体所必需,对人体皮肤有较好的营养和保护作用。这是因为牛奶蛋白纤维在制造过程分解脂肪时,分解产物之一甘油部分遗留在纺丝液内,最终带入纤维中,有滋润皮肤的作用。而且牛奶蛋白是食用蛋白,对皮肤有营养作用。蛋白质大分子含有的亲水基团(如$-COOH$、$-OH$、$-NH_2$)及天然保湿因子 NMF 使纤维吸湿性良好,不会使皮肤干燥。而且还含有 17 种人体所需的氨基酸,具有良好的保健作用。此外,穿着牛奶丝制作的内衣还有矫正身形的功能。

3. 其他再生纤维

(1)甲壳素纤维(Chitin Fiber)

甲壳素纤维是由甲壳素或甲壳胺溶液纺制而成的纤维,是继纤维素纤维之后的又一种天然高聚物纤维。甲壳素纤维不但具有良好的物理机械性能,而且具有天然高分子优良的生物活性。该纤维无毒,具有能被人体内溶菌酶降解而被人体完全吸收的生物可降解性。该纤维对人体的免疫抗原性小,且具有消炎、止痛及促进伤口愈合等生物活性,因此在手术缝合线、医用敷料、人工皮肤、硬组织修复材料、人工肾膜、抗菌材料、保健内衣面料、药物缓释等材料中得了广泛的应用。随着消费者对功能性纺织品的需求与日俱增,进一步推动了新纤维的开发。甲壳素纤维可作为开发功能性纺织面料,织造出抗菌型新型毛纺织产品。采用甲壳素纤维与棉、毛、化纤混纺织成的高级面料,具有坚挺、不皱不缩、色泽鲜艳、吸汗性能好、且不透色等特点。

①形态结构

一般的甲壳素纤维表面平直、略微弯曲,形态均匀;断面粗细均匀,形状有圆形、多角形。黏胶基甲壳素纤维纵向特征是有很多清晰的沟槽,截面形态边缘为不规则的锯齿形,芯层有很多细小的空隙。其纵向形态特征与黏胶纤维一样,都有明显的沟槽,不同的是黏胶的横截面为皮芯层结构,而黏胶基甲壳素截面芯层有很多细小的空隙。纵向沟槽和横截面有空隙有利于吸湿、导湿和放湿,甲壳素纤维的良好吸湿性是夏季服装的首选材料。

②服用性能

○ 外观

甲壳素呈白色或灰白色半透明状,无味、无臭、无毒性,略带珍珠光泽。

○ 舒适性能

由于甲壳素纤维的分子结构中存有大量的羟基和氨基等亲水性基团,同时在纺丝时纤维表面产生了微孔结构,使得纤维具有很好的吸湿透气性和保湿性能,在不同的成形条件下,它的保水值均在130%左右,比较稳定,这样的保湿能力比棉高很多,制成服装穿着时有柔软、湿滑的感觉。

甲壳素纤维是目前自然界中被发现的唯一一种带正电荷的动物纤维,它的分子结构中带有不饱和的阳离子基团,因而对带负电荷的各类有害物质、有害细菌具有强大的吸附作用,能对有害细菌的活动进行抑制,使其失去活性,从而达到抗菌目的;而且能清除体内排泄的废物,有助于身体抵抗疾病。甲壳素的大分子结构与人体内的氨基葡萄糖的构成相同,而且具有类似于人体骨胶原组织结构,这样的结构使得它与皮肤接触时不会对皮肤产生不利影响,与皮肤形成良好的相容性,同时还有抗菌、消炎、止痛的作用。

○ 耐用与保养性

甲壳素纤维的干态强力比黏胶和羊毛高,湿态强力也高于羊毛,与黏胶相似,但纤维吸湿后强力下降较多。甲壳素纤维的初始模量比黏胶纤维高,与涤纶相似,说明甲壳素纤维比较硬。甲壳素纤维的断裂伸长率(干/湿态)均高于黏胶纤维,说明其性能好于黏胶。甲壳素纤维的断裂比功(干/湿态)都高于黏胶纤维,反映纤维的韧性与耐磨性比黏胶好,但差于羊毛与涤纶纤维。甲壳素纤维的卷曲性能的各项指标比黏胶短纤维好,表面光滑,但细度较粗,回弹性差,抱合力差,表面摩擦力小,可纺性差。

(2)聚乳酸纤维(PLA)

聚乳酸纤维是以玉米、小麦、甜菜等含淀粉的农产品为原料,经发酵生成乳酸后,再经缩聚和熔融纺丝制成。它集天然纤维和合成纤维的特点于一身,具有许多优良特性。同时聚乳酸纤维有良好的生物相容性和生物降解性,在人体内可逐渐降解为二氧化碳和水,对人体无害、无积累。

○ 形态结构

对聚乳酸纤维进行显微镜观察,其横截面为近似圆形,纵截面纤维光滑、有明显斑点(图1-30)。

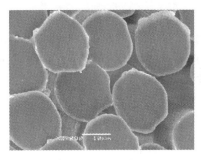

图 1-30 聚乳酸纤维的横、纵截面

②服用性能

○ 外观

聚乳酸纤维具有同涤纶相似的物理特性,不仅具有高结晶性,还具有同样的透明性。用聚乳酸纤维制作的面料柔软度优于聚酯面料,有丝绸般的光泽,制成的针织布有良好的悬垂性。

○ 舒适性能

聚乳酸纤维的横截面形态为圆形,但不如涤纶纤维规整,表面有斑点,表层和内层具有不同的结构特点,表层较为紧密,切片表面光滑,而内层的结构疏松、有空隙,具有皮芯结构。孔洞或裂缝使纤维很容易形成毛细管效应,从而表现出非常好的芯吸和扩散现象,所以聚乳酸纤维具有良好的吸水性和快干效应,制得的服装吸湿透气、穿着舒适,非常适合开发运动服装。

○ 耐用与保养性

聚乳酸纤维与涤纶相比,具有优越的服用性能,表 1-2 是聚乳酸纤维和涤纶纤维的性能对比。聚乳酸纤维的弹性回复和卷曲保持性较好,而且形态稳定性和抗皱性均很好。聚乳酸纤维虽不能阻燃,但有一定的自熄性,通过简单的阻燃处理,即可获得较理想的阻燃性能。聚乳酸纤维的强度略低于涤纶和锦纶纤维,但是其断裂伸长率较大。

表 1-2 聚乳酸和涤纶纤维性能对比

性能	涤纶	聚乳酸纤维
吸水性	芯吸性好 回潮率 0.2%～0.4%	芯吸性更好 回潮率 0.4%～0.6%
回弹性	5%变形时回复率 65% 10%变形时回复率 51%	5%变形时回复率 93% 10%变形时回复率 63%
手感/悬垂性	差	好
抗皱性	好	极好
光泽	中等到低	很好到低
可燃性	火焰移去后续燃 6 min	火焰移去后续烧 2 min
密度	1.34 g/cm³	1.25 g/cm³
可持续发展性	石油化工	葡萄糖(玉米等)

聚乳酸纤维具有很好的抗紫外线功能,在紫外线的长期照射下,其断裂比强度和断裂伸长率均变化不大;聚乳酸纤维的染色性比一般的纺织纤维要差,通常要采用分散染料,但染

色条件不需要高温高压,这一点优于聚酯纤维。

聚乳酸纤维的初始模量较高,尺寸稳定,保形性好,弹性和抗皱性优良,在外衣面料方面也具有一定应用前景。聚乳酸纤维混纺织制内衣面料,有助于水分的转移,不仅接触皮肤时有干爽感,且可赋予优良的形态稳定性和抗皱性,不会刺激皮肤,对人体有亲和性。

(二)合成纤维(Synthetic fiber)

合成纤维是以石油、煤、天然气及一些农副产品中所提取的小分子为原料,经人工合成得到高聚物,经溶解或熔融形成纺丝液,再经喷丝孔喷出凝固形成的纤维。根据其化学成分可分为涤纶(Polyester)、腈纶(Acrylic)、锦纶(Polyamide 或 Nylon)、丙纶(Polypropylene)、维纶(Vinylon)、氯纶(Polyvinyl Chloride Fiber)、氨纶(Polyurethane Fiber 或 Spandex)等七大纶。

1. 纤维形态特征

这里介绍的是常规化纤的形态特征。横向除维纶腰圆形有皮芯、腈纶哑铃形、氨纶花生果形或三角形外,其余四种均为圆形截面。纵向除腈纶存在少许沟槽外,其余六大纶全都是平直光滑无扭曲的柱体。

2. 服用性能

(1)共性

合成纤维是以存在于自然界的低分子化合物聚合而成,作为服用纤维的它们具有以下七点共性:

①纤维均匀度好,长短粗细一致,截面可变化,会产生不同的光泽、耐用性及保暖性。

②强度高,弹性好,结实耐用,服装保形性好,不易起皱。

③合纤长丝易勾丝,短纤易起毛起球。

④吸湿性差,热湿舒适性不如天然纤维,易产生静电现象,易吸灰,但易洗快干,不缩水,洗后可穿性能好。

⑤热定型能力强,可减少合纤热收缩的现象,使尺寸稳定,保型能力提高,同时可形成褶裥等稳定的造型。洗烘熨温度不宜过高,否则会变形或起极光。

⑥合纤亲油性好,易被油污且不易除去,要用干洗剂或热肥皂水洗。

⑦合纤不霉不蛀,保养方便。

(2)特性

表1-3　常见合成纤维的性能

品种	英文缩写	缩写代号	机械性能	吸湿性	热学性能	化学性能	耐光性
涤纶	PET	T	强力高,是黏胶的20倍,耐磨,挺括,弹性足	差,标准回潮率0.4%易产生静电,不易染色	导热性差,耐热性好,良好的热定型性,熨烫温度140～150 ℃	较为稳定,耐酸,不耐浓碱长时间作用,利用碱减量处理获得仿真丝风格	好,仅次于腈纶
锦纶	PA	N	耐磨性居各种纤维之首,弹性好,刚性小,与涤纶相比保型性差,很小的拉伸力织物就变形	标准回潮率4%,易起静电,舒适性差	不如涤纶,熨烫温度120～130 ℃	耐碱不耐酸	差,阳光下易泛黄

续表

品种	英文缩写	缩写代号	机械性能	吸湿性	热学性能	化学性能	耐光性
腈纶	PAN	A	强度比涤纶、锦纶低,断裂伸长率和它们相似,弹性低于涤纶、锦纶,尺寸稳定性差,合纤中耐用性较差的一种	标准回潮率1.5%～2%	熨烫温度130～140 ℃	稳定性较好,但不耐浓酸浓碱	所有纤维中最好
维纶	PVA	V	强度和弹性高于棉,耐磨性是棉的5倍	所有合成纤维之首,标准回潮率4.5%～5%	耐干热较强接近涤纶,熨烫温度120～140 ℃,耐湿热较差	耐碱优良,但不耐强酸	较好
丙纶	PP	O	强伸性、弹性、耐磨性较好,与涤纶接近	不吸湿,回潮率0%,但具有较强的芯吸作用,不仅能传递水分,而且保持皮肤干燥	差,熨烫温度90～100 ℃	酸碱抵抗力强	所有纤维中最差
氨纶	PU	SP(美国)EL(西欧)OP(日本)	强度较低,但具有高弹性回复性	较差,标准回潮率0.4%～1.3%	差,熨烫温度90～110 ℃	较好,但氯化物和强碱会造成损伤	较好
氯纶	PVC	L	强度接近棉,弹性和耐磨性比棉好,但和其他合纤相比较差	不吸湿,回潮率0	差,70 ℃以上会收缩,故一般在30～40 ℃水中洗涤	较好	较好

(三)新型化学纤维(New Type Chemical Fiber)

1. 差别化纤维(Differential Fiber)

差别化纤维是差别化化学纤维的简称,指通过化学或物理改性,使常规纤维的形态结构、组织结构发生变化,提高或改变纤维的物理、化学性能,使常规化纤具有某种特定性能和风格的化纤。它可以克服化纤的一些缺点,赋予纤维新功能,满足产品风格、功能,并取得仿生效果。目前主要有异形纤维、复合纤维、超细纤维、高收缩纤维等。

(1)异形纤维(Profiled Fiber)

异形纤维是指用异形喷丝孔纺制的非圆形横截面的合成纤维。最初由美国杜邦公司于20世纪50年代初推出三角形截面,继而,德国又研制出五角形截面。60年代初,美国又研制出保暖性好的中空纤维。日本从60年代开始研制异形纤维。随之,英国、意大利和苏联等国家也相继研制该类产品。由于异形纤维的制造以及纺织加工技术比较简单,且投资少、见效快,因此发展比较快。我国异形纤维的研制开始于 70 年代中期。近几年来,异形纤维的用途日益广泛,异形纤维在衣着、装饰及产业用纺织品三大领域内有着广阔的市场前景。因为人们发现,异形纤维越来越多地显示出普通纤维无以伦比的优越性。下面重点介绍异形纤维在纺织服装产品中的应用(图 1-31):

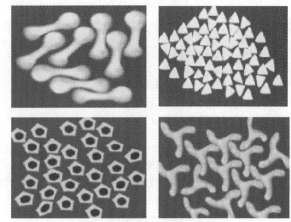

图 1-31 异形纤维的横截面

三角形截面纤维(Triangular Profile Fiber)。这种纤维光泽夺目。如三角形尼龙长丝有钻石般的闪烁光泽,用其制造的长统丝袜具有金黄色的华丽外观。这类纤维一般作为点缀性材料与其他纤维混纺或交织,可以制作毛线、围巾、春秋羊毛衫、女外衣、睡衣、夜礼服等,所有这些产品均有闪光效果。例如银枪大衣呢是一种花式的顺毛大衣呢,其规格、组织、工艺与顺毛大衣呢相同,唯原料配比有区别。最早的银枪大衣呢要用 10% 左右的马海毛。银枪大衣呢使用白马海毛与染成颜色的其他纤维均匀混合,经纺、织和洗、缩、拉、剪等工艺整理而成,织物在乌黑的绒面中均匀地闪烁着银色发亮的枪毛,美观大方,是大衣呢中高档的品种之一,适宜制作男女大衣。由于我国这种马海毛数量极少,所以,现在生产中可以用三角形截面的有光异形涤纶纤维替代马海毛,制织彩色仿银枪大衣呢,如墨绿银枪、咖啡银枪、玫红银枪等,专用于制作女式大衣。

变形三角形截面纤维(Deformation Triangular Profile Fiber)。这类纤维的应用最为广泛,仿丝绸、仿毛料都是这类纤维。它以三角形截面为基础,根据产品要求变形为各种形状,这类纤维具有均匀的立体卷曲特性,可以与毛或黏胶纤维混纺,特别适合做仿毛法兰绒,其手感温和、色泽文雅。为使织物得到闪光效果,可将该纤维应用于灯芯绒中。生产中该纤维的用量不宜过大,一般混用量不超过 20%。这样织物不仅具有绒毛丰满、绒条清晰圆润、手感弹滑柔软等灯芯绒的基本风格特征,而且还可降低成本。织物可做服装衣料,也可用作挂、垫、罩、靠、套等装饰织物。

五角形截面纤维(Pentagon Profiled Fiber)。这类纤维是星形和多角形纤维的代表。它最适合做绉织物,往往用来仿乔其丝绸。多角形低弹丝可以做仿毛、仿麻、针织或外衣织物,产品光泽柔和,手感糯滑、轻薄、挺爽。另外,因多叶形截面纤维手感优良,保暖性好,有较强的羊毛感,而且抗起球和抗起毛,更适于制作绒类织物。特别是用其做起绒毛毯时,其绒毛既能相互缠结,又能蓬松竖立,富有立体感和丰满厚实感。

中空异形纤维(Hollow Profiled Fiber)。这类纤维一般指三角形和五角形中空纤维。其性能优越,可以用来织造质地轻松、手感丰满的中厚花呢,织造有较高耐磨性、保暖性、柔软性的复丝长统袜,也可以用来织造透明度低、保暖性好、手感舒适、光泽柔和的各种经编织物。另外,用异形纤维参与混纺制织仿毛织物也能够获得较好的仿毛效果。如用圆形中空涤纶与普通涤纶、黏胶三者混纺,其仿毛感、手感和风格都优于普通涤黏混纺织物。曾经对相同组织、相同规格的圆形中空涤纶/普通涤纶/黏胶混纺织物和普通涤纶/黏胶混纺织物进行比较、测试,前者不但具有一般仿毛织物的风格特征,而且蓬松性、保暖性好,织物厚实、质量轻。若再结合织物结构的变化,还具有良好的透气性,比较适合夏季衣料用织物(图1-32)。

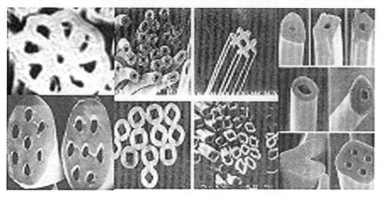

图 1-32 中空异形纤维的横截面

三叶形截面纤维(Trefoil Profiled Fiber)。这类纤维除具有优良的光学特性外,还具有较大的摩擦系数,因此织物手感粗糙、厚实、耐穿,比较适合做外衣织物。尤其是三叶形长丝更适合做针织外衣料,它不会出现勾丝和跳丝,即使出现也不会形成破洞。三叶形纤维制作的起绒织物,其绒面可以保持丰满、竖立,具有较好的机械蓬松性。较高捻度的三叶形长丝制作的仿麻织物手感脆爽,更宜做夏季衣料。

Y形断面纤维(Y-shaped Profiled Fiber)。目前,我国台湾地区为了提高纺织产业的国际竞争能力,在岛内推广异纤度异截面Y形纤维。异形纤维已经在台湾纺织产业得到广泛运用。据悉,异纤度异截面Y形纤维横断面能够形成许多单纤间孔隙,Y形断面纤维孔隙率达40%,较三角形断面的20%及圆形断面的15%高出许多(图1-33)。这些孔隙提供了汗水湿气导流的毛细孔道,因此是吸湿排汗布中最佳素材。此外,Y形断面纤维织物与皮肤的接触点较少,可减少出汗时的黏腻感。Y形复合纤维最大特点是质量轻、吸水吸汗、易洗速干,运用复合纺丝技术便可变化原料种类,创造多样化视觉与手感。产品可用于女装的衬衣、裙装及运动休闲服、训练装等面料的生产。

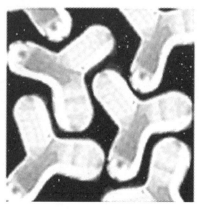

图 1-33 Y形纤维断面

双十字截面纤维(Double Cross Profiled Fiber)。这类纤维编织的袜子具有许多优点,服用性能好,不仅解决了袜子滑脱,而且在相同纤度下,因这类纤维截面大,用料大大节省。

扁平形截面纤维(Flat Profiled Fiber)。这类纤维具有优良的刚性,可以作为仿毛皮的长毛用纤维。扁平黏胶长丝制成的绒类织物具有丝绒风格。

(2)复合纤维(Composite Fiber)

复合纤维是指纺丝时单纤维内由两种以上的聚合物或性能不同的同种聚合物构成的纤维。

这种纤维既可兼有两种以上纤维特点，又可获得高卷曲、高弹性、抗静电性、易染性、难燃性等功能。经过一个多世纪的发展和完善，根据各种特殊要求研制的复合纤维品种有：自发卷曲型纤维、热熔式无纺布纤维、分裂型异形截面纤维、海岛型超细纤维、导电纤维、抗静电纤维、光导纤维、亲水纤维等。复合纤维的截面形状多种多样，如表 1-4 所示。

表 1-4　不同类型的复合纤维结构及其效果

复合类型	截面结构	截面图	效果
并列型	不对称		使纤维获得三维卷曲、弹性、蓬松、柔软、仿毛等效果
	对称		
皮芯型	偏心		使纤维获得阻燃、抗静电等效果
	同心		
多组分型	并列多层		使纤维获得超细、导电、阻燃、易染等效果
	放射		
	放射中空		
	多芯		
	多环		
	海岛状		
特殊复合型	异形复合		使纤维获得卷曲、保暖、抗静电等效果

(3)超细纤维(Super Fine Fiber)

用于纺织原料的天然纤维按粗细排列应为毛、麻、棉、丝，普通化学纤维多数是按天然纤维的细度和性能仿制的。10 多年前，国外研制出比真丝还要细得多的超细纤维。这种纤维由于功能独特而发展很快，日、欧厂商为此耗费巨资激烈竞争，花样繁多的高档超细纤维纺织品已纷纷占领市场。超细纤维的定义说法不一，一般把细度 0.03 tex(直径 5 μm)以下的纤维称为超细纤维。国外已制出 0.000 01 tex 的超细丝。如果把这样一根丝从地球拉到月球，其质量也不会超过 5 g。我国目前已能生产 0.014～0.03 tex 的超细纤维。

超细纤维有海岛纤维和橘瓣分裂纤维两种。生产海岛超细纤维有两种方法。一种是定岛法，即通过双组分复合纺丝技术制成的，在纺丝分配板前都是单独形态存在，各走各的管道，其纤维的横截面是一种成分以微细而分散的状态被另一种成分所包围，很像海中的岛屿,其岛与海成分在纤维的长度方向是连续密集均匀分布的(图1-34)。岛数固定、均匀且有规则,细度一致且能达到0.004 tex。纺丝后是以常规细度存在,只有在后加工时用溶剂将海成分溶解掉,才可真正得到束状的超细纤维束,目前用在长丝上比较多。第二种是不定岛法,即通过双组分混溶纺丝技术制成的,其纤维的横截面也是一种成分以微细而分散的状态被另一种成分所包围,其单根纤维中的岛在微观上是不可控制的,在纤维的长度方向是非连续密集分布的。岛数不固定,细度有差异,但总体纤维更细,最细可以达到0.000 1 tex。纺丝后也是以常规细度存在,只有在后加工时用溶剂将海成分溶解掉,才真正得到束状的极超细纤维束。由于其岛部分是经过拉伸而形成极超细纤维,所以目前尚不能生产长丝,而只能生产短纤维。一般而言,在海岛纤维中,岛的比例越高,其纤维的最大可拉伸倍数就越小,即可拉伸性能越差。海岛纤维的岛一般采用聚酯、聚酰胺、聚丙烯腈等,海组分可以是聚乙烯、聚酰胺、聚丙烯、聚乙烯醇、聚苯乙烯以及丙烯酸酯共聚物或改性聚酯等。岛的数量,对于定岛海岛纤维从16、37、64到200,甚至可以达到640或900以上;而对于不定岛海岛纤维来讲,就是杂乱无章,没有规则数字,可以是几十、几百,也可以是几个。海与岛的比例从原来的60:40演变为20:80,甚至10:90。目前,市场上流行的定岛海岛型超细纤维中,岛的组分为聚酰胺,海的组分定岛为可溶性聚酯,而不定岛海岛纤维的海成分一般为PE,定岛在纤维中呈长丝状,数量为37,海与岛的比例为30:70。不定岛海岛比例一般为55:45或50:50。橘瓣分裂纤维由两种成分组成,一般有4、8、16、32瓣等(图1-35),国内分裂长丝的质量比较稳定,产量也很高,目前分裂短纤维在我国广东省有生产,但是质量与国外还有很大差距。

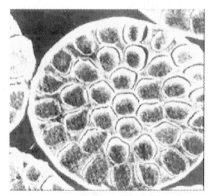

图 1-34　海岛型纤维横截面

图 1-35　橘瓣型纤维横截面

　　超细纤维由于细度极细,大大降低了丝的刚度,制成织物手感极为柔软。纤维细还可增加丝的层状结构,增大纤维比表面积和毛细效应,使纤维内部反射光在表面分布更细腻,使之具有真丝般的高雅光泽,并有良好的吸湿散湿性。用超细纤维制成的服装,舒适、美观、保暖、透气,有较好的悬垂性和丰满度,在疏水和防污性方面也有明显提高,利用比表面积大及松软特点可以设计不同的组织结构,使之更多地吸收阳光热能或更快散失体温,起到冬暖夏凉的作用。

　　超细纤维的用途很广:用它制成的织物,经砂洗、磨绒等高级整理后,表面形成一层类似桃皮茸毛的外观,并极为蓬松、柔软、滑爽,用这种面料制作的高档时装、夹克、T恤衫、内衣、裙裤等凉爽舒适,吸汗不贴身,富有青春美;国外用超细纤维做成高级人造麂皮,既有酷似真皮的外观、手感、风格,又有低廉的价格;由于超细纤维又细又软,用它做成洁净布,除污效果极好,可擦拭各种眼镜、影视器材、精密仪器,对镜面无损伤;用超细纤维还可制成表面极为光滑的超高密织物,用来制作滑雪、滑冰、游泳等运动服,可减少阻力,有利于运动员创造良好成绩;此外,超细纤维还可用于过滤、医疗卫生、劳动保护等多种领域。

(4)高收缩纤维(High-Shrinkage Fiber)

一般而言,把沸水收缩率在 20% 左右的纤维称为一般收缩纤维,而把沸水收缩率为 35%～45% 的纤维称为高收缩纤维。目前,常见的有高收缩型聚丙烯腈纤维(腈纶)和聚酯纤维(涤纶)两种。高收缩纤维在纺织产品中的用途十分广泛,它可以与常规产品混纺成纱,然后在无张力的状态下水煮或汽蒸,高收缩纤维卷曲,而常规纤维由于受高收缩纤维的约束而卷曲成圈,则纱线蓬松圆润如毛纱状。高收缩腈纶就采用这种方法与常规腈纶混纺制成腈纶膨体纱(包括膨体绒线、针织绒和花色纱线),或与羊毛、麻、兔毛等混纺、纯纺,做成各种仿羊绒、仿毛、仿马海毛、仿麻、仿真丝等产品。这些产品具有毛感柔软、质轻蓬松、保暖性好等特点。另外,也有利用高收缩纤维丝与低收缩及不收缩纤维丝织成织物后经沸水处理,使纤维产生不同程度的卷曲,使用这种组合纱也是生产仿毛织物的常规做法。还可用高收缩纤维丝与低收缩丝交织,以高收缩纤维织底或织条格,低收缩纤维丝提花织面,织物经后处理加工后,则产生永久性泡泡纱或高花绉。高收缩涤纶一般是采用这种方法与常规涤纶、羊毛、棉花等混纺或与涤棉、纯棉纱交织,生产具有独特风格的织物。高收缩纤维还可用于制人造毛皮、人造麂皮、合成革及毛毯等,具有毛感柔软、绒毛密致等特点。

(5)吸湿排汗纤维(Moisture Absorption Perspiration Fibre)

随着人们在户外活动时间的增加,休闲服与运动服相互渗透和融为一体的趋势也日益受广大消费者的青睐。这类服装的面料,既要求有良好的舒适性,又要求在尽情活动时,一旦出现汗流浃背情况,服装不会黏贴皮肤而产生冷湿感。一般来说,无论是天然纤维还是合成纤维,都很难兼具这两种特性。天然纤维以棉为例,其吸湿性能好,穿着舒适,但当人的出汗量稍大时,棉纤维会吸湿膨胀,其运气性下降并粘贴在皮肤上,同时,水分发散速度也较慢,从而给人体造成一种冷湿感;合成纤维以涤纶为例,其吸水性小,透湿性能差,由于其静电积累而容易引起穿着时产生纠缠的麻烦,尤其在活动时容易产生闷热感。

吸湿排汗纤维是利用纤维表面微细沟槽所产生的毛细现象,使汗水经芯吸、扩散、传输等作用,迅速迁移至织物的表面并发散,从而达到导湿快干的目的。纺织品要达到吸湿排汗功能的方法可采用:

(1)纤维截面异形化:Y 字形、十字形、W 形和骨头形等,增加表面积,纤维表面有更多的凹槽,可提高传递水汽效果;(2)中空或多孔纤维:利用毛细管作用和增加表面积原理将汗液迅速扩散出去;(3)纤维表面化学改性:增加纤维表面亲水性基团(接技或交联方法),达到迅速吸湿的目的;(4)亲水剂整理:直接用亲水性助剂在印染后处理过程中赋予织物或纤维纱线亲水性;(5)采用多层织物结构:利用亲水性纤维做内层织物,将人体产生之汗液快速吸收,再经外层织物空隙传导散发至外部,达到舒适凉爽的效果。吸湿排汗纤维有杜邦公司生产的 CoolMax 纤维、台湾新光合成纤维股份有限公司研制生产的 CoolTech 纤维、中兴纺织股份有限公司的产品 Cool plus 纤维、南亚塑胶工业股份有限公司的 Delight 纤维、远东纺织股份有限公司的吸湿排汗纤维涤纶 Topcool 纤维、日本旭化成株式会社生产的 Technofine 纤维等。

2. 功能性纤维(Functional Fiber)

功能性纤维品种较多,应用在服装面料上包括防护功能纤维、卫生保健功能纤维以及其他具有智能和其他特殊功能纤维。

(1)防护功能纤维

防护功能纤维主要适用于在各种特殊环境下,对人体安全、健康以及提高生活质量具有一定的保证作用。目前应用在服装上较多的有阻燃纤维、防辐射纤维、防静电纤维、防紫外线纤维。

阻燃纤维是指在火焰中仅阴燃,本身不产生火焰,离开火焰后,阴燃自行熄灭的化学纤维。阻燃改性的方法包括共聚、共混、皮芯复合丝、接枝共聚以及后整理。常用的阻燃剂包括卤素,特别是溴系阻燃剂和磷系阻燃剂。典型的防辐射纤维包括防 X 射线纤维、防中子辐射纤维、防电磁辐射纤维等。抗静电纤维主要用在石油、化工、环保、印刷、电子、制药等领域,主要包括通过表面处理和树脂处理获得的非持久性抗静电纤维和通过接枝共聚或复合纺丝获得的持久性抗静电性纤维。抗紫外线纤维是指本身具有紫外线破坏能力或含有抗紫外线添加剂的纤维,前者如腈纶纤维,后者指通过共混、复合纺丝和后处理法获得的具有抗紫外线功能的纤维。

(2)卫生保健功能纤维

卫生保健功能纤维目前常见的有抗菌纤维、远红外纤维、芳香纤维、吸湿排汗纤维等。抗菌纤维的生产方法包括共混熔融纺丝、共混湿法纺丝、后处理方式三种方法,主要应用领域正在向医疗卫生和保健防护用品领域、服装服饰和家用纺织品领域以及产业用纺织品领域三个领域发展。远红外纤维是具有远红外辐射功能的一类功能性纤维的统称。远红外纤维的保健功能主要原理是远红外纤维所辐射的电磁波引起人体表面细胞分子的共振,产生热效应,激活人体表面细胞,促进人体皮下组织血液微循环,达到保暖、保健、促进新陈代谢、提高人体免疫力的功效。远红外纤维按照制备工艺分为共混纺丝法和涂层后处理法两大类,所用的添加剂一般都是在常温下具有远红外辐射功能的陶瓷微粉,如氧化铝、氧化镁、二氧化钛、二氧化硅、碳化锆等。芳香纤维主要涉及家用纺织品、服装等领域,加工工艺主要有微胶囊法、共混湿法纺丝、复合纺丝三类。

高吸湿排汗纤维要求纤维不仅能够吸收液态水,而且能够快速散发到面料表面,提高人体穿着舒适性。目前采用的方法包括化学方法和物理方法两种。化学方法是在纤维分子链中引入某种具有亲水性的化学基团,并破坏原有纤维的紧密状态,得到高吸水性。而物理方法则是通过改变纤维物理形态,实现吸水和排水的功能,如杜邦公司开发的名为"Coolmax"的吸湿排汗聚酯纤维,纤维外表具有四条排汗通道,可将汗水迅速带出,导入空气,保持皮肤干燥。

其他功能纤维还包括形状记忆纤维、变色纤维、调温纤维、太阳能发电纤维等。人们正在不断开发新型的功能性纤维,以满足人们日益增长的对纺织品的功能化要求。

3. 新型聚酯纤维

(1)PBT 纤维

PBT 纤维也是聚酯纤维家族中的新产品,学名是聚对苯二甲酸丁二醇酯。由 PBT 制成的纤维既具有聚酯纤维共有的一些特性,也具有其自身的一些特点,如弹性和染色性较好等。具体来说,其产品特性如下:

①具有良好的耐久性、尺寸稳定性、弹性。

②纤维及其制品的手感柔软,吸湿性、耐磨性和纤维卷曲性好,拉伸弹性和压缩弹性极好,弹性回复率优于涤纶,在干湿态条件下均具有特殊的伸缩性,而且弹性不受周围环境温度变化的影响,价格远低于氨纶纤维。

③具有良好的染色性能,可用普通分散染料进行常压沸染,而无需载体。染得纤维色泽鲜艳,色牢度及耐氯性优良。

④具有优良的耐化学药品性、耐光性和耐热性。

⑤PBT 与 PET 复合纤维具有细而密的立体卷曲、优越的回弹性,手感柔软,染色性能优良,是理想的仿毛、仿羽绒原料,穿着舒适。

近年来 PBT 纤维受到纺织行业的普遍关注,在各个领域得到了广泛应用,特别用于制作游泳衣、连裤袜、训练服、体操服、健美服、网球服、舞蹈紧身衣、弹力牛仔服、滑雪裤、长袜、医疗上应用的紧绷带等高弹性纺织品。

(2)PTT 纤维

PTT 纤维是聚酯纤维家族中的一类新产品,学名是聚对苯二甲酸丙二醇酯,是由美国壳牌化学公司(Shell Chemical)于 1995 年研制成功的新型纺丝聚合物。PTT 纤维兼有涤纶的稳定性和锦纶的柔软性。具体来说,PTT 纤维具有以下特点:

①PTT 纤维织物柔软,而且具有优异的悬垂性。

②PTT 纤维织物具有舒适的弹性,优于 PET、PBT 及 PP 纤维,与锦纶纤维相当。

③PTT 纤维织物具有优异的伸长回复性,伸长 20% 仍可回复其原有的长度。

④PTT 纤维具有优异的染色及印花特性,在 110~120 ℃可以用一般分散染料染色,并且具有优越的染色牢度、日晒牢度及抗污性。

⑤PTT 纤维织物具有鲜艳的颜色及免烫性。

⑥PTT 纤维适应性比较广泛,适合纯纺,也适合混纺,如与天然纤维、合成纤维混纺,可生产地毯、便衣、时装、内衣、运动衣、泳装及袜子。

因此,在不久的将来,PTT 纤维将逐步替代涤纶和锦纶而成为 21 世纪新型纤维。表1-5是 PTT、PBT、PET、PA6、PA66 这五种纤维的性能对比。

表 1-5　PTT、PBT、PET、PA6、PA66 纤维性能对比

纤维品种	PTT 纤维	PBT 纤维	PET 纤维	PA6 纤维	PA66 纤维
蓬松性及弹性	优	优	中	中	良
抗折皱性	优	优	优	中	良
静电	低	低	很高	高	高
拉伸回复性	优	优	差	良	优
吸水性	差	差	差	中	中
耐气候性	优	良	良	差	差
尺寸稳定性	良	良	良	良	良
染色性	优	优	优	良	良
加工及后处理费用	低	低	高	中	中

（四）化纤面料的新发展

化学纤维在服装领域的应用已有多年的历史,其最大的优点在于它的生产过程可以完全控制,因此可以通过控制生产过程来使纤维获得各种不同的特性,以满足不同的需求。而天然纤维的最大弱点恰恰在于此。天然纤维的来源是植物和动物,因此很容易受到自然条件的影响,而且其生产过程很难控制,通过改变生产过程来改变纤维特性也更加困难。但过去在服装领域的应用过程中,由于化学纤维存在透气性差、吸湿率低、手感硬、有蜡感、极光等缺点,大大限制了它的衣着效果,尤其是在时装领域,于是人们纷纷把天然纤维作为自己的首选。面对这种挑战,化学纤维制造厂商开始重视改进化学纤维及其织物服用性能,使之可与天然纤维相媲美。于是化学纤维在 20 世纪末得到了飞速发展,特别是进入新世纪,化学纤维在许多性能方面得到改进,也促进了服装面料的发展进入新阶段。随着科学技术的发展,人们生活水平的提高,必然对服装面料提出新的要求。面料企业要想有高的利润回报,必然会更重视进行产品开发。服装企业要想在国际市场上有一定的竞争力,提高服装的档次,更多的也将会从面料角度加以考虑。就目前化学纤维的发展来看,必将为化学纤维在服用领域的应用注入新的活力。

1. 强调绿色环保

生态环境是人类在 21 世纪面临的首要问题之一。随着社会和个人环保意识的加强,服装要求绿色是不可避免的。鉴于石油资源日益减少、环境污染严重、服用纺织品要求和人体生物相容等因素,近年来发达国家纷纷大力研究开发以农产品和生物工程为主要原料的绿色化纤,如 Lyocell 纤维、PLA 纤维、甲壳质纤维、大豆蛋白纤维、牛奶丝、蜘蛛丝等新型绿色环保纤维。

2. 注重功能性

功能性面料具有很好的实用性,另外面料与健康有着密切关系,故对人体有卫生保健功能的面料会受到广泛欢迎。功能性面料正在蓬勃发展,并逐渐成为本世纪纺织的主流。随着人们环境意识和自我保护意识的加强,对纺织品的要求也逐渐从柔软舒适、吸湿透气、防风防雨等扩展到防霉防蛀、防臭、抗紫外线、防辐射、阻燃、抗静电、保健无毒等方面,而各种新型纤维的开发和应用,以及新工艺、新技术的发展,则使得这些要求逐渐得以实现。如:抗紫外线、耐高温、抗辐射、阻燃等防护性织物;能发光、变色、调温、能"说话"的衣服的智能性面料;远红外保健理疗纤维、抗菌防臭等具有医疗保健性的面料;能改变服装气候,具有保暖和保健御寒、减弱服装褪色现象、保持衣服内凉爽等舒适性面料;具有易护理性,如免烫性服装。

3. 重视科技应用

20 世纪末,服装面料特别是化纤面料进入了全新的发展时期,它与新纤维材料的研究紧密结合,高科技的应用使化纤面料发生了许多翻天覆地的变化。在今后的发展中,化纤面料也必然离不开纤维材料的发展。如超细纤维、高吸湿透湿纤维、仿真纤维、高收缩纤维等。

4. 品种多样化

目前,许多有实力的公司正着力开发纤维的新品种,这拓宽了人们选择纤维的品种范围,大大增加了化学纤维的应用范围,提高了面料的品质。如杜邦公司开发的 Lycra 纤维、Tactel 纤维、Acetate 纤维,Lenzing 公司开发的 Modal 纤维,Shell Chemical 公司开发的 PTT 纤维等。

四、常用纤维性能比较

(一)密度(Specific Weight or Density)

纤维的密度是指单位体积纤维的质量。它与服装的覆盖性和质量有关。序列为:棉>黏胶纤维>麻>铜氨>涤纶>蚕丝>羊毛>醋酯>维纶>腈纶>锦纶>氨纶>丙纶。

(二)强力(Strength)

纤维的强力是指纤维受拉伸至断裂时所需的力。由于纤维粗细不同,难以比较,因此用相对指标即强度来比较。序列为:麻>锦纶>丙纶>涤纶>维纶>棉>蚕丝>铜氨>黏胶纤维>腈纶>氯纶>醋酯>羊毛>氨纶。

(三)伸长(Extension/Elongation)

纤维的伸长是指纤维被拉伸到断裂时所产生的伸长值,反映的是纤维的变形性能。序列为:氨纶>氯纶>锦纶>丙纶>腈纶>涤纶>羊毛>蚕丝>黏胶纤维>维纶>铜氨>棉>麻。

(四)弹性模量(Elastic Modulus)

弹性模量是表示纤维受到拉伸力的作用开始产生变形的初始状态的指标,又称初始模量。弹性模量小,说明纤维易变形,用不大的作用力就能使纤维产生较大的变形;弹性模量大,说明纤维要受到较大的作用力才开始产生变形,反映纤维硬挺或柔软的性能。序列为:麻>富纤>蚕丝>棉>黏胶纤维>氯纶>铜氨>涤纶>腈纶>醋酯>维纶>丙纶>羊毛>锦纶。

(五)耐磨性(Wear Resistance or Wearability)

耐磨性是指纤维承受外力反复多次作用的能力。序列为:锦纶>丙纶>维纶>涤纶>腈纶>氨纶>羊毛>蚕丝>棉>麻>富纤>铜氨>醋酯>黏胶。

(六)热性能(Thermal Property)

热性能是指纤维在受热过程中,随温度的升高,纤维的物理性能也随之发生变化的性能。大多数合成纤维在热的作用下,会发生软化、熔融等;而天然纤维素纤维和天然蛋白纤维的熔点比分解点还要高,所以这些纤维在高温下,将不经过熔融,直接分解或炭化。根据不同的热性能,可控制适当的温度,进行服装的定形或平整处理,一般熨烫温度低于软化点。温度序列为:

软化点:涤纶>锦纶66>维纶>腈纶>醋酯>锦纶6>氨纶>丙纶>氯纶。

熔融点:腈纶>醋酯>涤纶>锦纶66>维纶>锦纶6>丙纶>氯纶。

分解温度:黏胶纤维>铜氨>棉>蚕丝>麻>羊毛。

耐干热性:涤纶>腈纶>维纶>锦纶>棉>丙纶>羊毛>氯纶。

耐湿热性:腈纶>丙纶>棉>涤纶、维纶>羊毛>氯纶。

(七)耐日光性(Sunlight Resistance)

耐日光性是指纤维受日光照晒,强度损失的指标。这对经常在露天穿用的服装较为重要。序列为:腈纶>麻>棉>羊毛>醋酯>涤纶>富纤>有光黏胶纤维>维纶>无光黏胶纤维>铜氨>氨纶>锦纶>蚕丝>丙纶。

(八)抗静电性(Antistatic Property)

抗静电性差表现为纤维易于积聚静电,吸附灰尘,粘贴皮肤和妨碍人体活动等。序列为：氯纶＞丙纶＞涤纶＞锦纶＞氨纶＞羊毛＞腈纶＞维纶＞蚕丝＞棉、麻、黏胶纤维。

（九）吸湿性（Hygroscopicity or Absorbent Quality）

纤维的吸湿性直接关系到服装穿着的舒适性能，以及电性能和热性能等。在标准状态下，纤维吸湿性序列为：羊毛＞黄麻＞黏胶纤维＞富纤＞苎麻＞蚕丝＞棉＞维纶＞锦纶66＞锦纶6＞腈纶＞涤纶＞丙纶。

（十）耐酸性（Acid Resistance）

丙纶＞腈纶＞涤纶＞羊毛＞锦纶＞蚕丝＞棉＞醋酯＞黏胶纤维。

（十一）耐碱性（Alkali Resistance）

锦纶＞丙纶＞棉＞黏胶纤维＞涤纶＞腈纶＞醋酯＞羊毛＞蚕丝。

（十二）染色性能（Dyeablity）

棉、黏胶纤维、羊毛、蚕丝、锦纶属于易染纤维，丙纶、氯纶、涤纶属于难染纤维。

第二节　纱线

纱线是由纤维经纺纱加工而成的具有一定粗细的细长物体，是机织物、针织物、缝纫、绣花等的线材。所以纱线是构成纤维衣料的基本组成要素。纱线的形态结构和性能为衣料创造各类花色品种，并在很大程度上决定了织物和服装的表面特征、风格和性能，如织物表面的光滑性、粗糙性，织物的保暖性、透气性、丰满性、柔软性、弹性、耐磨性、起毛起球性等方面。此外，缝纫线、装饰线和绣花线的品质还直接影响服装的装饰效果，以及缝纫加工的难易程度和生产效率。

一、纱线的分类

纱线的分类方法很多，下面分别按照纱线的形态结构、原料、用途、粗细、长短分别介绍：

（一）按形态结构（Morphological Structure）分

形态结构是影响织物外观和服用性能的最直接因素。

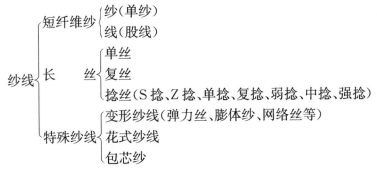

由短纤维经纺纱加工而成短纤维纱。其中：由几十根或上百根短纤维经加捻而组成连续的纤维束，称单纱，简称纱；由两根或两根以上的单纱再合并加捻成为股线，简称线。纱线是纱和线的总称。

单丝（Monofilament）指长度很长的连续单根纤维，如化纤单孔喷丝所形成的一根单丝。

复丝指两根或两根以上的单丝并合在一起的丝束,如:化纤复丝是指由多孔喷丝板纺出的细丝并合而成的有捻或无捻丝束,以及几根茧丝经几根茧丝经缫丝并合而得到的生丝。捻丝指复丝经过加捻而制成的丝。

变形丝(Textured Continuous Filament)是化纤原丝经过变形加工,使之具有卷曲、螺旋、环圈等外观特性而呈现蓬松性、伸缩性的长丝纱。其中以蓬松性为主的称为膨体纱(lofted 或 bulk yarn),它是利用腈纶的热收缩性制成的具有高度蓬松性的纱。它由高收缩性和低收缩性的两种腈纶纤维按一定比例混纺成纱,经松弛热定形处理后,高收缩纤维形成纱芯,低收缩纤维在纱线表面,从而制成蓬松、柔软、保暖性好、具有一定毛型感的膨体纱,主要用于毛衣、保暖性好的袜子、仿毛型针织物和其他家庭装饰织物。以弹性为主的称为弹力丝(Elastic Yarn)。弹力丝又分为高弹丝(High Stretch Yarn)和低弹丝(Low Stretch Yarn),前者具有优良的弹性变形(≥50%)和回复性能,而蓬松性一般,适宜做紧身服装、袜子等,以锦纶长丝变形纱为主;后者具有一定的弹性和一定的蓬松性,织成的织物尺寸比较稳定,主要用于内衣、毛衣及其他针织物和机织物,以涤纶、丙纶和锦纶为主。网络丝(Interlaced Yarn)是空气变形纱(Air-textured Yarn)的一种特殊形式,丝条上分布有网络点,改善了合纤长丝的极光和蜡状感的缺点,织物具有毛型感。

花式纱线(Novelty 或 Fancy Yarn)是指通过各种加工方法使之具有特殊的外观、手感、结构和质地的纱线,其主要特征是纱线粗细不匀或捻度不匀,色彩差异,或有圈圈、结子、绒毛等新颖外观。通常是由两根或三根单纱,利用其原料的不同、细度的差异、捻向的区别、捻度分布的变化,以及不同的制造方法或不同的后处理方法等制成,一般纱线外观新颖别致,但强力低,耐磨性差,容易勾丝和起毛起球。如:呈蝴蝶和念珠外观的蝴蝶纱和念珠纱(图 1-36);呈波纹形状的波纹沙和粗细不匀的大肚纱(图 1-37);附有线圈的圈圈纱(图 1-38);呈乒乓球外观的乒乓纱、瓶刷外观的雪尼尔纱、动物羽毛外观的羽毛纱(图 1-39);呈多脚外观的蜈蚣纱、梯子形的梯形纱、疙瘩外观的节子纱(图 1-40)。复杂的花式纱线一般由芯纱、饰纱、固纱三部分组成。

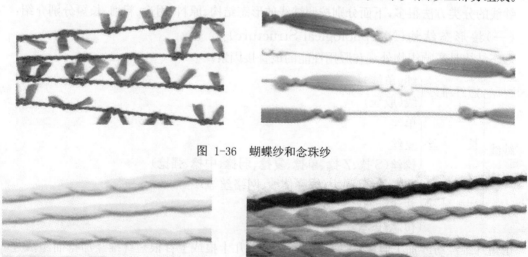

图 1-36　蝴蝶纱和念珠纱

图 1-37　波纹纱和大肚纱

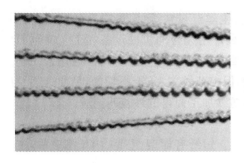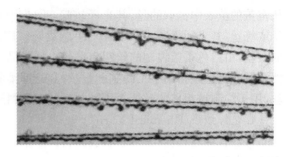

图 1-38 TT纱和圈圈纱

图 1-39 乒乓纱、雪尼尔纱和羽毛纱

图 1-40 蜈蚣纱、网络TT纱、梯形纱和节子纱

包芯纱(Core-spun Yarn)是以长丝或短纤维纱为纱芯,外包其他纤维一起加捻而纺成的纱。通常纱芯为强度和弹性较好的合成纤维长丝(涤纶或锦纶丝),外包棉、毛等短纤维或长丝纱,这样包芯纱既具有天然纤维的良好外观、手感、吸湿性能和染色性能,同时兼有长丝的强度、弹性和尺寸稳定性。常见的包芯纱以涤纶为芯,外包黏胶和棉纤维,常用作夏季衬衫,舒适、耐用,性能远优于棉织物或涤棉混纺织物,还可用于烂花织物。当以腈纶为芯、外包棉纤维时,包芯纱具有棉纤维的手感和腈纶的轻暖及柔软,常用于蓬松的针织物。当纱芯为弹力纤维,如氨纶长丝,可制弹力服装。

(二)按原料(Raw Material)分

按照构成纱线的原料可将纱线分为棉纱线、毛纱线、蚕丝线、化纤纱线、金银丝、混纺纱线。

1. 棉纱线(Cotton Yarn)

棉纱线可按纺纱、整理等加工方法分为普梳纱、半精梳纱、精梳纱、废纺纱、气流纺纱、环锭纺纱、烧毛纱、丝光纱等。

2. 毛纱线(Wool Yarn)

按纺纱工艺分精纺纱线和粗纺纱线。

3. 蚕丝线(Silk Yarn)

蚕丝线俗称丝线,其产品有生丝、熟丝、厂丝、土丝、绢丝等。生丝是经过缫丝工艺直接从蚕茧的茧衣中抽取的丝,其光泽较暗,手感生硬。生丝经过精练处理,去除丝胶后称为熟丝或练丝,其光泽优雅、色泽白净、手感柔顺。厂丝是指用完善的机械设备和工艺缫制而成的蚕丝,由白色蚕茧缫制的丝叫白厂丝。厂丝品质细洁,条干均匀,粗节少,一般用于织制高档绸缎。土丝是指用手工缫制的蚕丝,其光泽柔润,但糙节较多,条干不均匀,品质远不及厂丝,用于织制较粗犷的丝绸。用茧与丝的下脚料经纺纱加工而得的纱线叫绢丝。

4. 化纤纱线(Chemical Yarn)

长丝有单丝和复丝之别,服装面料大多采用复丝。短纤有棉型、毛型、中长型三种,主要用于织制仿棉、仿毛类衣料。

5. 金银丝(Metallic Yarn)

大多是采用涤纶薄膜上镀一层铝箔,外涂透明树脂保护层,经切割而成,如铝箔上涂金黄涂层的为金丝,涂无色透明层的为银丝,涂彩色涂层的为彩丝(图 1-41)。金银丝要注意用中性洗涤剂,用适当的力水洗,因为碱性物质容易使铝变质、脱落。由于金银丝的耐热性差,应使用低温熨烫。金银丝一旦起皱很难回复原状,因此在织物中要注意其他纤维吸收水分或遇热产生收缩。

图 1-41　金银丝

6. 混纺纱线(Blended 或 Mixture Yarn)

将两种或两种以上的纤维经混合纺纱工艺加工而成的纱线。混纺的目的是降低成本、取长补短、增加品种、获得特殊风格。表 1-6 是一些纤维在混纺中所起的作用比较。

表 1-6　纤维在混纺中所起的作用

作用	棉	黏胶	毛	醋纤	锦纶	涤纶	腈纶	维纶	丙纶
蓬松性	差	中	优	中	差	差	优	差	差
强度	中	中	差	差	优	优	中	好	优
耐磨	中	差	好	差	优	优	中	优	优
吸湿性	优	优	优	中	差	差	差	中	差
干态折皱回复性	差	差	优	好	中	优	好	中	好
湿态折皱回复性	差	差	中	中	中	优	中	差	中
干态褶裥保持性	中	中	好	中	好	优	优	中	中
湿态褶裥保持性	差	差	差	差	中	优	优	差	中
尺寸稳定性	中	差	差	优	优	优	优	好	优
抗起球性	优	优	差	好	差	差	中	差	中
抗静电性	优	优	好	中	差	差	差	中	差
抗熔孔性	优	优	优	差	差	差	中	中	差

（三）按用途（Application）分

1. 机织用纱（Weaving Yarn）

使用纱线范围广泛，由于织造的需要，一般要求经纱品质较高，特别是强度和耐磨性，纬纱要求相对较低。

2. 针织用纱（Knitting Yarn）

与机织用纱线比，针织用纱的捻度略小于机织用纱，因为针织用纱的强度、柔软性、延伸性、条干均匀度等指标要适应弯曲成圈的要求，同时使织物具有结构较松、手感柔软、更具保温性等特点。

3. 缝纫线（Sewing Thread）

缝纫线是指在服装中用于缝合衣片、连接各部件的纱线。缝纫线可以做成套结等在服装的开叉处或用力较大处起加固作用，用美观的针迹、漂亮的缝纫线就可以对服装起装饰作用。

4. 刺绣线（Embroidery Thread）

供刺绣用的工艺装饰线。一般要求外观质量较高，尤其是光泽要好，色花色差要小。成型方式有小支、线球、宝塔形等，以适应手绣和机绣的不同要求。最早使用的是蚕丝线，后来欧美开始使用精梳棉纱做刺绣线，特别是在丝光工艺发展后，丝光棉刺绣线逐渐成为主要的刺绣材料，目前还有毛、腈纶、人造丝、涤纶刺绣线等。

5. 编结线（Braiding Thread）

供手工编结装饰品和实用工艺品的纱线。编结线的原料为普梳或精梳棉纱，细度为 7.4～66 tex，股数有 2、3、4、6 等，捻度高于刺绣线。常用服装类的编结线主要规格及用途为：14 tex×6（42^S/2×3）钩编帽子等；28 tex×3（21^S/3）钩编手套等；30 tex×4（19^S/4）钩编服装外套、工艺衫等；66 tex×2（9^S/2）编织各种工艺品或刺绣等。

（四）按粗细（Coarseness）分

按照纱线的粗细可将纱线分为特细特纱（super fine yarn）（≤10 tex）、细特纱（fine yarn）（11～20 tex）、中特纱（medium fine yarn）（21～31 tex）、粗特纱（coarse fine yarn）（≥32 tex）。

（五）按纤维长度（Fiber Length）分

按组成纱线的纤维长度分为棉型纱线（cotton-type yarn）、毛型纱线（wool-type yarn）、中长纤维纱线（mid-fiber yarn）和长丝纱线（filament yarn）。棉型纱线指用原棉或用长度、线密度类似棉纤维的短纤维在棉纺设备上加工而成的纱线。毛型纱线指用羊毛或用长度、线密度类似羊毛的短纤维在毛纺设备上加工而成的纱线。中长纤维纱线指用长度、线密度介于棉、毛之间，一般长度为 51～65 mm、细度为 2.78～3.33 dtex 的纤维在棉纺设备上或中长纤维专用设备上加工而成，具有一定毛型感的纱线。长丝纱线是由连续长丝组成的丝缕，包括蚕丝和化纤长丝。

（六）按纺纱方式（Spinning Method）分

环锭纺（ring spinning）：是现时市场上用量最多、最通用的纺纱方法，条子或粗纱经牵伸后的纤维条通过环锭钢丝圈旋转引入，筒管卷绕速度比钢丝圈快，棉纱被加捻制成细纱。广泛应用于各种短纤维的纺纱工程，如普梳、精梳及混纺。环锭纱的纤维大多呈内外转移的圆锥形螺旋线,使纤维在纱中内外缠绕连接,纱的结构紧密,强度高,适用于制线以及机织和针织等各种产品。

气流纺 OE(Open End):是一种新型纺纱技术,是以气流方式输送纤维,由一端握持加捻。一般来说,环锭纱毛羽较少,强度较高,品质较好。气流纺工序短,原料短绒较多,纱线毛,支数和捻度不能很高,价格也较低。从纱体结构上来说,环锭纺比较紧密,而气流纺比较蓬松,风格粗犷,适合做牛仔面料,气流纺的纱一般比较粗。

赛络纺(Sirospun):又名并捻纺,国内称为 AB 纱。赛络纺是在细纱机上喂入两根保持一定间距的粗纱,经牵伸后,由前罗拉输出这两根单纱须条,并由于捻度的传递而使单纱须条上带有少量的捻度,拼合后被进一步加捻成类似合股的纱线,卷绕在筒管上。赛络纺的初始设计目的是用于毛纺,特点是毛羽少、强度高、耐磨性好,达到毛纱能单纱织造的效果,以实现毛织物的轻薄化。尽管赛络纺在许多方面比同类常规纱有了较大的改善,要真正达到毛纺单纱不上浆织造,尚有一定距离。其后毛纺加工亦多放弃此方法,反而在混纺如 T/C,C.V.C 等则采用此方法,因其染色后可产生并纱之麻花效果,手感好,故受欢迎。近年来更因改善毛羽问题,如纺一些易产生毛羽纤维,如人造棉、莫代尔、天丝、大豆纤维,甚至全棉也采用此方法生产。赛络纱所用的原料等级可比环锭纺低,而其织物较常规环锭股线织物毛羽少,手感柔软,耐磨,透气性能好。

紧密纺(Compact Spinning):紧密纺是在改进的新型环锭细纱机上进行纺纱的一种新型纺纱技术。其纺纱机理主要是:在环锭细纱机牵引装置前增加一个纤维凝聚区,基本消除了前罗拉至加捻点之间的纺纱加捻三角区。纤维须条从前罗拉前口输出后,先经过异形吸风管外套网眼皮圈,须条在网眼皮圈上运动。由于气流的收缩和聚合作用,通过异形管的吸风槽使须条集聚、转动,逐步从扁平带状转为圆柱体,纤维的端头均捻入纱线内,因此成纱非常紧密,纱线外观光洁、毛羽少。紧密纺纱线的强度较高,毛羽较少,在编织过程中不易产生磨毛的现象。由于紧密纱中的纤维排列紧密,和相同细度的传统纱线相比,直径小,所以用相同经、纬密织成的织物的透气性好,布面平整、光滑,是高档纺织品的理想用纱。紧密纱的条干不匀,粗细节指标比传统纺纱好。

二、纱线结构和性能

(一)细度(Fineness)

1. 细度的表示方法

细度是指纤维或纱线的粗细程度。细度的表示方法,有直接指标和间接指标两种。但由于直接指标(如直径、面积、周长)在测量上有困难,很少用来表示细度。一般采用间接指标如线密度表示。纤维和纱线细度的常用单位有:

(1)特克斯(Tex)

为便于计量单位与国际上统一,我国采用法定线密度单位"特克斯"表示纱线的细度,即在公定回潮率下,长度为 1 000 m 纱线的重量克数。特克斯(N_{tex})简称特(tex)。如长度为 1 000 m 纱线的质量为 18 g,则是 18 特,即 18 tex。特克斯数越大,纱线越粗。分特(dtex)为特的1/10。

(2)旦尼尔(Denier)

旦尼尔数是在公定回潮率下,9 000 m 长的纤维的质量克数。旦尼尔(N_{den})简称旦(D)。如 9 000 m 纤维重 1 g 为 1 D,重 2 g 为 2 D,其余类推。当纤维的密度一定时,旦数越大,纤维越粗。

(3)公制支数(Metric counts)

即在公定回潮率下,每克纤维或纱线的长度米数。公制支数(N_m)简称公支(N)。如每克纤维或纱线长 1 m,为 1 公支,每克纤维或纱线长度为 2 m,即为 2 公支,其余类推。公制支数越大,纱线越细。

(4)英制支数(English count)

我国以往曾使用英支表示棉纱的细度。即公定回潮率下,1 磅(0.453 6 kg)重的纤维或纱线,其长度为 840 码(0.914 3 m/码)为 1 英支。如果是 2×840 码,即为 2 英支,依次类推。英制支数(N_e)简称英支(^{S})。如 32 英支,即可写成 32^S。英制支数越大,纱线越细。

注:(1)是国际标准单位;(2)、(3)、(4)中的单位为习惯性用法。

2.纱线细度的书写方法

(1)单纱细度书写方法

直接用"数字＋单位"表示(如:32 公支、17 tex 等)。

(2)股线细度书写方法

$$\left\{\begin{array}{l}特 克 斯\left\{\begin{array}{l}相同:数字(＋单位)×股数(如:21\ tex×2)\\不同:数字(＋单位)＋数字(＋单位)＋……(如:21\ tex＋19\ tex)\end{array}\right.\\公制支数\left\{\begin{array}{l}相同:数字/股数(如:32\ 公支/3)\\不同:数字/数字(如:32\ 公支/26\ 公支/27\ 公支)\end{array}\right.\\英制支数\left\{\begin{array}{l}相同:数字^s/股数(如:32^s/3)\\不同:数字^s/数字^s(如:32^s/26^s/27^s)\end{array}\right.\end{array}\right.$$

旦尼尔主要用来表示蚕丝和化纤的细度,目前蚕丝常用"股数/D1/D2"表示,如 2/20/22 表示 2 根 20～22D 家蚕丝并合而成的复合丝。化纤复丝常用"D/F"表示,如 120D/30F 表示由 30 根单丝并合成的线密度为 120D 的复合化纤丝。

纱线细度对面料的保暖性、厚薄、手感、外观、质量等产生影响。

(二)捻向和捻度

1.捻向(Direction of Twist)

捻向就是纱线加捻时旋转的方向。加捻是有方向的:一种是从下往上、从左到右,称为"反手捻""左手捻",又叫"Z"向捻;一种是从下往上、从右到左,称为"顺手捻""右手捻",又叫"S"向捻(图1-42)。

一般单纱多采用 Z 捻;股线捻向的表示方法是第一个字母表示单纱的捻向,第二个字母表示股线的捻向。双股线的捻向分为单纱与股线异向和同向两种,两者性能不同;复捻股线则用第二个字母表示初捻捻向,第三个字母表示复捻捻向,如 ZSZ 捻。纱线的捻向对织物的光泽、厚度和手感都会有一定影响。

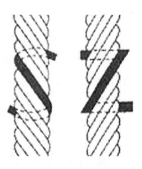

图 1-42　纱线捻向图

2.捻度(Twist)

纱线单位长度内的捻回数称为捻度,用 T(捻/m)、(捻/10 cm)或(捻/cm)表示,通常化纤长丝单位取"m",短纤维纱线的单位取"10 cm",蚕丝的单位取"cm"。

纱线按加捻程度的不同分为弱捻(Soft Twist Yarn)、中捻(Medium Twist Yarn)和强捻(Hard Twist Yarn)等。纱线加捻程度对织物厚度、强度、耐磨性,以及手感、风格甚至外观有很大影响。如弱捻的主要作用是增强纱线的强度,削弱纱线的光泽;而强捻的主要作用是使织物表面皱缩,产生皱效应或高花效果,增加织物的强度和弹性。值得注意的是,由于纱线的粗细不同,其加捻程度不能单纯由捻度来衡量。

三、混纺纱线命名

根据国家标准《纺织品 纤维含量的标识》(GB/T 29862－2013)要求,两种及以上纤维组分的产品,一般按纤维含量递减顺序列出每种纤维的名称,并在名称的前面或后面列出该纤维含量的百分比。例如:65/35 涤/棉,50/50 毛/涤等。当纱线的各种纤维含量相同时,纤维名称的顺序可以任意排列。

四、纱线结构对服用性能的影响

纱线是纤维到织物的中间环节,纱线结构及形态设计能改变纤维材料的特性,使纱线从外观到内在的性能更加符合服装面料的要求。纱线的性能和特点直接影响织物的外观和特性,最终影响服装的外观及穿着性能。

(一)纱线的变化

纱线的纺制能通过各种工艺,改变纤维的某些性能,使纱线的特性在很大的幅度内变化。纱线特性变化包括几何性能、物理性能、机械性能和外观特性等。

1.几何性能(Geometric Property)方面的变化

纱线的几何性能包括长度、细度和截面形状、捻度、捻向和合股等。同一种纤维可以有多种不同的长度、细度、截面形状、捻向、合股数等。比如长度,涤纶有长丝纱、短纤纱等;细度,棉纱的细度可从几特到几百特,毛纱的细度可从几公支到几十公支;截面形状,同是化纤纱,长丝、短纤纱、变形纱、花色纱的截面形状都是不同的;捻度,纱线捻度也可在一定范围内变化,大到极强捻纱,小到无捻纱;捻向,纱线的捻向可以是 Z 捻,或是 S 捻,还可以是 Z 捻、S 捻交替的变形纱;合股数,纱线的合股数可以是单股、双股、多股。

2.物理性能(Physical Property)方面的变化

纱线的物理性能包括密度、蓬松度、吸湿、吸水和抗静电性能等。纱线的物理性能可以通过改变纱线的结构形态变化。比如密度低,蓬松度高,纱线内空气多、间隙大,吸湿好,抗静电性能强;密度高,蓬松度低,吸湿差,抗静电性能差。如表面起绒的涤纶空气变形纱,手感柔软,蓬松温暖,其吸湿、吸水、抗静电性能比一般的涤纶长丝纱好得多。

3.机械性能(Mechanical Property)方面的变化

纱线的机械性能包括强伸度、弹性、刚度、摩擦特性等。纱线的伸长、弹性,某些变形纱可达到普通长丝纱的若干倍;摩擦特性,膨体纱比一般短纤纱的耐磨性强得多;刚度,强捻纱的刚度比弱捻纱大得多。

4. 外观特征(Appearance Characteristics)的变化

纱线的外观特征包括毛羽、光泽、观感、表面肌理、花色等。纱线外表特征的变化可以通过选择不同的原料、不同的纱线形态、不同的几何结构、不同的变形方式、不同的花色纱线、不同的工艺、不同的技术等进行变化。

纱线的变化是无穷尽的,除了以上的各种特性的变化之外,其他性能也可有不同程度的变化。纱线特性的变化,为织物的变化提供了充足的素材。

（二）纱线的变化对织物特性的影响

纱线的结构在很大程度上影响纱线的外观和特性,从而影响到织物和服装的外观、手感、舒适性及耐用性能。

1. 外观(Appearance)

服装的表面光泽除了受纤维性质、织物组织、密度和后整理加工的影响外,也与纱线的结构特征有关。普通长丝纱织物表面光滑、光亮、平整、均匀。短纤维纱绒毛多、光泽少,它对光线的反射随捻度的大小而变。当无捻时,光线从各根散乱的单纤维表面散射,因此纱线光泽较暗;随着捻度增加,光线从比较平整光滑的表面反射,可使反射量增加,达最大值;但继续增加捻度,会使纱线表面不平整,光线散射增加,故亮度又减弱。

采用强捻纱所织成的绉织物表面具有分散且细小的颗粒状绉纹,所以织物表面反光柔和,而用光亮的长丝织成的缎纹织物表面具有很亮的光泽。起绒织物中的纱线捻度较低,这样便于加工成毛茸茸的外观。

纱线的捻向也影响织物的光泽与外观效果。如平纹织物中,经纬纱捻向不同,则织物表面反光一致,光泽较好,织物松软厚实。斜纹织物如华达呢,当经纱采用 S 捻,纬纱采用 Z 捻时,则经纬纱捻向与斜纹方向相垂直,因而纹路清晰。又如花呢,当若干根 S 捻、Z 捻纱线相间排列时,织物表面产生隐条、隐格效应。当 S 捻与 Z 捻纱或捻度不等的纱线捻合在一起构成织物时,表面会呈现波纹效应。

当单纱的捻向与股线捻向相同时,纱中纤维倾斜程度大,光泽较差,股线结构不平衡,容易产生扭结。而当单纱捻向与股线捻向相反时,股线柔软、光泽好、结构均匀、平衡。故多数织物中的纱线采用的都是单纱与股线异向捻,即 ZS 捻向(单纱为 Z 捻,股线为 S 捻),由于股线结构均衡稳定,故强度一般较大。

2. 手感(Hand Touch 或 Feel)

通常普通长丝纱具有蜡状手感,而短纤维纱有温暖感。随着捻度的增加,纱线结构紧密,手感越来越硬,故织物的手感也越来越挺爽。捻度高、手感挺爽的纱线宜做夏季凉爽织物,蓬松、柔软的纱线宜做冬季保暖服装。单纱与股线异向捻的纱线比同向捻纱线手感松软。

3. 舒适性(Comfortability)

纱线的结构与服装的保暖性有一定关系,这是因为纱线的结构决定了纤维之间能否形成静止的空气层。通常纱的蓬松性有助于服装保持人的体温,但是另一方面,结构松散的纱又会使空气顺利地通过纱线之间,空气流动将加强服装和人体之间空气的交换。如蓬松的羊毛衫能把空气留在纤维之间,无风时,纱线内存的空气能起到身体和大气之间的绝热层作用。棉纱蓬松性较羊毛低,不能留存像羊毛衫中毛纱那样多的空气,因此,防止热传递的作用较差,保暖性不如毛。由此可见,捻度大的低线密度纱其绝热性比捻度小、较蓬松的高线密度纱差,即含气量大的纱其热传导性较小,所以纱线的热传导不仅随纤维原料的特性有差异,还随纱线结构状态有所差异。

纱线的透气、透湿性能是影响服装舒适性的重要方面,而纱线的透气、透湿性又取决于纤维特性和纱线结构。如普通长丝纱表面较光滑,织成的织物易贴在身上,如果织物的质地又比较柔软、紧密,会紧贴皮肤,汗气就很难渗透织物,穿着后感到不适。短纤维纱因有纤维的绒毛伸出在织物表面,减少了织物与皮肤的接触,从而改善了透气性,使穿着舒适。当织物密度相同,纱线结构虽然紧密,但纱线与纱线间的空隙较大,则织物的透气、透湿性能大大改善。

4. 耐用性能(Endurance 或 Service Durability)

纱线的拉伸强度、弹性和耐磨性能等与织物和服装的耐用性是紧密相关的,而纱线的这些品质除取决于组成纱线的纤维固有的强伸度、长度、细度等品质外,同时还受纱线结构的影响。

通常长丝纱的强力和耐磨性优于短纤维纱,这是因为长丝纱中纤维具有同等长度,能同等地承受外力,纱中纤维受力均衡,所以强力较大。又由于长丝纱的结构比较紧密,摩擦应力将分布到多数纤维上,所以纱中的单纤维不易断裂和撕裂。

纱线的结构同样影响弹性,如果纱中的纤维可以移动,即使移动量少,也能使织物具有可变性;反之,如果纤维被紧紧地固定在纱中,那么织物就发板。若纱线中的纤维呈卷曲状,在一定外力下可被拉直,去除张力又能卷曲,使纱具有弹性。如纱线捻度大,纤维之间摩擦力大,纱中的纤维不容易滑动,所以纱的延伸性能差,随着捻度的减小,延伸性提高,但拉伸回复性能降低,这会影响服装的外观保持性。

纱线中所加的捻度,明显地影响纱线在织物中的耐用性。捻度过低,纤维间抱合力小,受力后纱很容易断裂,使强度降低,且捻度小的纱线易使服装表面勾丝、起毛起球;捻度过大时,又因内应力增加而使强度减弱。所以中等捻度时,短纤维纱的耐用性最好。

思考题

1. 根据其来源的不同,形态上的区别以及性能上的差异可以分为哪些?
2. 棉、麻纤维在性能上有何异同点?
3. 毛、丝纤维在性能上有何异同点?
4. 什么是丝光棉? 什么是丝光毛?
5. 棉、棉型黏胶、维纶在性能上有何异同点?
6. 毛、毛型黏胶、腈纶在性能上有何异同点?
7. 黏胶、醋酯纤维、铜氨纤维、Tencel(天丝)、Modal(莫代尔)纤维在性能上有何异同点?
8. 特种动物毛纤维包括哪些? 对它们的性能进行比较。
9. 涤纶和 PLA 纤维在性能上有何异同点?
10. 化学纤维目前的发展趋势是什么?
11. 新型化学纤维包括哪些? 它们各起什么作用?

12.合成纤维和天然纤维相比，有哪些优缺点？

13.什么是纱线的捻向、捻度？它们对织物的服用性能产生哪些影响？

14.表示纤维细度的指标有哪些？单纱和股线的细度如何来书面表达？

15.如何进行公制支数、特克斯、旦尼尔、英制支数之间的换算？

16.现有外商要购买一批精梳毛线，称取样品 11.5 g，量取其长度是 160 m，测定其回潮率是 15%（公定回潮率是 16%）。请你给外商报出该批毛线的公制支数、线密度（tex）值。

17.某公司购进一批黏胶纤维，实际质量为 30 t，测得实际回潮率为 14.5%，每吨价为 4.4万元人民币。问该批黏胶纤维的公定质量是多少吨？该付多少人民币？（黏胶纤维的公定回潮率为 13%）

第二章　服装常用面料

　　服装面料是构成服装最主要的物质材料,一般是指体现服装的主体特征,给人以深刻印象,在服装中起主要作用的物质材料。

一、服装面料的作用

　　服装面料是服装的主要材料,它的作用首先是体现服装的总体特征,包括服装的造型、风格、性能等。

　　不同的服装面料有不同的造型特征,面料有薄、厚、轻、重、柔软、坚挺、弹性、悬垂性等方面的差别。不同的面料以各自的造型特征、悬垂性、弹性等决定服装的柔软性、流动性、轮廓清晰性、刚性等。轻、薄、柔、软的面料悬垂性好,服装飘逸、动感强;厚、实、坚、挺的面料,服装轮廓清晰,造型挺拔。选择面料时,应充分考虑不同面料的造型特征,选择恰当的、能够表现造型风格的材料,才能使服装的设计构思真正表达出来。

　　不同的面料有不同的外观特征,如色彩、图案、光泽、表面肌理、质地、观感等,给人以不同的感觉,可形成各种不同的服装风格:比如:红的色彩感觉温暖、热情、喜庆等;蓝的色彩感觉冷、清净、理智等;圆形的图案感觉柔,菱形的图案感觉坚;光泽好的面料感觉华丽、富贵;光泽弱的面料感觉稳重、淳朴;表面变化、凹凸明显的面料感觉层次丰富,立体感强;表面整齐、平坦的面料感觉细腻、爽洁;丰厚的面料感觉暖和;轻滑的面料感觉凉爽等。

　　不同的面料还给人以不同的观感,如光滑、粗糙、疲软、挺括、滑爽、板涩、活络、呆滞、刚硬、柔软、蓬松、板结、厚实、单薄、丰满、疏松、暖和、凉爽等。这些都是服装面料传递给人们的不同的生理和心理感受,因此,选择面料时应仔细斟酌,好好体会,挑选最恰当的面料,来实现服装的设计构思,形成独特的风格。

　　不同的面料有不同的服用性能,如面料的机械耐久性能、穿着舒适性能、外观性能、感官性能、防污性能和其他性能等。坚牢的面料经久耐用,耐磨的面料不易磨损,吸湿透气的面料穿着舒适,蓬松柔软的面料轻巧暖和,伸缩性好的面料活动自如,不易起毛勾丝的面料外观整洁,抗皱性好的面料布面平挺,保形性好的面料尺寸稳定,丰满糯滑的面料手感舒适等。不同的面料的服用性能不同,适合制作的服装种类也不同。服装对面料有不同的性能要求,有的以舒适为主,有的强调坚牢,有的注重保暖性能,有的特别在意外观的美丽等。选择面料时一定要考虑服装不同的性能要求,仔细挑选,使面料不仅能满足服装外在美的要求,更能适合服装内在性能的要求,达到完美的统一。

　　服装面料是服装重要元素之一,它体现了服装的总体特征。对着装者来说,它最主要的作用就是能使着装者感觉舒服,感觉美。人们对服装舒适性的要求是多元化的,内衣和外套不同,夏装和冬装不同,在有空调的环境中和艰苦的劳动环境中不同,等等。同时人们对服装美的感觉更是多元化的,有喜欢朴素自然风格的,有喜欢青春活泼风格的,有喜欢漂亮华丽风格的,有喜欢端庄典雅风格的,有喜欢流行前卫风格的,有喜欢简洁流畅风格的,有喜欢标新立异风格的,等等。

因此,服装面料的作用就是要满足各种各样服装的要求,能够塑造各种各样风格、形象的服装,体现服装不同的外观和内涵,使人们在生理和心理上得到满足。

鉴于面料在现代服装中的重要作用,多样化、个性化、舒适化、时代化就是当今服装面料的主要特点。人们潜心于服装面料的图案设计、色彩设计、组织规格的配置、纱线的运用、后整理工艺的创新等,是为了能有更多有特色、有个性、有韵味、有时代特征的服装面料问世,满足不同层次、不同对象、不同环境、不同气候条件下人们的穿着需要。

二、服装面料的分类

服装面料的种类很多,但主要的、用得最多的还是纺织材料。从不同角度对材料进行分类,可以使我们对服装材料有一个系统的、总体的了解,以利于在服装设计时更好地选择和应用。

(一)按材料的属性分类

按用于服装的材料属性分类,服装面料一般可以分为纤维制品、裘革制品;而纤维制品又根据制造方式的不同,分为机织物、针织物、复合织物。关于纤维制品和裘革制品面料,将在以后的章节中介绍。

(二)按不同服装对面料的要求分类

不同的服装有不同的用途,适合不同的条件和环境下穿着,因此对构成服装的面料就有不同的要求。按照服装对面料的不同要求,我们可以把面料分为生活服装面料、职业服装面料、礼仪服装面料、内衣面料、童装面料、运动服装面料、劳动保护服装面料、舞台服装面料。

1. 生活装面料(Daily-wear Fabric)

生活服装的穿着目的一般以整洁悦目、舒适方便为主,类型比较多,如外出生活装、居家生活装、厨房服装、寝室服、沐浴服装等。外出穿着的生活装,面料需要有耐磨的性能和外部环境相适应的色彩格调,舒适的穿着感觉以及塑造形象的织物身骨等。外出生活装过去多以机织物为主,机织物外观平整,结构稳定,耐磨性好;然而随着针织物的进步和发展,在外出生活装中的应用也日趋增多。居家生活装一般以手感柔软、色彩温和、图案清新、穿着舒适的纺织面料为主。质感淳朴、穿着性能优良的棉织物是居家生活装的首选面料。随着人们生活水平的提高,高支棉织物、真丝面料等也越来越多地用作居家服的面料。针织物手感柔软,伸缩性能好,在居家生活服装中普遍运用。厨房服装、寝室服装、沐浴服装分别有其不同的功能,因此,面料的选择除了满足居家服装一般的要求外,还要有耐脏、易清洗、保暖、随意、吸湿、触感好等特殊性能。

2. 职业装面料(Business-wear Fabric)

职业服装是表现职业的特点,显示着装者的身份、职务、任务和行为的服装。职业服穿着的目的是展现群体形象,起着整体统一美观和标识的作用。职业服装面料以端庄大方、适应众多对象的群体穿着为依据。一般选择素色传统面料,并在不同的部位镶嵌显著色彩的标志。面料的档次、性能按不同的职业要求而不同。不同的企业可根据各自的工作特点和行业的要求,确定职业服的色彩和面料。

3. 礼仪装面料 (Ceremony-wear Fabric)

礼仪类服装一般是在一些比较特定的场合穿着的。穿着的目的,有的是为了符合礼节,有的是为了表示敬意、显示自我。礼仪服装对面料的要求外观性能是第一位的。礼仪服装一般选择比较高档的面料,或是纱支较高、质感细腻、外观平整、色泽柔和的高档羊毛面料,或是色彩鲜艳、图案秀美、织工精细、光泽怡人的绸缎面料,或是肌理质感新颖奇特、外观效果别具一格、色彩光泽明艳照人的高档化纤面料等。

4. 内衣面料 (Under-wear Fabric)

内衣是直接接触人体皮肤的服装。穿着内衣的目的除了卫生、舒适之外,还有矫正人体、使人美观的功能。内衣对面料的要求首先当然是舒适、卫生和有良好的触感。内衣一般选择吸湿、透气性能优良的天然纤维,如棉纤维、毛纤维以及真丝等。针织物手感柔软、伸缩性好,在内衣中应用最多。从卫生的角度考虑,浅淡的颜色比较适合;从装饰的角度考虑,色彩又是多方面的。用作矫形的内衣,面料要能承受一定力的作用,以及和外衣配伍。近年来,内衣的发展变化很快,装饰功能日显突出。因此,对面料的要求也在改变,许多花边织物广泛运用于各种内衣上。手感柔软、弹性好、穿着贴身的氨纶包芯织物在内衣中普遍运用。触感更加光洁、舒适、柔软、暖和的高支全棉针织双层空气层暖棉内衣裤、牛奶丝针织内衣裤、真丝针织内衣裤等倍受青睐。

5. 童装面料 (Children-wear Fabric)

儿童服装的穿着目的是为了适应儿童生长发育时期的特点,满足儿童生理和心理需要,保护儿童不受伤害。儿童稚嫩、好动、天真、活泼,因此,对面料有特别的要求。不同年龄段的儿童有不同的特点,对面料的要求也不完全相同。如婴儿皮肤稚嫩,而新陈代谢旺盛,因此,要求面料非常柔软、稀松,吸湿性能好,以满足婴儿生长需要。婴儿服装一般应选择清新淡雅的粉色调,既符合卫生要求,又与婴儿的肤色协调,因此,浅淡色彩的全棉印花绒布、素色的全棉柔软绒布是婴儿服装的首选面料。

学龄前儿童服装的面料讲究童趣,自然、质朴、舒适、童贞的面料适合他们。除了在原料上应考虑舒适透气,尽量采用天然纤维原料之外,图案花纹应采用动物花草、卡通形象,孩子们喜欢的图案,如全棉小花面料、灯芯绒卡通图案面料、色织格布、彩格绒布等都是较理想的儿童服装面料。儿童好动,柔软舒适的针织面料对他们来说也很合适。全棉色织格布衫裤和全棉牛仔背心舒适的手感和自然的风格对孩子来说是非常适合的。儿童的自理和自卫能力还很差,因此,儿童服装面料还要考虑防火和阻燃等功能。

6. 运动装面料 (Sport-wear Fabric)

运动服是运动员在训练和比赛、表演时穿着的服装,或是人们在健身和进行体育锻炼时穿着的服装。穿着的目的是为了便于大运动量的活动,吸收人体在运动时大量排放的热量和汗水,以及运动员在比赛、表演时能显现清晰的动作和优美的英姿,同时有一定的安全保障。运动服面料的选择有其特殊的要求。首先,面料要有足够的弹性,保证大幅度动作的轻松完成而不受牵制;其次,面料要有良好的吸湿透湿和散热性能,使剧烈运动的人体感到舒适;第三,面料的色彩要鲜艳夺目,与运动员向上的精神面貌、健美的飒爽英姿相协调,同时在比赛、表演时便于观看;第四,运动服要有柔软的手感和舒适的皮肤触感。棉/氨纶、丝/氨纶、吸湿化纤/氨纶包芯纱针织物是合体运动服的理想面料;细腻柔软的超细纤维织物,轻柔飘逸的真丝织物、黏胶纤维织物等是练功服的理想面料;吸湿性、伸缩性良好的针织物是运动装的理想面料;紧密光滑的化纤长丝面料常用于舒适宽松的运动外套。运动服装面料的色彩要注意标识功能和安全功能。

7. 劳动保护服装面料(Working-wear Fabric)

劳动保护服装是人们在特殊的操作环境中为保护人体安全穿着的服装。穿着的目的是为了保护人体不受伤害。劳保服面料的选择对服装能否起到保护人体安全的作用关系重大。不同的劳保服对面料有不同的要求,比如,电焊工人的劳保服、炼钢工人的劳保服和电气工人的劳保服要求都是不同的,有的需要耐火、隔热的特殊性能,有的要能防辐射热的功能,等等。劳保服一般要用经过特殊处理的功能面料,不同要求的劳保服对纺织面料提出了不同的功能要求。

8. 舞台装面料(Stage-wear Fabric)

舞台服不同于生活装,舞台服穿着的目的是为了追求悦目的舞台表演效果。舞台服装的要求是面料在舞台灯光的照射下显现出亮丽动人的色彩和轻柔飘逸的质地感觉。舞台服注重的是远距离灯光下人物服装的色彩、图案、质感的夸张效果,而不太经意服装的穿着性能。因此,舞台服装面料以织物特殊的外观感觉为首要因素,对面料色彩、图案和能刺激感官的各种装饰作重点的设计,并根据剧情和人物角色的需要选择与外观相吻合的面料。

(三)按不同季节分类

按不同季节可以将面料分为春秋季服装面料、夏季服装面料和冬季服装面料等。

1. 春秋装服装面料(Fabric Between Season Wear)

春秋季节气候宜人,是人们着装打扮的好时光,爱美的人们完全可以按自己的喜好穿着自己喜好的服装。这两个季节的服装面料是最丰富的,也是最美的。一般来说,春季服装的色彩,稍浅的颜色感觉时髦,可能是漫长冬季的深色让人渴望轻松的缘故;而秋季服装的色彩,浓重一些的感觉好看。在这两个季节里,你可以任意选择适合你的色彩进行合理搭配,使之和谐漂亮。春秋季可以按服装的需要选择不同的面料,一般以中等厚薄的面料为主。比如,各种全毛精纺、混纺或化纤仿毛面料、棉织物、丝织物、针织面料等等。春秋季服装因气候的原因对面料一些性能要求明显降低。由于气温宜人,无论是天然纤维织物还是化学纤维织物的服装,都不会感觉穿着不舒服,而且化学纤维织物在吸湿性方面的改进,使其容易产生静电的缺点也在逐渐克服。

2. 夏装服装面料(Summer-wear Fabric)

在炎热的夏季,明亮、浅淡一些的色彩,特别是一些冷色调的色彩,如蓝色、蓝紫色、蓝绿色等,可以使人感觉到轻松、悦目的气息。夏季人们容易出汗,服装对面料舒适凉爽的要求是第一位的。真丝是夏季服装的理想面料,各种化纤仿真丝绸面料的手感和质地越来越好,而且花色新颖，易洗快干，不用熨烫，也是快节奏的现代人喜欢的。各种薄型的全棉面料、涤棉混纺织物、黏胶纤维织物等也是夏令服装常用的面料。值得一提的是高档的亚麻和苎麻织物，其优良的性能特别适宜夏令易出汗的人们。同时，人们对夏季服装面料的性能要求也较高。一般天然纤维织物吸湿透气，穿着舒适，比较适合夏令服装。麻织物吸湿散湿快，出汗不粘身，最适合夏季服用；丝织物柔软、光滑、吸湿、隔热，也非常适宜夏季穿着；棉织物吸汗、透气，特别是线密度小的棉织物，柔软、光洁，夏季穿着非常舒服；黏胶纤维织物柔软、光滑、吸湿性好，是夏令服装的合适面料。

3. 冬装面料（Winter-wear Fabric）

一般来说，冬季服装以较深的颜色为主，冬季天气较冷，暖色调的红色、橙色等能使人感觉温暖舒适。冬季天气比较寒冷，多穿衣服才会感觉暖和，但是多穿衣服会感觉臃肿，而且活动不便，因此，轻巧、柔软、暖和是现代人对冬季服装的要求。毛织物蓬松、柔软、保暖性好，最适合冬季服装；真丝织物柔软、隔热，用作冬季服装面料也很好；化纤织物中柔软细腻的超细纤维织物，性能与毛织物最相似的腈纶织物，蓬松暖和的变形丝织物等，都非常适合冬季服装。天然的裘皮和皮革由于良好的隔热、挡风效果，常用作冬季风衣面料。

（四）按材质风格及特点分

由于原材料和加工方法的不同，面料的材质风格也不尽相同，它虽然没有色彩、图案那样醒目、直观，但对服装风格和造型设计尤为重要，对服装加工工艺也有很大影响。面料根据材质风格可分为立体与平整、光亮与暗淡、粗犷与细腻、柔软与硬挺、厚实与薄透等。

1. 立体与平整类（Three Dimension And Flat Class）

面料实属三维立体之物，但由于其厚度远远小于其长度和宽度，故可视为片状平面体。面料的立体感是指由于纱线、结构及后整理工艺，使衣料表面呈现平整、起皱，产生凸条等立体视觉效应（图 2-1，图 2-2）。这种不同肌理的视觉效应不仅有助于服装不同风格和造型设计，其相应的摩擦性、保暖性、耐污性等对服装缝制工艺、服装的服用性能及保管性能均有直接的影响。

图 2-1　起皱面料　　　　　　　　　图 2-2　凸条面料

2. 光泽感和粗犷类(Luster And Savage Class)

　　衣料的光泽感和粗犷感主要指人体对衣料所展现的不同光泽,以及粗犷或细腻效果所产生的感官效应。构成面料的纤维、纱线、结构、后整理等因素对此都有直接的影响。如棉、麻纤维以及平纹组织的光泽较为暗淡;桑蚕丝、醋酯丝、加捻丝线的光泽较为柔和漂亮;而有光黏胶人造丝、金属丝、三角异形丝等原料,平经平纬(长丝不加捻)型,缎纹组织,丝光、轧光等后整理等都能较大程度地增加衣料的光泽感(图2-3)。

　　超细纤维、高支纱等则有助于提高织物的细腻程度;而条份不均匀的粗棉纱线、麻纱线、双宫丝、大条丝、疙瘩形花式纱线等,都会使织物产生不同程度的粗犷感,其中粗棉纱线和大条丝织制的衣料光感较差(图2-4)。衣料光泽感或粗犷感的选用在一定程度上受流行趋势及使用场合的约束,而衣料的光滑或粗糙则对服装缝制工艺、服用中皮肤的触感舒适性等影响较大。

图　2-3　光泽感面料　　　　　　　　图　2-4　粗犷感面料

3. 硬挺与柔软类(Stiffness And Softness Class)

　　面料的刚柔感通常被分为柔软和硬挺两大类,它是面料的刚柔性对人体感官的反映。而衣料的刚柔性则指衣料的抗弯刚度和柔软度,衣料抵抗其弯曲方向形状变化的能力称抗弯刚度或硬挺度,它常被用来评价其相反的特性——柔软度。

　　衣料的抗弯刚度决定于组成衣料的纤维与纱线的抗弯性能及结构,并随衣料的厚度的增加而显著增加。纤维细、纱线细、摩擦系数小、组织点少、密度紧度小,其织物弯曲刚度小,手感柔软。针织物由于线圈结构的特点,其柔软性比机织物好。纯毛织物的弯曲刚度较涤/腈、涤/黏织物小,故柔软性较好。相对而言,麻类衣料的柔软性较差。此外,衣料的染整工艺,如松式染整和柔软整理,都有助于提高衣料的柔软性;反之,紧式染整和硬挺整理则有助于硬挺度的增加。

　　服装款式和风格的不同需要面料有一定的刚柔性和悬垂性,而面料的刚柔性直接影响衣服的悬垂性。所以,面料的刚柔感对服装造型设计起着非常关键的作用。一般来说,内衣料需要良好的柔软性,外衣料则需一定的硬挺度或悬垂性,以体现服装造型(图2-5,图2-6)。

图 2-5 刚性面料服装(1)

图 2-6 刚性面料服装(2)

4. 厚实与薄透类(Firm Class)(Thick and Thin Class)

面料的厚实感可分为薄透类、厚重类、质实类和起毛、起绒类。衣料的厚实感是服装选料中最为直接和重要的感官因素之一,它对服装的季节定位起决定性作用(图 2-7,图 2-8)。厚度是影响服装保暖性的重要指标,对服装的强度也有积极的作用。面料的蓬松或厚实不仅影响服装的保暖性,而且对皮肤产生完全不同的触感。此外,面料厚实感对服装造型及服装缝制工艺的影响甚大。面料的厚度可用织物厚度仪测量,但通常用目测的方法。衣料的厚、薄、松、实度主要与组成衣料的纱线粗细、结构设计及后整理工艺有关。一般来说,真丝类衣料较轻薄,毛类衣料较厚重;而粗纱线、重组织等有助于增加衣料的厚度;起绒组织、拉毛等有助于增加衣料的蓬松度。

图 2-7　薄透面料服装

图 2-8　厚实面料服装

第一节　机织物面料

机织物是由两组相互垂直的纱(线)按照一定的规律纵横交错交织而成的,与织物纵向(长度方向)平行的纱称经纱,与织物横向(宽度方向)平行的纱称为纬纱。织物纵向的边缘称为布边。

一、机织物的分类

(一)按原料组成方式分类

1. 纯纺织物(Pure Raw Fabric)

纯纺织物指经纬纱用同种纯纺纱线织成的织物,如棉织物、毛织物、麻织物、涤纶织物。

特点是体现了其组成纤维的基本性能。

2. 混纺织物(Blended Fabric)

混纺织物指用两种或两种以上不同品种的纤维混纺的纱线织成的织物。如麻/棉、毛/棉、毛/麻/绢、涤/棉、涤/毛。特点是体现各组中纤维的优越性,以改善织物的服用性能,扩大适用范围。

3. 交织织物(Union Fabric)

指经纬纱使用不同纤维的纱线或长丝织成的织物,如经纱用真丝、纬纱用毛纱的丝毛交织物;经纱用棉线、纬线用毛纱的粗呢等。此类织物的特点由织物中不同种类的纱线决定,经纬向各向异性。

4. 色织织物(Yarn Dyed Fabric)

先将纱线全部或部分染色整理,然后按照组织和配色要求织成的织物。此类织物的图案、条格立体感强,清洗牢固。

5. 色纺织物(Fiber Dyed Fabric)

先将部分纤维或纱条染色,再将原色(或浅色)纤维或纱条与染色(或深色)纤维或纱条按一定比例混纺或混并制成纱线,所织成的织物叫色纺织物。也可用不同原料的纤维或染色性不同的纤维混纺织成织物,经染色呈现不同色彩。色纺织物具有混色效应。有经纬向均匀混色,也有单一方向混色,呈现"横条雨丝""纵条雨丝"。

(二)按纤维长度和线密度分类

按纤维长度和线密度的不同,可分为棉型织物、中长纤维织物、毛型织物和长丝织物。

1. 棉型织物(Cotton Type Fabric)

棉型织物是用棉型纱线织成的织物,所使用的是细而短的纤维,原料不一定局限在棉,可以使用化纤原料。织物通常手感柔软,光泽柔和,外观朴实自然。如涤/棉布、涤/黏布、纯绵布等。

2. 中长纤维织物(Mid-Fiber Fabric)

中长纤维织物是用中长纤维化纤纱线织成的织物,大部分做成仿毛风格,也有仿棉风格的。如涤纶中长纤维织物、涤/腈中长纤维织物。

3. 毛型织物(Wool Type Fabric)

毛型织物是用毛型纱线织成的织物,所用纤维较长较粗,原料不一定局限在毛,可以使用化纤原料。织物具有蓬松、丰厚、柔软的特征,保暖性能好。如毛/黏织物、黏胶人造毛织物、纯毛织物、毛/涤织物等。

4. 长丝织物(Filament Fabric)

长丝织物是用长丝织成的织物。织物表面光洁,手感柔滑;悬垂性能好;色泽鲜艳;光泽好。如黏胶人造丝织物、涤纶丝织物、真丝织物等。

(三)按纱线的结构和外形分

按经纬所使用的纱线结构和外形是单纱还是股线,可把织物分为纱织物、半线织物和线织物三种,也可把织物分为普通纱线织物、变形纱线织物和其他纱线织物。

1. 纱织物(Single Fabric)

纱织物是指经纬纱都是用单纱织成的织物。其特点是比线织物柔软、轻薄。

2. 半线织物(Semi-Thread Fabric)

半线织物是指经纬纱分别用单纱和股线的织物,一般是经纱用股线,纬纱用单纱织成的织物。其主要特点是与同类织物相比,其股线方向的强度高,悬垂性差。

3. 全线织物(Thread Fabric)

全线织物是指经纬纱均用股线织成的织物。其特点是比同类单纱织物结实、硬挺,光泽度好。

(四)按织物印染加工方法分

织物在织机上织好后,还要经过多道染整加工方法才能用来制作服装。而根据加工方法不同,又可把织物分成坯布、漂白布、染色布、色织布、印花布等多种。

1. 坯布(Loom-State Fabric)

坯布也叫原色布,是没有经印染加工的本色布。通常不用于做成品服装。

2. 漂白布(Bleached Fabric)

经过漂白加工的布是漂白布。由于省去了染色费用,成本较低,且没有颜色,一般用作辅料中的衬布、袋布,也可用作面料。

3. 染色布(Dyed Fabric)

坯布进行匹染加工,产生均匀着色的织物叫染色布,以单色为主;但在毛织物中,为了染色均匀,提高布面质量,也有采用纤维染色、毛条染色或染纱而制成的素色染色织物。

4. 印花布(Printed Fabric)

印花布是经过印花加工的织物,是由于染料或颜料的作用产生图案效果的织物。

(五)按机织物的组织结构分类

织物组织种类繁多,大致可分为基本组织、变化组织、联合组织、复杂组织四类。由这几种组织构成的织物相应叫基本组织织物、变化组织织物、联合组织织物、复杂组织织物。

1. 基本组织织物(Basic Weave Fabric)

基本组织织物包括平纹织物、斜纹织物和缎纹织物三种。

2. 变化组织织物(Modified Weave Fabric)

变化组织织物是在基本组织的基础上变化某些条件而形成的织物,包括变化平纹织物、变化斜纹织物和变化缎纹织物三种。

3. 联合组织和复杂组织织物(Combined And Compound Weave Fabric)

联合组织和复杂组织织物都属于织物组织较为复杂的织物,但都是在基本组织和变化组织的基础上变化而来的。

二、常用机织物的组织结构

(一)组织基本概念

机织物由两组相互垂直的经、纬纱,按照一定规律,在织机上相互交织而成。这种经纬纱线相互交错、彼此沉浮的规律,称为织物组织。织物中经纬纱交叉重叠的点称为组织点:

经纱在上、纬纱在下的组织点称为经组织点（经浮点）；纬纱在上、经纱在下的点称为纬组织点（纬浮点）。当经组织点和纬组织点的沉浮规律达到循环时，称为一个组织循环（或完全组织）。

构成一个组织循环的经纱根数用 R_j 表示；构成一个组织循环的纬纱根数用 R_w 表示。构成一个组织循环的经纱根数和纬纱根数可以相等，也可以不相等。组织循环纱线数越大，织成的花纹可能越复杂多样。但组织循环纱线数相同，其织物组织不一定相同。

在一个组织循环中，若经组织点与纬组织点数相同，称同面组织；若经组织点多于纬组织点数称为经面组织；若纬组织点数多于经组织点数称为纬面组织。用来表现织物组织的参数，除组织循环数以外，还常用组织点飞数来反映织物中转应的组织点位置关系。所谓飞数，是在组织循环中，同一系统经纱（或纬纱）中相邻两根纱线上对应的经（纬）组织点在纵向（或横向）所间隔的纬（或经）纱根数，用"S"表示，相邻两根经纱的相应组织点间相隔的组织点数称为经向飞数，用"S_j"表示。飞数是一个矢量，通常对经向飞数来说，以右边纱线上的组织点为起点，左边相邻纱线上相应的组织点向上数为正，向下数为负；对纬向飞数来说，以下边纱线上的组织点为起点，上边相邻纱线上相应组织点向右数为正，向左数为负。

织物的组织常用组织图表示。机织物的经纬纱的交织规律可在方格纸（意匠纸）上表示。方格纸的纵行代表经纱，横行代表纬纱，每根经纱与纬纱相交的方格代表一个组织点，经组织点常用"■""⊠"等符号表示，纬组织点常用空格表示。在组织图上，经纱的顺序从左至右，标在图的下方，纬纱的顺序从下至上，标在图的左方，经纬纱的顺序标号也可省略。

（二）常用组织及其特征

织物组织种类繁多，大致可分为原组织、变化组织、联合组织、复杂组织四类。

1. 原组织

是最简单的组织，是一切组织的基础，因此又称为基础组织。原组织包括平纹、斜纹、缎纹三种组织，因而又称为三原组织。

（1）平纹组织（Plain Weave）

平纹组织表面平坦，正反面外观相同（图 2-9）。与

图 2-9 平纹组织

其他组织相比，平纹组织的经纬纱交织次数最多，因而纱线不易相互靠紧，织物可密性差，易拆散。由于组织中浮线短，故织物不易磨毛，抗勾丝性能好。平纹组织由于纱线不易靠紧，故在相同规格下与其他组织织物相比最轻薄。平纹组织织物质地坚牢，耐磨而挺括，手感较硬挺，又由于纱线一上一下交织频繁，纱线弯曲较大，故织物表面光泽较差。

当采用不同粗细的经纬纱、不同的经纬密度，以及不同的捻度、捻向、张力、颜色的纱线时，就能织出呈现横向凸条纹、纵向凸条纹、格子花纹、起皱、隐条、隐格等外观效应的平纹织物；若应用各种花式线，还能织出外观新颖的织物。

（2）斜纹组织（Twill Weave）

斜纹组织织物表面呈现较清晰的左斜或右斜向纹路（图 2-10）。通常正面呈右斜纹，而反面呈左斜纹。与平纹组织相比，斜纹组织的交织次数减少。由于斜纹组织中不交错的经

(纬)纱容易靠拢,单位长度中纱线可以排得较多,因而增大了织物的厚度和密度。又因交织点少,故织物光泽提高,手感较为松软,弹性较好,抗皱性能提高,使织物具有良好的耐用性能。

(3)缎纹组织(Satin Weave)

缎纹组织表面平整、光滑,富有光泽,因为较长的浮线可构成光亮的表面,它更容易对光线产生反射,特别是采用光亮、捻度很小的长丝纱时,这种效果更为强烈。缎纹组织是三原组织中交错次数最少的一类组织,因而有较长的浮线在织物表面,这就造成该织物易勾丝、易磨毛和磨损,从而降低了耐用性能。由于缎纹交错次数最少,因而纱线织物相互间易靠拢,织物密度能够增大,通常该类织物比平纹、斜纹厚实,质地柔软,悬垂性好(图2-11)。

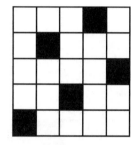

图 2-10　斜纹组织　　　　　　　　图 2-11　缎纹组织

2.变化组织

(1)平纹变化组织(Modified Plain Weave)

平纹变化组织通常以平纹组织为基础,在一个方向或两个方向延长组织点而形成(图2-12),如重平、方平以及变化重平、变化方平等。在经纱方向延长组织点所形成的组织叫经重平组织;在纬纱方向延长组织点所形成的组织叫纬重平组织;在组织循环中有规律地将个别组织点延长、加以变化则形成变化重平组织;在经、纬向同时延长组织点所形成的组织叫方平组织。经重平组织表面呈现横凸条纹,纬重平组织表面呈现纵凸条纹,并可借助经纬纱的粗细搭配,使凸条纹更加明显。方平组织织物外观平整,表面呈现块状席纹,较平纹组织的织物质地松软、丰厚,有一定的抗皱性,悬垂性好,但易勾丝,耐磨性不如平纹组织;如配以不同色纱和纱线原料,在织物表面可呈现色彩丰富、式样新颖的小方块花纹(图2-13)。

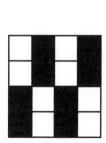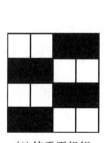

(1)经重平组织　　(2)纬重平组织　　(3)变化经重平组织　　(4)变化纬重平组织

图 2-12　平纹变化组织

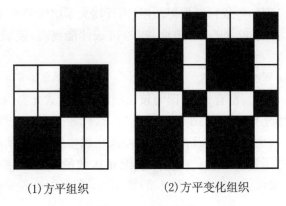

(1)方平组织　　　　　　(2)方平变化组织

图 2-13　方平组织

（2）斜纹变化组织（Modified Twill Weave）

在原组织斜纹基础上，采用延长组织点浮点长度、改变组织点飞数、改变斜纹方向等方法，可变化出多种斜纹变化组织。斜纹变化组织有加强斜纹、复合斜纹、角度斜纹、山形斜纹、破斜纹、菱形斜纹等，如图 2-14 所示。

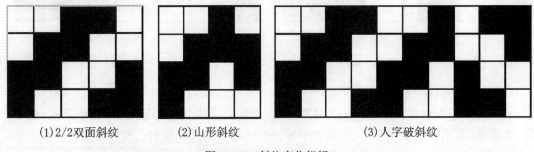

(1)2/2双面斜纹　　　(2)山形斜纹　　　　　　(3)人字破斜纹

图 2-14　斜纹变化组织

加强斜纹组织是在斜纹组织的组织点旁，沿经（纬）向增加其组织点而形成的，采用这一组织的毛织物易缩绒，所以呢绒类织物大多采用加强斜纹。

复合斜纹组织是一个完全组织中具有两条或两条以上不同宽度的斜纹线的组织，多用于花呢。

角度斜纹：在斜纹织物中，织物表面斜纹线的倾斜角度由飞数的大小和经纬密度的比值决定的。当经纬密度相同时，若斜纹线与纬纱的夹角约为 45°，该斜纹组织为正则斜纹；若斜纹线与纬纱的夹角不等于 45°，便称为角度斜纹；当斜纹线角度大于 45°时为急斜纹，小于 45°时为缓斜纹；以急斜纹应用较多，如直贡呢的斜纹倾斜角度为 75°。

山形斜纹：改变斜纹线方向，使其一半向右倾斜，一半向左倾斜，在织物表面形成对称的连续山形纹样。

破斜纹：若在山形斜纹方向处，组织点不连续，使经、纬组织点相反，呈现"断面"效应。

山形斜纹与破斜纹大量应用在各类花呢、大花呢中。由几个山形斜纹组织合成菱形，就是菱形斜纹组织。

（3）缎纹变化组织（Modified Satin Weave）

在原组织缎纹的基础上，采用增加经（纬）组织点飞数或延长组织点浮长的方法，可构成缎纹变化组织。缎纹组织主要有加强缎纹和变则缎纹，如图2-15所示。

加强缎纹组织是以原组织缎纹为基础，在其单个经（纬）组织点四周添加单个经（纬）组织点而形成的。加强缎纹织物如配以较大的经纱密度，就可得到正面呈斜纹，而反面呈经面缎纹的外观，即"缎背"，如缎背华达呢、驼丝锦等。变则

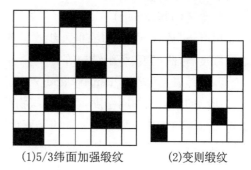

(1)5/3纬面加强缎纹　　(2)变则缎纹

图 2-15　缎纹变化组织

缎纹的组织飞数为变数（有两个以上的飞数），其织物仍保持缎纹的外观，一般应用于顺毛大衣呢、花呢等。

3. 联合组织和复杂组织

联合组织和复杂组织均属织物组织中较为复杂的组织，都是在原组织、变化组织的基础上变化而来的，种类繁多。采用两种或两种以上的原组织、变化组织，通过各种不同的方式联合而成形成的此类组织，品种较多、风格各异，较常见的有条格组织、绉组织、蜂巢组织、透孔组织、平纹地小提花组织、双层组织、起毛组织、纱罗组织等，如图2-16所示。

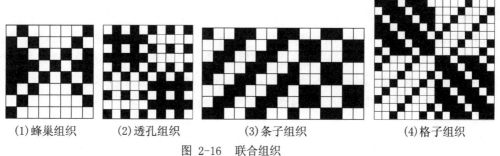

(1)蜂巢组织　　(2)透孔组织　　(3)条子组织　　(4)格子组织

图 2-16　联合组织

三、机织物规格

1. 宽度（Width）

国内常用"cm"，国外有时用"in"，它一般根据织物的用途、生产条件、生产效益、产品管理等因素确定。

2. 长度（Length）

国内常用"m"，国外有时用"yd"，它一般根据织物的种类和用途来确定。

3. 克重（Gram Weight）

常用"g/m^2"为单位，但真丝绸常用"姆米（m/m）"为单位（1 m/m=4.305 6 g/m^2），出口国外的牛仔布常用 Ozs/yd^2 表示（1 Ozs/ yd^2 =33.9 g/m^2）。质量一般与原料、纱线类型（精梳、粗梳）、织物结构（机织物、针织物、絮制品）有关，不仅影响织物的服用性能和加工性能，

也是价格计算的主要根据。

4. 厚度（Thickness）

以"mm"或"cm"为单位；但丝织物较薄，常以质量间接表示。织物厚度与织物的所用的纱线细度、弯曲程度、组织结构等有关。

5. 经纬密度（Warp Pensity and Weft Pensity）

织物的经向或纬向密度，系指沿织物纬向或经向单位长度内经纱或纬纱排列的根数，一般用 10 cm 内纱线根数表示。如织物密度写成 200×180，表示经向密度 200 根/10 cm，纬向密度 180 根/10cm。丝织物经常采用每平方英寸的丝数表示，经常用 T 来表示，如 180T 表示 1 平方英寸的丝数为 180 根。在一定范围内，织物强度随经纬密度的增大而增大，但过大反而降低；织物经纬密度与质量成正比；织物经纬密度越小，织物越柔软，织物的弹性降低，悬垂性增加，保暖性增加。

但织物的紧密程度不能用经纬密度表示，因为经纬密度相同的织物，采用纱线较粗的织物紧密。织物紧度是指经纬纱的直径与两根纱线间的平均中心距离之比，用百分数表示。

四、常用机织物面料

（一）棉型织物

棉型织物是指以棉纤维、棉与化学纤维或棉型化学纤维为原料，纺织而成的织物。其外观光泽自然，手感柔软，温暖舒适，吸湿透气，实用性强，具有自然朴实的风格，是物美价廉的大众化面料，深受人们喜爱。

棉布弹性较差，易折皱，洗后需熨烫；但现在有许多经过树脂整理的免烫产品，洗后可直接穿着，无需熨烫。需注意的是，树脂整理使用甲醛，免烫产品出售时会有部分残留，使用前应先用清水浸泡。棉布吸湿性很好，所以缩水率比较大，裁剪前应先落水预缩；同时因为吸湿好，所以也较易发霉，尤其是较厚重的棉衣、棉被，应常在阳光下晒一晒。

1. 平纹类棉织物

这类产品皆以平纹或平纹变化组织织成，具有交织点多、质地坚牢、表面平整、正反面外观效应相同等特点。平纹类织物品种较多，当采用不同粗细的经纬纱、不同的经纬密度，以及不同的捻度、捻向、张力、颜色的纱线时，能织制出各种不同外观效应的织物。如：有经、纬纱粗细和密度相同或接近的平布；有经密与纬密的比例为 5:3 左右，使织物表面形成菱形颗粒状的特殊效应的府绸；有以细经纱与粗纬纱相交织，表面形成横条纹的罗布；有利用强捻纱和低经纬密度织制而成的手感挺爽、稀薄透明的巴厘纱；有以不同捻向纱线间隔排列而成的隐条隐格织物；有以不同经纬纱张力织制而成，呈现皱纹效应的泡泡纱等。下面是一些常用的平纹类棉织物：

（1）平布（Plain Cloth）

织物的经纱与纬纱的粗细、经密与纬密都相等或相近，具有组织简单、结构紧密、表面平整的特点。根据其使用纱线的粗细和风格的不同，可分为以下 3 大类：

粗布：又称粗平布，经纬纱皆用 32 tex 及以上的粗号纱织制。其表面较粗糙，有较多棉结，布身结实，手感厚实，坚牢耐穿。可分为本色布和坯布两种。本色粗布多用作包装材料；

坏布经印染加工后,一般用来制作夹克、被里、劳动服等。坏布也可直接用作手工扎蜡染。

市布:又称中平或平布,用31～21 tex经纬纱织制。其特点介于粗布与细布之间,厚薄适中,坚牢耐用,布面匀整光洁,多用于衬布、里布、衬衫、被单等。

细布:又称细平布,用19～10 tex经纬纱织制。质地轻薄,布面匀整,手感平滑柔韧,外观细洁,光泽好,适用于各种衬衫、衬布、罩衫、夏季外衣、床上用品、印花手帕等(图2-17)。

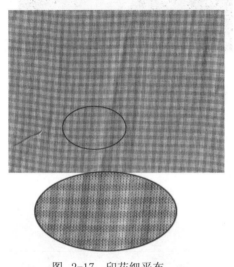

图 2-17　印花细平布

图 2-18　府绸

(2)府绸(Poplin)

府绸一般指高支纱、高密度的平纹织物,用纱细洁,结构紧密,属于经向紧密结构,经密高于纬密,外观细密,布面光洁,质地轻薄,结构紧密,颗粒清晰,富有光泽,手感平挺滑爽,有丝绸感,故称府绸。由于经密较大,形成府绸表面特有的明显而均匀的菱形颗粒状,清晰丰满,是男女衬衣的主要面料(图2-18)。但同时,由于经密较大,使用日久,因纬纱断裂,纵向易产生裂口,从而出现"破肚"现象。通常被称作"府绸"的纺织产品应该满足三个条件:①经纬纱支必须在40^{S}以上;②经向密度必须达到100根/英寸以上;③经向必须比纬向的密度高出20根/英寸以上。最常用的分类方法是按照染整工艺分类,分为漂白府绸、染色府绸、印花府绸、色织府绸;也可以根据纺纱工艺分为普梳府绸、半精梳府绸、精梳府绸;还可以根据织造工艺分为平纹府绸、平纹变化组织府绸(镶嵌缎条、人字、斜纹等)及提花府绸等,但底布基础仍采用平纹织造。按照织造密度可以分为普通府绸、高密府绸、防羽府绸。

(3)巴厘纱(Voile)

与府绸不同的是,巴厘纱的经纬密度特别小。巴厘纱常见纱支和经纬密度有:60×60/90×88,60×60/70×70,80×80/90×88,100×100/90×88。它是用细号强捻纱线织制的稀薄半透明的平纹织物,透明度高,所以又称"玻璃纱"。巴厘纱虽然很稀薄,但由于纱线采用加强捻的精梳细棉纱,所以挺爽透气、有身骨(图2-19,图2-20)。巴厘纱使用时要注意检验它的纬斜情况,染整加工后的产品"布孔"要呈方形,经硬挺整理后,手感应挺爽。产品有漂白、印花、杂色三种,主要用作夏季衣着,以及手帕、面纱、窗帘、家具布等,尤其可作为少数民族的面纱使用。在国际市场上较受欢迎。

图 2-19 棉巴厘纱

图 2-20 剪花巴厘纱

（4）帆布（Canvas）

帆布属于粗厚织物，其经纬纱均采用多股线，一般用平纹组织织制，也有用纬重平或斜纹及缎纹组织织制的，因最初用于船帆而被称为"帆布"（图 2-21）。帆布粗犷硬挺、紧密厚实、坚牢耐磨，多用于男女秋冬外套、夹克、风雨衣或羽绒服。由于其用纱粗细的不同，可分为粗帆布和细帆布两种：粗帆布常用 58 tex（10^S）4～7 股线织制，织物坚牢耐折，具有良好的防水性能，多用于遮盖、过滤、防护、鞋用、背包等；细帆布经纬纱一般为 2 股 58 tex 至 6 股 28 tex（10^S/2～21^S/6），多用于服装制作，特别是经水洗、磨绒等处理后，赋予帆布柔软的手感，穿着更舒适。

（5）麻纱（Hair Cords 或 Dimity）

麻纱的原料并不是麻，也不是掺杂了麻纤维的棉织品，而是采用捻度较高的细棉纱做经纬纱，采用平

图 2-21 帆布

纹变化组织织制而成的薄型棉织物。变化方平组织又称仿麻组织，使布面呈宽窄不等的细直凸条纹或各种条格外观，类似麻布外观；且织物质轻爽滑、平挺细洁、密度较小、透气舒适，具有麻布风格，所以称为"麻纱"（图 2-22）。按组织结构可分为普通麻纱和花式麻纱。普通麻纱一般采用变化平纹组织——纬重平组织，经纬纱采用 18～13 tex（32^S～45^S），纬密比经密高 10%～15%，布面经向有明显的直条纹路。经纱捻度较一般平布用经纱高 10% 左右，可使织物挺而爽；经纱和纬纱的捻向必须相同，使织物表面条纹清晰。花式麻纱是利用织物组织的变化或经纱用不同线密度和经纱排列的变化来织成的，有变化麻纱、柳条麻纱、异经麻纱等。变化麻纱包括各种变化组织，特点是纹路粗壮突出，布身挺括。柳条麻纱经纱排列每隔一定距离有一空隙，特点是布面呈现细小空隙，质地细洁轻薄透凉滑爽。异经麻纱以单

根经纱和异线密度双根经纱循环间隔排列,特点是布面条纹更为清晰突出。由于其组织结构的原因,其纬向缩水率较经向大,应尽量予以改善,除落水预缩外,缝制衣服时要注意留有余量。麻纱适合于制作夏季男女衬衫、女衣裙、童装、便服、睡衣、睡裤等。但近年市场上较常见的是以涤/棉、涤/麻、维/棉等混纺纱为原料织制而成。

图 2-22　麻纱　　　　　　　　　　　图 2-23　罗缎

（6）罗缎（Faille）

罗缎为布面呈横条罗纹的棉织物,因布面光亮如缎而得名(图2-23)。其质地厚实,适宜作外衣、童装面料和装饰布,也可作绣花底布、绣花鞋等。罗缎一般采用经重平组织或小提花组织,以 13.9 tex(42^S)双股线作经,27.8 tex(21^S)3 股线作纬织成。由于纬线粗,布面呈明显的横条纹。坯布需经漂练、丝光、染色或印花、整理加工。如采用 9.7 tex 双股(60^S/2)和 27.8 tex 双股(21^S/2)精梳烧毛线作经纬,称为四罗缎(或丝罗缎),成品更紧密,布面更为光洁,但经线易断裂。采用涤棉混纺纱线,可以避免这一缺点。

2. 斜纹类棉织物

这类产品皆以斜纹或斜纹变化组织织成,织物表面呈现较清晰的左斜或右斜斜向纹路。与平纹棉织物相比,手感较为松软,光泽提高,弹性较好,抗皱性提高。斜纹类织物,当采用不同的紧度,不同的经纬密度,不同的斜纹方向、飞数,以及不同颜色的纱线时,就能织制出不同的布面效应。如:紧密度最大的卡其;以 2/1 左斜纹织制的斜纹布;经密较大,斜纹角为63°的华达呢;斜纹角为 45°,纹路宽而平,质地松软的哔叽;等。

（1）斜纹布（Drill）

斜纹布属中厚低档斜纹布,一般经纬纱皆用单纱,以 2/1 左斜纹织制,与布边呈 45°角倾斜,正面斜纹纹路明显,反面模糊不清,质地紧密,手感厚实柔软。斜纹布分粗斜纹和细斜纹。粗斜纹布用 32 tex 以上(18 英支以下)棉纱作经纬纱,细斜纹布用 18 tex 以下(32 英支以上)棉纱作经纬纱,一般适于制作男女便装、制服、工作服、学生装、童装等(图2-24)。

（2）卡其（Khaki Drill）

卡其一词原为南亚次大陆乌尔都语,意为泥土,因军服最初使用一种名为"卡其"的矿物

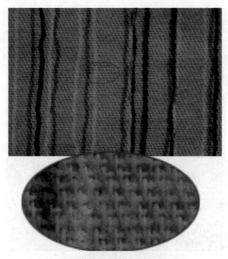

图 2-24　斜纹布　　　　　　　　　　　图 2-25　　纱卡

染料染成类似泥土的颜色,遂以此名统称这类织物,而近代则用各种染料染成多种颜色以供民用。

卡其是棉织物中紧密度最大的一种斜纹织物,斜纹细密而清晰,质地结实,挺括耐穿,不易起毛,布面光洁。但是由于经密过大,染色时染料不易渗透到纱芯,时间长了,外层纤维被磨掉,就易产生"磨白"现象。由于经向密度过大,耐平磨性虽好,但耐折边磨性能较差,领口、袖口裤脚口等处易产生折裂。卡其的品种规格很多,按所用纱线,可分为纱卡(图 2-25)、线卡、半线卡其,按组织结构可分为单面卡其、双面卡其,适于制作制服、工作服、风衣、夹克衫、西裤等。

(3)华达呢(Gabercord 或 Gabardine)

华达呢原属于毛织物的传统产品,后由毛织物移植为棉织物的品种。它以 2/2 加强斜纹织制,正反面织纹相同,倾斜方向相反;经纬密度配置,一般经密高于纬密,其比例约为2:1,斜纹角接近 63°;纹路间距比卡其宽,比哗叽明显而细致,紧度大于哗叽,小于卡其。常见华达呢多为半线织物,即线经纱纬,而纱华达呢很少见。华达呢织纹明显,斜纹线陡而平直,质地较厚实而不硬,手感较软,耐磨而不易折裂,有光泽,适用于春秋冬各季男女服装。

(4)哗叽(Serge)

哗叽与华达呢一样,原属于毛织物的传统产品,后由毛织物移植为棉织物的品种。它以2/2 加强斜纹织制,正反面织纹相同,倾斜方向相反,经纬密度接近,斜纹角接近 45°;纹路宽而平,正面比反面清晰;紧度比哗叽、华达呢都小,质地厚实,手感松软。按所用纱线的不同,可分为纱哗叽、半线哗叽、线哗叽。纱哗叽多用于妇女儿童服装和被面等;线哗叽以原色为主,藏青、蓝色次之,多用于棉、夹衣及外衣面料,是少数民族所喜爱的传统产品。

3.缎纹类棉织物

缎纹类棉织物以缎纹组织织制,织物表面浮长线最长,几乎全由经或纬浮线所构成,由经浮线构成的经面缎称直贡,由纬线构成的纬面缎称横贡。它们都具有质地松软、布面平滑、富有光泽的特点。

（1）直贡（Venetian 或 Twilled Satin）

直贡是采用经面缎纹组织织制的纯棉织物（图2-26）。由于表面大多被经浮线覆盖，厚者具有毛织物的外观效应，故又称贡呢或直贡呢；薄者具有丝绸中缎类的风格，故称直贡缎。直贡常用经纬纱为 $10\sim42$tex（$60^{S}\sim14^{S}$）单纱，或 7.5tex$\times2\sim18$tex$\times2$（$80^{S}/2\sim32^{S}/2$）股线。经向紧度为 $68\%\sim100\%$，纬向紧度为 $45\%\sim55\%$，经纬向紧度比大约为 $3:2$。直贡质地紧密厚实，手感柔软，布面光洁，富有光泽。按所用纱线不同，分为纱直贡和半线直贡；按印染加工不同，分为色直贡和花直贡。一般经电光或轧光整理。色直贡主要用作外衣和鞋面料；印花直贡主要用作被面、服装面料。直贡表面浮长较长，用力摩擦表面易起毛，不宜用力搓洗。

图 2-26　直贡

（2）横贡（Sateen）

横贡是棉织物中的高档产品，通常采用优质细特纱线，以纬面缎纹织制。横贡缎用纱细洁，织物紧密，表面光洁润滑，手感柔软，反光较强，有丝绸风格。但不耐磨，易起毛勾丝，洗涤时不可剧烈刷洗。成品主要为印花织物，适用于妇女衣裙、便服、高级衬衫、时装、儿童棉衣及羽绒被面等。

4. 起绒类

该类产品的共同点是，织物的表面都有绒毛覆盖，手感丰满厚实，柔软保暖，坚牢耐磨。下列几种都是起毛棉织物，但起毛方式各不相同，有：采用割纬起绒，布面呈现圆润丰满凸绒纹的灯芯绒；割经或割纬起绒，绒面平整、绒毛稠密的平绒；以及拉绒而成，表面呈丰润绒毛状的绒布。

（1）灯芯绒（Corduroy）

1750 年首创于法国里昂，采用割纬起绒，使布面呈现圆润丰满绒毛的凸条纹，类似灯芯草，故名灯芯绒（图2-27）。灯芯绒由一组经纱和两组纬纱交织而成，其中一组纬纱与经纱交织形成地组织，另一组纬纱与经纱交织形成有规律的较长浮长线，割断后形成绒条。织物表面呈耸立的绒毛，排列成条状或其他形状，外观圆润，绒毛丰满，手感厚实，质地坚牢。灯芯绒品种较多，按织制工艺可分为原色、色织和大、小提花灯芯绒；按条子粗细可分为特细条、细条、中条和粗条灯芯绒等。可作男女老少春秋冬各季服装鞋帽、窗帘、沙发套、帷幕、手工艺品、玩具等。灯芯绒日久摩擦，绒毛易脱落，缝时可局部衬上衬里，减缓脱毛现象。在洗涤时，不宜用热水揉搓，洗后亦不宜熨烫，避免脱毛和倒毛。裁剪时也要注意倒顺毛方向，防止产生服装外观颜色深浅不一的阴阳面现象。

（2）平绒（Velvet）

平绒为割经或割纬起绒的棉织物（图2-28）。其绒面丰满而平整，绒毛短而稠密，质地厚

图 2-27 色织压花灯芯绒

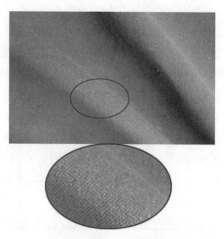

图 2-28 印花平绒

实,手感柔软,富有光泽,弹性好,不易起皱,坚牢耐穿。平绒表面竖立着的短密、平整的绒毛,不仅使织物手感柔软、弹性优良,还借此形成空气层,大大增加了织物的含气量,从而增强了织物的保暖性。同时表面耸立着的绒毛,使底布与外界摩擦的机会减少,从而增强了织物表面的耐磨性,使织物厚实耐穿。平绒可分为经平绒和纬平绒。经平绒以经纱起绒,由两组经纱(地经和绒经)和一组纬纱交织成双层组织织物,割绒后成为两幅有平整绒毛的单层经平绒。经平绒地组织一般采用平纹,绒经固结以 V 型团结法为主,地经与绒经的排列比有 2:1 和 1:1 两种。经平绒按绒毛长短不同,分为火车平绒和丝光平绒。火车平绒绒毛较长,常用作火车座垫;丝光平绒绒毛较短,经丝光处理,布面光亮,常用作服装、军领章和装饰。纬平绒是以纬纱起绒,由一组经纱与两组纬纱(地纬与绒纬)交织而成,与灯芯绒类似。地组织多用平纹,也有用斜纹。绒毛固结一般用 V 型固结法,地纬与绒纬的排列比为 1:3。它与灯芯绒的区别是绒纬的组织点以一定的规律均匀排列,经浮点彼此错开。因此纬密可比灯芯绒大,织物紧密,绒毛丰满。纬平绒主要用作服装和装饰。

(3)绒布(Flannelette)

绒布是面料经过拉绒后呈现丰润绒毛状的棉织物(图 2-29),分单面绒和双面绒两种。单面绒组织以斜纹为主,也称哔叽绒;双面绒以平纹为主。绒布布身柔软,穿着贴体舒适,保暖性好,宜做冬季内衣、睡衣。印花绒布、色织条格绒布宜做妇女、儿童春秋外衣。印有动物、花卉、童话形象花样的绒布又称蓓蓓绒,适合儿童着用。本色绒、漂白绒、什色绒、芝麻绒一般用作冬令服装、手套、鞋帽夹里等。绒布的起绒是靠拉绒机钢丝针尖多次反复作用,在坯布布面上拉起一部分纤维形成的,绒毛要求短、密、匀。印花绒布在印花之前拉绒,漂白与杂色绒布则在最后拉绒。绒布的坯布所用经纱宜细,纬纱宜粗且捻度要少。纺制纬纱的棉纤维宜粗,并有较好的整齐度。织物经密较小,纬密较大,以使纬纱浮现于表面,有利于纬纱棉纤维形成丰满而均匀的绒毛。由于织物表面受到拉绒机的反复拉绒,使其强力受损,因此洗涤时不要用力搓洗,以免损伤织物和绒毛丰满度。

5.绉类织物

该类织物的最大特点是具有多种多样的起皱效应:有的因高捻纬纱在染整后捻缩而形

图 2-29　印花绒布

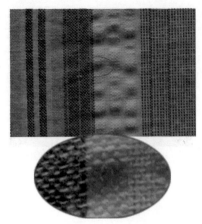

图 2-30　泡泡纱

成持久皱纹效应,如表面有纵向柳条皱纹的绉布;有的利用组织结构的变化而形成皱纹,如布面呈现凹凸不平类似胡桃外壳的皱纹布;有的利用经纬纱的张力不同而形成皱纹;有的利用棉纤维在浓碱作用下会收缩的性能而形成皱纹;有的利用轧辊压出凹凸不平的皱纹;有的使用折皱整理加工而成。

（1）泡泡纱（Seersucker）

泡泡纱多为棉或涤棉混纺的中线密度纱或细线密度纱织制而成的平纹布,表面呈凹凸不平而均匀密布的泡泡状,状似核桃壳（图 2-30）。泡泡纱外观别致,立体感强,质地轻薄、透气,凉爽不贴身,洗后免烫。但多数泡泡纱的泡泡不持久,保形性差,衣服越穿越大,所以裁剪时放松量不宜太大。多用于妇女、儿童夏季衣衫,如衬衫、裙子、睡衣、睡裤等,也用于窗帘、被套、床罩等装饰用料。泡泡纱产生凹凸的方法主要有以下几种:

织造法:在织布时利用不同经纱张力,形成泡泡或条状绉纹,一般经纬向紧度愈高,泡泡越明显。织造法形成的泡泡有较好的保形性,泡泡最持久。

化学处理法:根据棉纤维遇烧碱急剧收缩的性质,按图案要求,将浓碱液印于底坯上,接触处收缩,未接触处凸起,从而形成泡泡。但碱缩泡泡纱的泡泡耐久性差。

机械法:是利用轧辊压出凹凸不平的花纹,再经树脂整理,使轧纹能在一定时间内不变形,所以这种布也叫轧纹布。轧纹布的泡泡不持久,尤其是在洗涤时应轻搓轻绞,不能用沸水泡洗。

（2）树皮绉（Crepon）

树皮绉选用强捻纬纱与普通捻度的经纱交织,以特殊的绉组织织制,经染整松式加工后,纬向收缩成树皮状凹凸不平起绉效应（图 2-31）。产品有较强树皮状皱效果,立体感强,手感柔中有刚,富有弹性,尺寸稳定性好,美观大方,吸湿透气,穿着不贴身,具有仿麻效果。所用原料有全棉、涤/棉、涤/黏等。纯棉树皮绉常用于夏季衣料;涤/棉树皮绉用作春夏、夏秋之间的妇女儿童服装面料;涤/黏中长树皮绉宜作秋冬春季的外衣、套裙和夹克衫,还可用作窗帘、床罩等室内装饰用品。

（3）折绉布（Wrinkle Fabric）

图 2-31 树皮绉   图 2-32 折皱布

折皱布是在染整加工过程中,经折皱整理加工成表面具有形状各异、又无规律的皱纹的织物(图 2-32)。折绉布的皱纹与由强捻纬纱织成的绉纱,由绉组织形成的树皮绉,由碱缩法形成的泡泡纱和由轧纹形成的轧纹布风格完全不同。折皱布是一种很随意且仿旧的风格,符合消费者追求个性化和流行性的要求,顺应了人们穿着习惯趋向于回归大自然的意愿,所以颇受广大消费者的喜爱。

6. 色织布类

采用染成不同颜色的经纬纱交织而成的织物称色织物。色织物是中国传统的纺织品,始于纯棉的低档产品。产品色彩调和、色调鲜明、花型多变、层次清晰、立体感强,广泛用于服装和装饰等领域。色织物产品种类繁多,除具有彩条彩格效应的色织细纺、色织府绸、色织泡泡纱、色织灯芯绒等产品外,还有由于经纬纱色彩不一而产生特殊效应的牛仔布、牛津布(纺)、青年纺等。

牛仔布、牛津布、青年纺外观效果相似,易混淆,三者布面皆呈双色效应,风格独特,穿着舒适。牛仔布是色经白纬(经纱用染色纱,纬纱用浅色纱或漂白纱)的粗厚斜纹棉织物;牛津布由色经白纬的纬重平或方平组织织制而成;青年纺是色经白纬或白经色纬(经纱用浅色纱或漂白纱,纬纱用染色纱)的平纹织物。

(1)牛仔布(Yarn-Dyed Denim)

牛仔布是一种较粗厚的色织斜纹棉布,色经白纬,经纱颜色深,一般为靛蓝色,纬纱颜色浅,一般为浅灰或煮练后的本白纱,又称劳动布、坚固呢(图 2-33)。一般采用 3/1 左斜纹织制,也有采用变化斜纹、平纹或绉组织等。其质地紧密,坚牢耐穿,厚实硬挺,深浅分明,正面色深,反面色浅。穿久了,领口、袖口、裤口易发生折裂。适于各类劳动服、工作服、牛仔服。现在牛仔布品种向着原料、花色多样化的方向发展,如氨纶弹力牛仔布、色织印花牛仔布、白地蓝花大提花牛仔布、嵌金银丝的金银丝牛仔布等。

(2)牛津布(Oxford)

以英国牛津大学命名,早期为该校学生校服面料的传统精梳棉织物(图 2-34)。采用较细的精梳高支纱线作双经,与较粗的纬纱以纬重平组织交织而成。色泽柔和,布身柔软,透

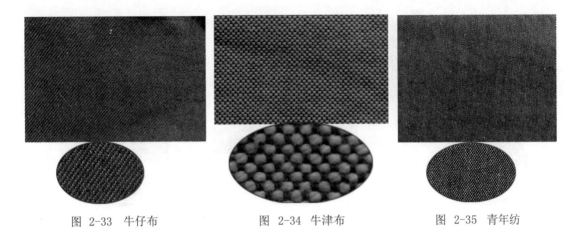

图 2-33　牛仔布　　　　　图 2-34　牛津布　　　　　图 2-35　青年纺

气性好,穿着舒适,多用作衬衣、运动服和睡衣等。产品品种花式较多,有素色、漂白、色经白纬、色经色纬、中浅色条形花纹等;还有用涤棉纱线织制的。

（3）青年纺（Yarn-Dyed Chambray）

青年纺是色经白纬或白经色纬的平纹织物,采用优质纯棉中特专纺纱为原料,色纱常使用靛蓝色(图 2-35)。织物外观粗犷并带有乡土气息的风格,布面呈双色效应,外观类似牛仔布,随时代变化,趋向于轻薄柔韧、布面细洁、光泽好、手感挺括、富有弹性。成品可用作衬衫面料。

7. 其他

（1）毛蓝布（Indigotine Fabric）

一般的坯布在染色前都要经过烧毛处理,使布面平整、光洁,而毛蓝布则不然,在染色前无需烧毛,染色后布面保留一层绒毛,故称"毛"蓝布(图 2-36)。毛蓝布一般以靛蓝染料染色,染色牢度较好,色泽大方,并有越洗越艳之感。其规格有多种:毛蓝粗布、毛蓝细布等。一般适合做外衣,遍销城乡各地。抗战初还一度时兴用国产本白或毛蓝布(又称"爱国布")做旗袍,穿起来十分素雅文静。20 世纪 30 年代老上海的祥泰布庄专门从安徽请来染工染色毛蓝布,质量超过外商信孚洋行的阴丹士林布,以优质的祥泰毛蓝布行销全国、东南亚和法国。适于做女上衣、传统旗袍、儿童外衣及工装的布料。

（2）毛巾布（Towel）

毛巾布由毛巾组织形成毛圈层表面的织物。毛巾组织是由地经纱和纬纱交织成地布,毛经纱和纬纱交织成毛圈(图 2-37)。毛巾质地厚实,手感柔软,有贮水和吸水性。毛巾按毛圈类型可分为普通、螺旋和绒面三大类;按用途分为面巾、擦手巾、浴巾、枕巾、毛巾床罩、毛巾被等数十种;按外观分为全白、素色、彩条、印花、提花等数十个品种。原料以纯棉纱为主。毛巾织物除在日常生活中用作洗脸、沐浴等卫生用品外,已发展为具有装饰、服装、艺术欣赏和与其他毛巾类织物相配套的多功能用途。

（3）茶巾布（Dish Cloth）

茶巾是厨房、餐厅和日常生活中必需的纺织品,一般以粗特全棉纱为原料,以平纹变化组织或蜂巢组织织制而成(图 2-38)。茶巾布具有手感柔软、丰满厚实、吸湿性好等特点。有

图 2-36 毛蓝巾　　　　　图 2-37 毛巾布　　　　　图 2-38 茶巾布

本色、漂白、色织、提花、织花、印花等多种花色品种,可用来缝制洗碗巾、餐巾、挂巾、擦手巾、茶垫、盘布、台布、茶壶布以及围裙、防烫手套等。

（4）水洗布（Washer Wrinkle Fabric）

水洗布是随着水洗服装的风行而开发的一种产品。最早问世的水洗服装是水洗牛仔服装,这是国外的一种流行便服,由靛蓝劳动布缝制而成。一般来说,新的靛蓝牛仔服粗厚而僵硬,经剧烈洗涤2～3次后,才较柔软和表面呈现不规则的洗皱状,给人以穿着舒适感和新鲜的悦目感,故颇受消费者欢迎,并迅速由靛蓝劳动布服装推广到其他织物的服装。从此,水洗布就应运而生（图 2-39）。水洗布是采用染整生产技术使织物加工成像经洗涤后风格的织物,由于生产设备、工艺条件不同,生产的水洗布外观风格会有所不同,但共同特点是:手感柔软、尺寸稳定、外观有轻微皱纹的自然感觉。目前国内水洗布已有纯棉布、涤棉混纺布、涤纶长丝织物等产品。染整后的纯棉水洗布,富有自然感,应免烫使用。可用来缝制各种水洗服装,如各种外衣、衬衫、连衣裙及睡衣等,男女老少皆宜。

图 2-39 水洗布

（5）烂花布（Etched-Out Fabric）

烂花布使用耐酸的合成长丝或短纤维与不耐酸的棉或黏胶纤维的包芯纱或混纺纱织成平布,经兰花工艺处理,使织物表面呈现透明与不透明两部分,互相衬托出各种花型的织物。常见烂花布的经纬用包芯纱（涤纶长丝与棉混纺）或涤纶短纤维与棉混纺纱织制（俗称烂花的确凉）。织坯按设计花型经烂花工艺处理,一部分纤维素纤维经酸处理被腐蚀,另一部分不经酸处理被保留于布面,烂去纤维素纤维的部分只留下涤纶纤维,质地细薄,类似筛网,透明如蝉翼,花纹凹凸,轮廓清晰,富有立体感,手感挺爽,回弹性好,并有易洗、快干、免烫等特点（图 2-40）。多用于制作妇女衬衫或窗帘、台布、床罩等。

（二）麻型织物（Bast Fabric）

麻织物是用麻纤维纺织加工成的织物,也包括麻与其他纤维混纺或交织的织物。它是人类最早使用纺织品,从考古的出土文物表明,早在 8 000 多年以前,埃及就已经使用亚麻织物,墓穴中木乃伊的裹尸布有的竟长达 1 000 多米。6 000 多年前的新石器时代,我们的祖先已使用葛藤(又称葛麻)纤维纺织衣料。我国浙江吴兴钱山漾遗址出土的苎麻织物距今已有 4 700 多年,是已发现的苎麻布中最古老的。大麻和苎麻布极盛于隋唐时期。

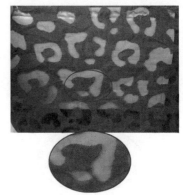

图 2-40　烂花布

麻织物大多具有吸湿、散湿速度快,断裂强度高,断裂伸长小等特点。苎麻、亚麻织物穿着感觉凉爽、不霉不烂。还因麻纤维的整齐度差,集束纤维多,成纱条干均匀度较差,织物表面有粗节纱和大肚纱,这种特殊疵点恰巧构成了麻织物的独特风格。各类麻织物用途各不相同,但一般多用作衣着、装饰、国防、工农业用布和包装材料等。

进入 21 世纪,人们更加注重纺织品及服装的舒适、生态环保等功能特性。麻类纺织品以其吸湿、透气、抑菌、防霉、抗紫外线、无静电等优良性能,越来越受到消费者的青睐,成为时尚消费潮流。

1. 苎麻织物(Ramie Fabric)

苎麻织物是以苎麻纤维为原料制成的织物。其纤维细长而富有光泽,服用性能较好。织物表面细洁匀净,布身结构紧密,质地优良,吸湿散湿快,挺爽透气,出汗后不贴身,是理想的服装用面料,但有时会有刺痒感。因纺纱时易形成粗节纱、大肚纱,并表现于织物表面,因此而形成了麻织物特有的风格,也成了仿麻织物模仿的重点。苎麻织物可分为手工和机制苎麻布两大类,既可使用原色,也可漂白、染色、印花,适宜制作夏季服装、床单、被褥、蚊帐和手帕等。

(1)苎麻平布(Ramie Plain Cloth)

苎麻平布是以平纹组织织制的苎麻织物,吸湿散湿快,散热性好,挺爽透气,透凉爽滑,舒适不贴身,是理想的夏季衣料。它的强度高,刚性大,但弹性差,易起皱,耐磨性差。苎麻织物的表面常常有不规则粗节纱,形成苎麻织物独特的风格(图 2-41)。一般可用来制作夏季衣料,窗帘、床罩、台布、手帕等。

(2)夏布(Grass Linen)

夏布是对手工织制的苎麻布的统称,是我国传统纺织品之一。其布面较为精细,又有挺括凉爽的优良特性,几千年来专用作夏服与蚊帐,故明清时期起将这种手工生产的苎麻布称为"夏布",其加工精细程度闻名中外。穿着时有清汗离体、透气散热、挺爽凉快的特点。夏布历史悠久,品种与名称繁多,多以平纹组织为主,有纱细布精的,也有纱粗布糙的,全凭手工操作者掌握(图 2-42)。湖南马王堆出土的精细夏布,其面密度甚至可达 42.87 g/m^2。由于棉花的发展和普及,机器纺织工业的出现,夏布生产趋于衰落,但夏布因其独特的性能,仍有部分地区在生产,尤其在倡导舒适与环保的今天,人们越来越关注夏布的生产。

(3)爽丽纱(All Ramie Sheer)

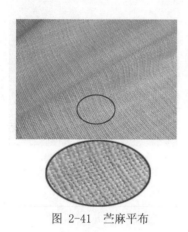

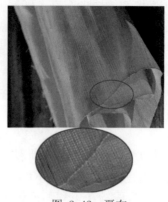

图 2-41 苎麻平布　　　　　图 2-42 夏布　　　　　图 2-43 爽丽纱

爽丽纱是纯苎麻细薄型织物的商品名称。因具有苎麻织物的丝样光泽和挺爽感，又是略呈透明的薄型织物，薄如蝉翼，相当华丽，故取名"爽丽纱"（图 2-43）。多以水溶性维纶与苎麻长纤维进行混纺，用一般织造方法织成坯布后，在漂白整理过程中溶除掉维纶纤维，即可获得纯麻细号薄型织物。该产品目前仅有漂白品种，生产中维纶耗用较多，成本较高，在国际市场上属名贵紧俏商品，供不应求。它是制作高档衬衣、裙料、装饰用手帕和工艺抽绣制品的高级布料。

2. 亚麻织物（Linen Fabric）

亚麻织物是以亚麻为原料的麻织物，具有吸湿、散湿快，断裂强度高，断裂伸长小，防水性好，光泽柔和，手感较松软等特性。服装用亚麻织物可分为亚麻细布、亚麻帆布两大类。亚麻纤维颜色为灰色至浅褐色，有的以原色作为成品，称为原色布；也有的以 1/2 漂白纱织成布，称为半漂白原色布。色泽自然大方，很受人们欢迎。由于亚麻纤维不易漂白而形成色差及纤维之间粗细不匀，使布面呈现粗细条痕，并夹有粗节纱的特殊外观效果。

目前，世界纺织工业的规模空前庞大，可利用的纺织纤维品种繁多。但是亚麻纤维仅占世界天然纤维不足 1% 的产量而归于稀有纤维之列，物以稀为贵，其纺织产品始终以久远的历史、独一无二的优良品质和极小的市场占有率而成为高档昂贵纺织品中的姣姣者，使穿着和使用亚麻纺织产品成为人们地位和身份的象征。

（1）亚麻细布（Fine Linen）

亚麻细布一般泛指细特、中特亚麻纱织成的麻织物，是相对于厚重的亚麻帆布而言的。亚麻细布的紧度中等，一般以平纹组织为主，部分外衣用织物可用变化组织，装饰品用提花组织，巾类织物与装饰布大多用色织（图 2-44）。亚麻细布布面呈粗细条痕状，并夹有粗节纱，形成了麻织物的特殊风格。亚麻细布织物透凉爽滑，服用舒适，较苎麻布松软，适于制作内衣、衬衫、裙子、西服、短裤、工作服、制服及床单、被套、手帕等。但亚麻织物的弹性差，不耐折皱和磨损。

（2）亚麻帆布（Linen Canvas）

亚麻帆布是相对于亚麻细布而言的一种粗厚亚麻织物，

图 2-44 亚麻印花细布

大多使用不经任何煮漂工艺的亚麻干纺原纱织制。成布通常不经练漂加工,有的可采用特种整理,如拒水、防腐、防火等。亚麻帆布具有吸湿散湿快、吸湿后纤维与纱膨胀、布孔变小、拒水性能好的特点。因散湿快,做包装布等贮存粮食不易霉变,包覆钢铁设备不易锈蚀;因挺括、强度高、伸长小,适宜做服装和胶管的衬布。所以亚麻帆布一般用作帐篷布、苫布、油画布、地毯布、麻衬布、橡胶衬布、包装布等。

3. 麻混纺织物(Blending-Spun Linen or Ramie)

麻类纤维经常与其他纤维进行混纺,以改善麻的外观、手感及舒适性能等方面的不良特性,如麻纤维的硬挺的手感及刺痒感等。麻纤维可与多种纤维进行混纺,如麻/黏、麻/涤等麻与化学纤维的混纺织物,近些年也多有与其他天然纤维混纺的产品,如麻/棉、麻/毛、麻/丝等。

(1)苎麻混纺织物(Blending-Spun Ramie)

麻的确良:苎麻多与涤纶短纤维进行混纺,两者取长补短,既有苎麻凉爽透气的性能,又有涤纶的挺括、耐磨和坚牢等优点,具有易洗快干、免烫、凉爽舒适、不贴身、轻薄透气等特点,常称为"麻的确良",如涤/麻纱罗、涤/麻格子布。适宜制作夏季男女、儿童各式服装及绣衣、窗帘台布、床罩等工艺品。

涤/麻(麻涤)混纺花呢:苎麻纤维与涤纶短纤维混纺织制而成的中厚型织物,大多设计成隐条、隐格、明条、色织、提花,染整后具有仿毛型花呢风格,故以"花呢"命名,如雪克斯金是近年来开发的新品种,成品外观类似毛料花呢,但具有苎麻织物的挺爽感,又有洗可穿、免烫特点,比一般涤黏类化纤织物有身骨,缩率在 0.5%~0.8% 左右。适宜作春秋及男女服装的面料,单纱织物也可作衬衫料。

鱼冻布:是我国古代用桑蚕丝与苎麻交织的织物,又名"鱼谏绸"。丝经麻纬,桑蚕丝柔软,苎麻坚韧,两者均有光泽,织成布后"色白若鱼冻,愈浣则愈白",故称鱼冻布,如丝麻印花绸(图 2-45)。其纺纱工艺要求与成本较高,且经纬向缩率与印染效果存在很大差别,故目前仅有少量产品供应外销。

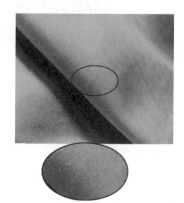

图 2-45 鱼冻布

(2)亚麻混纺织物(Blending-Spun Linen)

亚麻混纺布为用亚麻混纺纱织制的织物,有与天然纤维棉、毛、绢等混纺,也有与化学纤维混纺。混纺用的亚麻,要先经过练漂脱胶,制成与混纺纤维类似的纤维长度后,才能进行混纺。在国外称其为改良亚麻,改良亚麻有棉型和毛型等。亚麻与涤纶混纺,成纱强度高,兼有麻的凉爽透气、不贴身等特点,又有涤纶的挺括、耐磨和坚牢等优点,单纱织物可做内衣,线织物可做外衣;与棉混纺,可大大改善纱线的条干均匀度和织物手感,使织物具有吸湿透湿、凉爽透气、服用舒适、不贴身等特点,可以机织,也可针织;与毛混纺,能增强毛织物透气性能,一般混入亚麻 20% 左右,精梳毛纺与粗梳毛纺中均有应用。

(三)毛型织物(Wool Fabric)

以羊毛或特种动物毛为原料以及羊毛与其他纤维混纺或交织的制品,统称为毛织物,又称呢绒，主要是羊毛织物。从广义角度讲，毛型织物包括毛织物与纯化纤仿毛型织物。

1. 精纺毛织物（Worsted Fabric）

又称精纺呢绒或精梳呢绒，以精梳毛纱织制而成。用毛品质高，经精梳机梳理，纱中纤维细而长，伸直平行，排列整齐，因此毛纱表面光洁，毛羽少，纱支也可较细。精纺呢绒大多表面光洁，织纹清晰，手感柔软，富有弹性，平整挺括，坚牢耐穿，不易变形。一般织物较轻薄，面密度约 $100 \sim 380 \ g/m^2$，现在越来越向轻薄型发展。适宜制作春、秋、冬、夏各季服装。

（1）平纹类

凡立丁（Valitin）：属于传统毛织物中的轻薄型面料，一般用于夏季服装（图 2-46）。原料以全毛为主，也有涤毛、纯化纤等品种。纱线采用精梳毛纱，经纬纱常用 48～60 公支双股线，纱支较细，捻度偏高，面密度约 $170 \sim 200 \ g/m^2$。以平纹组织织制。呢面条干均匀、织纹清晰、光洁平整，手感柔软滑爽、轻薄挺括、活络而有弹性，透气好，色泽鲜明匀净，膘光足，多为素色，浅色为主（图 2-47）。外观朴素大方。用来制作夏季男女上衣、西裤和裙料等，也作夏季军装、制服等。

图 2-46 凡立丁

图 2-47 派力司

派力司（Palace）：用混色精梳毛纱织制，外观隐约可见纵横交错有色细条纹的轻薄平纹毛织物，适宜制作夏令服装。经纱一般用股线，纬纱用单纱，织物质量比凡立丁稍轻，面密度约 $140 \sim 160 \ g/m^2$。呢面光洁平整，手感滑爽挺括。派力司是条染产品，以混色中灰、浅灰和浅米色为主色。纺纱前，先把部分毛条染上较深的颜色，再加白毛条或浅色毛条相混。由于深色毛纤维分布不匀，在浅色呢面上呈现不规则的深色雨丝纹，形成派力司独特的混色风格（图 2-47）。派力司除全毛织品外，还有毛与化纤混纺和纯化纤派力司。

（2）简单斜纹类

华达呢（Gabardine）：又名"轧别丁"，是用精梳毛纱织制，具有一定的防水功能的紧密斜纹毛织物。因早先英国的同类产品大多用作雨衣，着眼于它的拒水性，所以称 Gabardine（图 2-48）。华达呢是经向紧密结构，其经密约为纬密的两倍，故经向强度较高，坚牢耐穿。华达呢织物组织有三种：2/2 斜纹、2/1 斜纹、缎背组织。华达呢呢面光洁平整，正面斜纹纹路清晰而细密，微微凸起，因经向密度较大，其斜纹角 63°，斜纹陡而平直，间距窄。质地厚实紧密，手感结实挺括，光泽自然柔和，色泽以素色、匹染为主。主要用作外衣衣料，也用作风衣、制服和便装,经防水处理后可作晴雨大衣。

哔叽(Serge):原意是"一种天然羊毛颜色的斜纹毛织物",这个名称沿用至今,但实际产品与原来的含义已有所不同了。哔叽是素色的斜纹精纺毛织物,常用2/2斜纹组织,经密略大于纬密,斜纹角45°～50°,织纹宽而平坦,斜纹方向自织物左下角向右上角倾斜,正反两面纹路相似,方向相反(图2-49)。呢面光洁平整,斜纹清晰,光泽自然柔和,质地紧密适中,手感润滑,有身骨,有弹性,悬垂性好。色泽以藏青为主,也有浅色及漂白的。哔叽有全毛、毛混纺、纯化纤三大类。哔叽由于经纱密度接近纬纱密度,经纱细度接近纬纱细度,因此,即使斜向裁制,也不会走样,是一种实用耐穿的衣料,但穿着后长期受摩擦的部位易于出现极光。适用于春秋季男女各式服装、学生服、制服、套装、裙料、军装、鞋帽等。

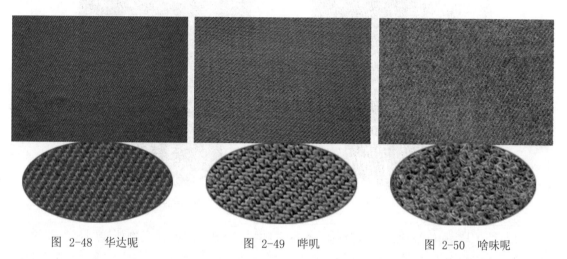

图 2-48　华达呢　　　　　图 2-49　哔叽　　　　　图 2-50　啥味呢

哔叽和华达呢的区别:在手感风格上,哔叽丰糯柔软,华达呢结实挺括;在经纬密比例上,哔叽经密略大于纬密,华达呢经密约为纬密的两倍;在呢面纹路上,哔叽纹路清晰平整,斜纹角45°～50°,可以看见纬纱,华达呢纹路清晰而挺立,其斜纹角63°,斜纹陡而平直,间距窄,纬纱几乎看不见。

啥味呢(Worsted Flannel):用精梳毛纱织制,混色,为有绒面的中厚型斜纹织物。啥味呢名字出自音译,意为"有轻微绒面的整理",以区别于光洁整理,又称精纺法兰绒。其经密与纬密相近(经密略大),常用2/2斜纹或2/1斜纹组织织制,斜纹角50°。缩绒处理,毛绒短小均匀,呢面斜纹纹路隐约,长期穿着不起极光,使外观常新。呢面平整,光泽自然,手感柔软丰满,有弹性,有身骨。外观具有均匀的混色夹花风格,色泽以深、中、浅的混色灰为主(图2-50)。适于春秋男女西服、夹克衫、风衣等。

啥味呢与哔叽比较接近,它们的区别在于:哔叽是单一素色,啥味呢是混色夹花的;哔叽呢面光洁,啥味呢经缩绒处理,呢面有绒毛。

华达呢、哔叽、啥味呢的异同:华达呢、哔叽、啥味呢虽然都是精纺毛织物,主要产品多为加强斜纹,但因其紧密程度和染色方式的不同,而呈现出各不相同的特点。华达呢经密约为纬密的两倍,斜纹角63°,斜纹陡而平直,间距窄,多为素色,匹染;哔叽经密略大于纬密,斜纹角45°～50°,织纹宽而平坦,多为素色,匹染;啥味呢经纬密相近(经密略大于纬密),斜纹角约50°左右,混色效应,多经缩绒处理,呢面有短小均匀毛绒,织纹模糊不清。

(3)复杂斜纹

马裤呢(Whipcord):是用精梳毛纱织制成的急斜纹厚型毛织物。因其坚牢耐磨,适于制作骑马时穿的裤子,故名"马裤呢"(图2-51)。马裤呢采用变化急斜纹组织,经纬密度较高,经密大约是纬密的两倍,属经向紧密结构。呢面有较粗壮的斜向凸条纹,呈63°~76°急斜纹线条,正面右斜纹粗壮,反面左斜纹呈扁平纹路,织纹凹凸分明,斜纹清晰饱满。马裤呢身骨厚重,一般面密度为340~400 g/m²,风格粗犷,呢面光洁,质地丰厚,结实坚牢。色泽以深色为主,多为草绿色。适于制作运动服,如猎装、马裤、军装、大衣等。

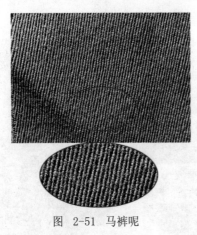

图 2-51 马裤呢　　　　　　　　　图 2-52 巧克丁

巧克丁(Tricotne):原文含有"针织"的意义,因其外观呈现如针织物那样明显的罗纹条子。它是一种紧密的经密急斜纹织物,表面呈双根并列的急斜纹条子,斜纹角63°左右(图2-52)。不如马裤呢厚重,一般面密度为270~320 g/m²。比马裤呢细而平挺,每两根斜纹线一组,类似针织物的罗纹外观。呢面紧密细洁,平整挺括,手感丰厚,有弹性,光泽自然。色泽素净,多为灰、蓝、米、咖啡色等,也有混色、夹色的。适宜作大衣、西服、制服、夹克衫、风衣等。

(4)缎纹类

贡呢(Venetian):为紧密细洁的中厚型缎纹毛织物(图2-53)。以加强缎纹组织织制,表面呈现细斜纹,斜纹角度在63°~76°的称直贡呢,斜纹角度在14°左右的称横贡呢,斜纹角度在45°左右的称斜贡呢。以直贡呢为主,通常所说贡呢指直贡呢而言。贡呢呢面平滑细洁,紧密厚实,丰厚饱满,光泽明亮,有弹性,但耐磨性差,易起毛、勾丝。色泽以乌黑为主,还有藏青、灰色及其他各种闪色和夹色等。乌黑色的贡呢又称"礼服呢"。多做秋冬服装,如高级礼服、西服、大衣等。

驼丝锦(Doeskin):为细洁而紧密的中厚型素色高档毛织物,名称来自音译,原意是母鹿的皮,用以比喻品质的精美(图2-54)。驼丝锦以缎纹变化组织织制,表面呈不连续的条状斜纹,斜纹间凹处狭细,背面似平纹。呢面平整,织纹细致,光泽滋润,手感柔滑、紧密,弹性好。色泽以黑色为主,也有深藏青、白色、紫红等。常用作礼服、套装等。

(5)花呢(Fancy Suiting)

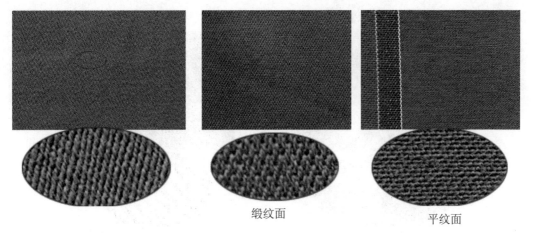

缎纹面　　　　　　　　平纹面

图 2-53　贡呢　　　　　　　　　　图 2-54　驼丝锦

　　花呢是花式毛织物的总称，是精纺呢绒中重要品种之一。织物外观呈点子、条、格等多种花型图案，是精纺呢绒中花色变化最多的品种。例如：用不同的原料，不同的纱线细度，不同的纱线捻度、捻向、颜色，花式纱线，不同的经纬密度比，变化织物的组织，特殊的印染整理工艺等。其品种繁多，风格各异。

　　板司呢（Basket）：以方平组织织制的精纺花式毛织物。多为色织，色纱作一深一浅排列，对比明显，表面成小格或细格状花纹。板司呢呢面平整，手感丰厚，软糯而有弹性，花样细巧，适宜做西装、西裤等（图 2-55）。

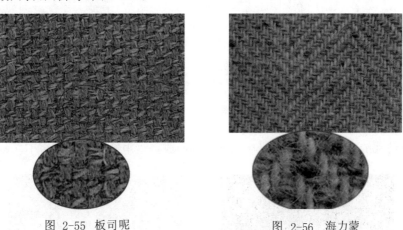

图 2-55　板司呢　　　　　　　　图 2-56　海力蒙

　　海力蒙（Herring Bone）：使用精纺毛纱织制的山形或人字型条状花纹的毛织物，名称来自音译，原意是这种花呢的花样像"鲱鱼骨头"（图 2-56）。海力蒙常用 2/2 斜纹组织做基础组织，相邻的两条斜纹条子宽狭相同、方向相反，在倒顺斜纹的切换处，组织点相互"切破"，形成纤细的沟纹。海力蒙结构紧密，稳重大方，呢面有光洁的，也有轻绒面的。适用于各类西装、西裤。

　　牙签条（Double Plain）：由于正反两面条纹外观各不相同，故又名单面花呢，俗称牙签条，是精纺花呢中较厚的产品（图 2-57）。呢面具有凹凸条纹，富有立体感，另外还配有各种彩色嵌线或利用不同捻向的纱线排列成隐条。呢面细洁，手感丰厚细腻，色泽以中、深色为主。适于制作高级男女西服套装、中山装、上衣、长短大衣、风衣等。

图 2-57 牙签条   图 2-58 雪克斯金

雪克斯金(Sharkskin):是以阶梯状花型为特征的紧密中厚花呢。它的名称来自音译，意为花纹的外观条纹斑驳，像鲨鱼的皮(图 2-58)。一般为 2/2 斜纹组织织制，经纬色纱都是一根深色纱与一根浅色纱间隔排列，利用色纱与与组织的配合使呢面呈现阶梯样花纹，浅色纱有时也采用深浅色合捻花线，使其与深色纱的对比较为柔和。呢坯经光洁整理。雪克斯金呢面洁净，手感紧密，花型典雅，是传统的精纺呢料。适宜做套装、西裤等。

女衣呢(Worsted Ladies' Dress):精纺女衣呢是用精纺毛纱织制的女装用料，统称精纺女衣呢。一般采用松结构，质量轻，结构松，手感软，有弹性。女衣呢花色繁多，颜色鲜艳明快，图案细致活泼，织纹清晰新颖，且在原料、纱线、织物组织、染整工艺等方面充分运用各种技法，织物具有装饰美感。女衣呢所用原料范围广，由传统的天然纤维棉、毛、丝、麻和化学纤维涤、黏、腈、锦以及各种稀有动物毛、新颖化纤和金银丝等。除了纯毛外，还有大量的毛混纺和纯化纤产品。其传统品种繁多，有方格女衣呢(图 2-59)、彩点女衣呢(图 2-60)、彩条女衣呢、彩格女衣呢、仿麻女衣呢、珠圈女衣呢、双面女衣呢、麦司林等。女衣呢适宜作春秋季妇女各式服装，如女装衫裙、上衣、外套等。

2. 粗纺毛织物(Woolen Fabric)

又称粗纺呢绒或粗梳呢绒，以粗梳毛纱织制而成。纱中纤维粗细长短不一，伸直平行度

图 2-59 纯毛方格女衣呢   图 2-60 彩点女衣呢

不高,排列不整齐,捻度也较小,因此毛纱表面毛羽多,纱支也较粗,手感丰满蓬松。原料品级范围广,粗细长短差异大,从高贵的山羊绒到精梳落毛和最低廉的再生毛。一般经缩绒和起毛,表面有绒毛覆盖,不露或半露底纹。粗纺呢绒织物质地紧密,柔软厚实,呢面丰满,身骨挺实,保暖性好。一般织物较厚重,面密度约 180～840 g/m²,适宜制作秋冬季外套和大衣。

麦尔登(Melton):是一种品质较高的粗纺呢绒,因在英国麦尔登地方创制而得名。常用一级改良毛或 60 支羊毛为主要原料,混以少量精梳短毛或黏胶纤维。以 2/2、1/2 斜纹或平纹组织织制。面密度一般在 360～480 g/m²。麦尔登结构紧密,经重缩绒整理,织物正反面都有细密绒毛覆盖,绒毛丰满密集,不见底纹(图 2-61)。织物绒面细洁平整,手感丰厚,富有弹性,挺括不易皱,抗水防风,耐磨耐穿,不易起球。以深色为主,多染成藏青、原色或其他深色。主要用于冬季大衣、制服、西裤、帽子等。

海军呢(Navy Cloth):为海军制服呢的简称,亦称细制服呢,其面密度为 360～490 g/m²,用一、二级改良毛或混入部分黏胶纤维纺成粗梳毛纱,以 2/2 斜纹组织织制。经缩绒、起毛、剪毛等整理工艺而成。由于用料等级介于麦尔登与制服呢之间,因此海军呢比麦尔登稍差,而比制服呢为好,质地较紧密,表面有紧密绒毛覆盖,基本不见底纹,绒面细洁平整,基本不起球(图2-62)。海军呢多染成藏青,也有墨绿、草绿等色。主要用作军服、制服、中山装、外衣料、裤料等。

制服呢(Uniform Cloth):是一种较低级的粗纺呢绒,属常见品种,亦称粗制服呢。原料品质较低,面密度为 450～520 g/m²,用 2/2 斜纹或破斜纹组织织制。经缩绒、起毛、剪毛等整理工艺。由于原料品级较海军呢为低,起毛后,呢面织纹仍不能完全被覆盖,而轻微露底。呢面粗糙,易落毛露底,匹染成藏青、原色等色泽后,色泽不够匀净(图 2-63)。一般是作秋冬季制服、外套、夹克衫等。

图 2-61　麦尔登　　　　图 2-62　海军呢　　　　图 2-63　制服呢

麦尔登、海军呢、制服呢一般都是用斜纹织制,经缩绒、起毛而成,所以都是粗厚的绒面粗纺呢绒,但由于三者所采用的原料品级不一样,它们的品质也有所区别,从高到低依次是:麦尔登、海军呢、制服呢。

法兰绒(Flannel):有纯毛及混纺两种。传统法兰绒由英国威尔士首先生产,采用混色毛纱,以斜纹或平纹组织织制,色泽以黑白混色为多,呈中灰、浅灰或深灰色(图 2-64)。后传入中国，多以平纹组织织制。随品种的发展，现在也有很多素色及条格产品。法兰绒经缩绒、拉毛整理而成，表面有细洁的绒毛覆盖，半露底纹，丰满细腻，混色均匀，松软舒适。主要用作春秋冬各式男女裤料、女上衣、童装等。以细号毛纱织制的薄型高级法兰绒，面密度仅200 g/m² 左右，为制作衬衫、连衣裙、单裙等高档品的面料。

粗花呢(Tweed)：是粗纺花呢的简称，以单纱或股线、花式纱，单色或混色纱做经纬，用各种花纹组织配合在一起，使呢面形成人字、条格、圈圈、点子、小花纹、提花等各种平面的或凹凸的花型，花色新颖，配色协调。因原料种类品质优劣、纱号粗细、后整理工艺等不同，粗花呢可分为呢面型、绒面型、纹面型三种。呢面型表面呈毡化状短绒覆盖，呢面平整、均匀，质地紧密，身骨厚实；绒面粗花呢表面有绒毛覆盖，绒面丰满，绒毛整齐，手感丰厚柔软而稍有弹性；纹面型粗花呢表面花纹清晰，纹面匀净，光泽鲜明，身骨挺而有弹性，松结构的要松而不烂，后整理不缩不拉。粗花呢的高、中、低档主要取决于原料和纱号。主要用于女装，如两用衫、西装、风衣，做中式罩衫也很别致。

粗花呢花色品种多，适用面广。如常见的钢花呢和海力斯。钢花呢(Homespun)也称"火姆司本"，常采用走锭或手工纺纱，所以称 Homespun，意为家庭手工纺纱，有纹面型和绒面型产品(图 2-65)。其表面均匀散布各色彩点，似钢花四溅，色彩斑斓，所以也称"钢花呢"。而海力斯(Harris)也称"赫不里底呢"，采用土种羊初剪毛为原料，经手工纺纱、制造、整理而成，属纹面型粗花呢，结构松，织纹显露，挺实粗糙，夹有枪毛，风格粗犷，属低档粗花呢(图 2-66)。

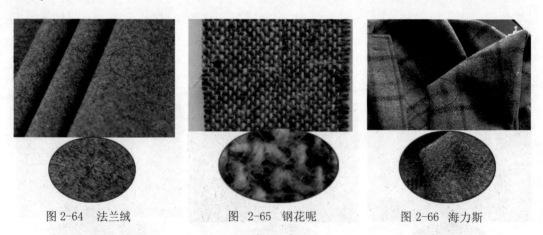

图 2-64 法兰绒　　　　图 2-65 钢花呢　　　　图 2-66 海力斯

大衣呢(Overcoating)：质地丰厚，品种繁多，原料各异，有高、中、低三档。除以羊毛作原料外，还常采用特种动物毛，如兔毛、羊绒、驼绒、马海毛，高级大衣呢常采用特种动物毛制成羊绒大衣呢、银枪大衣呢(图 2-67)等。由于其风格不同，可将大衣呢分为平厚大衣呢、立绒大衣呢(图 2-68)、顺毛大衣呢(图 2-69)、拷花大衣呢(图 2-70)、花式大衣呢等。大衣呢适宜作各种大衣、风衣、帽子等。

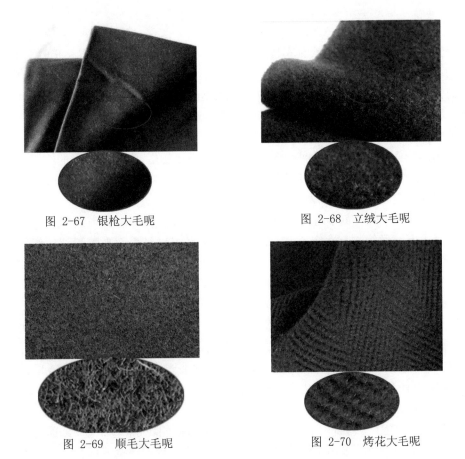

图 2-67　银枪大毛呢　　　　　　　　图 2-68　立绒大毛呢

图 2-69　顺毛大毛呢　　　　　　　　图 2-70　烤花大毛呢

　　女式呢（Woolen Ladies' Cloth）：又称"女服呢""女士呢"，因作女装而得名。面密度为 $180\sim400\ g/m^2$，是匹染的素色产品，近年来也出现了印花产品。常采变化原料、纱号、组织等手段，以适应女装多变的需要。常用原料有羊毛、化纤及珍贵的特种动物毛，如羊绒、兔毛等，配合采用各种斜纹组织、变化组织或绉组织；各种小提花、大提花，可制成绒面结构各不相同的平素、立绒、松结构等多种产品（图 2-71、2-72）。女衣呢手感柔软，丰厚保暖，风格不一，颜色齐全，但浅色居多。适用于妇女各式服装。

图 2-71　千鸟格女式呢　　　　　　　图 2-72　圈圈女式呢

（四）丝型织物

丝绸光泽莹莹，风格翩翩，素有衣料女皇之称。中国的丝绸享誉世界。但这只是狭义的丝绸织物。广义的丝绸是丝织物的总称，包括用蚕丝、人造丝、合成纤维等原料制成的各种织物。而真丝绸则专指由全部桑蚕丝织成的绸缎制品。其他还有我国东北地区特产的柞蚕丝绸，以及用蚕丝下脚原料通过纺纱工序加工出的绢纺纱织成的绢绸等。

丝绸织物具有轻盈滑爽、柔软飘逸、明亮悦目、华丽富贵、弹性好的特点，穿着舒适、华丽、高贵，属高档面料。丝织物品种众多，风格各异，用途颇广，有绚丽多彩的织锦缎、细洁滑爽的塔夫绸、柔软明亮的软缎、薄如蝉翼的乔其纱、富丽堂皇的丝绒，以及繁花似锦的丝绸被面等。主要用于夏季衣着、装饰及工业、国防、医疗等方面。

早在4 000多年前的黄帝时期，我国人民就已开始使用蚕丝，到商周时期，丝绸织物的品种已相当丰富。丝织物有素织物与花织物之分。素织物是表面平整素洁的织物，如电力纺、斜纹绸等。花织物有小花纹织物，如涤纶绉、大花纹织物、花软缎等。丝织物也可分为生织物与熟织物。用未经练染丝线织成的织物称为生织物。用先经练染的丝线织成的织物称为熟织物。根据我国的传统习惯，结合绸缎织品的组织结构、加工方法、外观风格，丝型织物可分为纺、绉、缎、锦、绡、绢、绒、纱、罗、葛、绨、呢、绫、绸等14大类。其中：纺、绉、绡、绢属于平纹织物；绫是斜纹组织织物；缎、锦是缎纹组织或缎纹提花织物；纱、罗为纱罗组织；绨、葛是以平纹或斜纹组织织制的丝织物的低档品；呢是仿毛织物；绒表面有起绒效果；绸是丝织物总称，其他所有无明显以上13大类品种特征的丝织物，都可以称为绸。

1. 纺类（Plain Habutai）

纺类应用平纹组织，绸面较平挺，质地轻薄而又坚韧的花、素丝织物，又称纺绸，是丝织物中组织最简单的一类。采用生织或半色织工艺，经纬一般不加捻或弱捻。有平素生织的，如电力纺、尼丝纺、涤丝纺和富春纺等；也有色织和提花的，如彩条纺和花富纺等。

纺类产品原料常用桑蚕丝、人造丝、锦纶丝、涤纶丝等，其中采用桑蚕丝、桑绢丝、双宫丝为原料的称为真丝纺，如电力纺、洋纺、杭纺、绢丝纺等。黏胶丝为原料的产品，质地比真丝纺厚实，吸湿性、染色性较好，布面平滑细洁，色泽鲜艳，穿着爽滑舒适，但比真丝纺的强力低，耐磨性差，易起毛，多做睡衣、棉袄面料、戏装等。以合成纤维制成的合纤纺，具有挺括平整、免烫快干、强度大、耐磨性好等特点，但穿着闷热不透气，一般只作衬衫、裙子及中低档服装的里料。纺类产品也可按质量来分，中厚型纺绸可做衬衣、裙料、滑雪衣等，中薄型纺绸可作伞面、扇面、绝缘绸、打字带、灯罩、绢花及彩旗等，用途甚广。其代表品种如下：

杭纺（Hangzhou Habutai）：经纬均采用农工丝或土丝的平纹织物，无正反之分，主要生产于杭州，所以称为杭纺。其质量是纺类产品中最重的一种，组织紧密，织纹清晰，绸面光滑平整，质地厚实坚牢，色泽柔和自然，手感滑爽挺括，穿着舒适凉爽，一般用作男女衬衫、便装等，对中老年人尤为适宜。大多为匹染，一般有本白、藏青和灰色。

电力纺（Habutai）：俗称纺绸，经纬均采用高级生丝。电力纺绸面平挺滑爽，光泽华丽，柔软轻薄，穿着舒适，飘逸透凉（图2-73）。按织物质量不同分：有重磅（20 m/m以上）、中磅（10～20 m/m）、轻磅（10 m/m以下）之分。特别轻薄的5 m/m以下的外观呈半透明状，也称为洋纺。重磅的主要用作夏令衬衫、裙子面料及儿童服装面料；中磅的可用作服装里料；轻磅的可用作衬裙、头巾等。按染整加工工艺不同，有练白、增白、染色、印花、色织之分。按照生产地可分为杭纺(产于杭州)、绍纺(产于绍兴)、湖纺(产于湖州)等。

绢纺(Spun Silk Pongee):是以绢丝为原料织成的平纹织物,绢丝是用蚕茧下脚丝为原料纺成的短纤纱。绢纺绸面平挺,质地坚韧,厚实而有弹性,但细看绸面有极细微的茸毛,故不及电力纺光滑明亮。绢丝纺按原料可分为桑绢丝纺与柞绢丝纺。成品有漂白、染色和印花产品,光泽淡雅大方,穿着凉爽舒适,触感宜人。但时间一长,易泛黄。适宜作男女衬衫、睡衣睡裤、床罩等,产品主要外销。

富春纺(Fuchun Bastiste):经纱采用黏胶长丝,纬纱采用有光黏胶短纤纱交织而成(图2-74),是早期仿真丝产品。富春纺绸面光洁,色泽鲜艳,手感柔软(市面出售的是经过上浆处理的,手感较硬,洗涤后就会变软),穿着滑爽,价格又比丝绸便宜,较受欢迎。由于纬纱较粗,所以一般外观呈现横向细条。缺点是易皱,湿强力差,但吸湿性强,尤其是它的缩率较大,制作前必须落水或放足缩率。富春纺有素色、印花、漂白等品种。大多用作夏季服装、连衣裙或被褥面料,也可用作男女冬季棉袄面料。

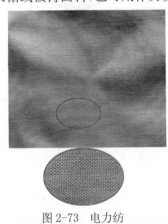

图 2-73　电力纺

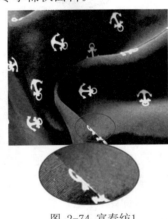

图 2-74　富春纺1

图 2-74　富春纺2

涤丝纺(Poly taffeta):又称涤塔夫,是一种全涤薄型面料,规格有 190T、210T、230T 等,190T 涤丝纺的经纬原料为涤纶 FDY68D/24F,成品幅宽为 150 cm。涤丝纺经过染色、印花、轧花、涂层等后处理,具有质地轻薄、耐穿易洗、价廉物美等优点,一直用各种颜色涤丝纺作各类服装以及箱包的衬里辅料(图 2-75)。手感滑爽,不黏手,富有弹性,光泽明亮刺眼,颜色鲜艳夺目,不易起皱,缩水率小于 5%。近年来涤丝纺布料采用消光丝以后,面料色泽更柔和,适宜制作休闲服、运动服、童装等。

春亚纺(Polyester Pongee):涤纶织物,经纬至少有一个方向是低弹丝。春亚纺面料三大系列包括:半弹春亚纺、全弹春亚纺、消光春亚纺(图 2-76)。半弹春亚纺布料一直被人们制作西服、套装、夹克衫、童装、职业装等的衬里。该布料经线采用涤纶 FDY60 D/24F,纬线采用涤纶 DTY100 D/36F,经纬密度为(386×280)根/10cm,俗称为 170T;选用平纹组织在喷水织机上交织而成,坯布经过软化、减量、染色、定型等工艺加工,布面以涤纶丝光泽表现其风格特色,有手感柔软滑爽、不易裂卸、不易褪色、光泽亮丽等优点,特别是制作各类彩旗更加鲜艳。全弹春亚纺品种繁多,规格齐全,其中 240T、300T 在市场上最为受宠,该面料经纬都采用涤纶 DTY75D/72F(网络丝)交织,织物采用平变(1/2 斜纹、1/3 斜纹)纹理织造而成。产品经过不同后整理加工,使得该面料用途十分广阔,既可制作羽绒服、休闲夹克衫、童装等,防水涂层面料又可制作防水服、雨伞雨披、遮阳篷等。消光春亚纺采用消光涤丝面料,色泽更柔和,适用面广,在市场上以驼灰、咖啡、藏青、土黄等色最受客商欢迎。面料可制作秋装休闲夹克衫、童装等。

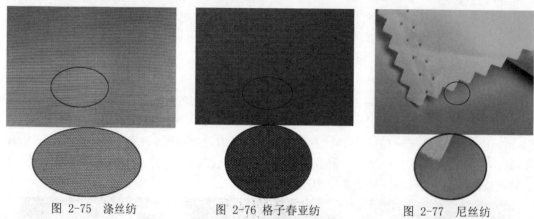

图 2-75 涤丝纺　　　　图 2-76 格子春亚纺　　　　图 2-77 尼丝纺

尼丝纺(Nylon taffeta):全称为尼龙塔夫绸,又称尼龙纺,为锦纶长丝制织的纺类丝织物。面料成分为 100% 锦纶。经纬线原料采用 70 D。织物组织为平纹组织、变化组织(菱形格、锦纶六边格、尼龙牛津格)。尼丝纺衍生物很多,都被称为尼丝纺,常见的有斜纹、缎纹、格子、提花等(图 2-77)。一般根据面密度,可分为中厚型(80 g/m²)和薄型(40 g/m²)。经增白、染色、印花、轧光、轧纹的尼龙纺,织物平整细密,绸面光滑,手感柔软,轻薄而坚牢耐磨,色泽鲜艳,易洗快干,主要用作男女服装面料。涂层尼丝纺不透风、不透水,且具有防羽绒性,可用作滑雪衫、雨衣、睡袋、登山服的面料。

塔丝隆是锦纶长丝或涤纶长丝与锦纶(涤纶)空气变形丝织成的织物。织物组织有平纹和平纹变化组织(小提花)、2/2 斜纹。经线用 70 D 锦纶长丝,纬线有 160 D、250 D、320 D 等锦纶空气变形丝,也有单纬、双纬(250 D×2)、三纬(160 D×3)(图 2-78)。塔丝隆主要分为锦纶塔丝隆和涤纶塔丝隆两大类品种。提花锦纶塔丝隆经线采用 70 D 锦纶长丝,纬线160D 锦纶空气变形丝,织物组织采用二重平提花结构在喷水织机上交织而成,适宜女士制作套装、裙装等休闲服饰。蜂巢锦纶塔丝隆面料经线采用 70 D 锦纶 FDY,纬线采用 160 D锦纶空气变异丝,经纬密度为(430×200)根/10 cm,布面形成一种蜂巢格状,不仅可制作套装裙,而且可制作休闲装与童装。全消光锦纶塔丝隆面料经线采用全消光 70 D 锦纶 6FDY丝,纬线采用全消光 160 D 锦纶空气变形丝,该面料不仅能制作男女运动服、休闲服,而且是制作童装、校服等的绝佳面料,最突出的优点是穿着比较舒服,保暖性、透气性好,受到广大消费者的喜爱。另外,该产品还可以运用特殊的涂层工艺,使手感更加柔软,色泽也更加鲜明。涤纶塔丝隆和锦纶塔丝隆的区别只在原料上,其他的织造、染色工艺基本类同。主要产品有:有光涤纶塔丝隆和消光涤纶塔丝隆。前者经纬丝分别采用 FDY50 D 和 160 D 涤纶空变丝为原料,按 230T 规格选用提花组织,在喷水织机上织造而成,布面幅宽为 150 cm,加上后续的印染、提花等工艺处理,使得布面提花图案丰富,布料手感柔滑,适宜于制作休闲衣裤等。后者经线采用的是全消光 FDY75 D,纬线采用涤纶 ATY160 D 为原料,选用细平纹组织在喷水织机上织造,先后经过定型、染色、防水剂处理等步骤深加工而成,其布面幅宽为

160 cm。该面料适宜制作成夹克衫、旅游装等休闲服饰。

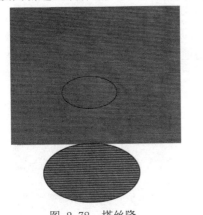

图 2-78　塔丝隆

图 2-79　双绉

2. 绉类（Crepes）

绉类是传统丝织物品种，已有悠久的历史。应用平纹或其他组织，经或纬加强捻，或经纬均加强捻，织物表面呈明显绉纹并富有弹性的织品。绉织物质地轻薄、密度稀疏、光泽柔和、手感糯爽而富有弹性，抗折皱性能好，服用透气舒适，不易紧贴皮肤。缺点是缩水率较大。绉类丝织物品种很多，有轻薄透明似蝉翼的乔其纱，适用于制作丝巾、头巾、连衣裙等；有中薄型的双绉、碧绉、香葛绉，适用于制作衬衫、连衣裙、晚礼服、窗帘、头巾、宫灯、玩具等；中厚型的有顺纡绉、留香绉等，可制作外衣和服装面料等。

双绉（Crepe De Chine）：是用桑蚕丝为原料制成的优质薄型绉类织物，绸面呈现双向的细微绉纹，所以称双绉（图 2-79）。经向采用弱捻或不捻的生丝，纬向采用强捻生丝每两根左捻、两根右捻，轮流交换织入，经密平，而纬稀绉。经炼染后，绸面出现隐约可见的均匀的似绉非绉的微微绉粒。织物手感柔软滑腻，轻薄凉爽，光泽柔和，外观优美，富有弹性，是高级夏令衣料，用以制作裙衫衬衣，文静典雅，华贵大方。但双绉的缩率特别大，一定要落水或放缩率（缩率为 8%～10%）。有纯白、染色、印花等品种。宜做男女衬衣，还可做各种绣衣，用途广泛。我国江苏、浙江、上海、四川、广东、山东等绸缎主产区都有生产，并向全世界出口，深受欢迎，盛销不衰。是我国绸缎生产和出口的一个重要品种，分别占我国真丝绸生产和出口总量的 15% 和 10% 以上。

碧绉（Kabe Crepe）：亦称单绉，或更新绉，属生货绸。与双绉同属于平经绉纬的平纹组织，所不同的是碧绉纬纱采用两根捻向不同的丝相互抱合成线，形成一根螺旋形强捻丝线，从单方向织入，经练染后收缩成波曲状，而使绸面呈现均匀的螺旋状粗斜纹闪光绉纹。如经线采用 2 根 20/22 D 桑蚕丝并合，纬线采用 4 根 20/22 D 桑蚕丝组成的绉线，即先把 3 根 20/22 D 桑蚕丝合并加 S 向、17.5 捻/cm，再与 1 根 20/22 D 桑蚕丝合并加 Z 向、17.5 捻/cm，使前者因反向加捻而解捻伸长、张力松弛，后者受到加捻作用而张紧，一张一弛，较粗的丝线（抱线）就均匀地围绕在较细的丝线（芯线）上，形成螺旋形绉线。碧绉绉纹略粗，质地紧密细致，手感滑爽，富有弹性，光泽柔和，绸身比双绉略厚。可分为素色碧绉、格子碧绉、条子碧绉。适用于制作男女衬衫、外衣、便服等。

留香绉（Liu-Xiang Jacquard Crepe）：又名轻重绉，是我国的传统织品，具有民族特色，深受少数民族和妇女的欢迎,以厂丝与有光人造丝交织而成。留香绉以平纹组织形成绉底,经向缎纹提花,经丝是由两组构成,地组织用两根生丝合并成的股线,提花用有光人造丝;纬丝由三根生丝捻合成的加捻股线(图 2-80)。由于人造丝本身具有较高的光泽,加之浮点较长,织品经染色后,花纹显得特别明亮和艳丽。织物地组织暗淡柔和,提花光亮明快,花纹大方雅致,质地柔软,色彩鲜艳夺目。花型以梅花、兰花、蔷薇花为主。由于经纬是用两种不同原料组成,染色后可显双色。这种面料适宜做妇女棉袄面料、民族服装或舞台戏装。要注意的是提花浮线较长,容易起毛,不宜多洗。

图 2-80 留香绉

图 2-81 乔其绉

乔其绉(Crepe Georgette):又名乔其纱。经纬纱均采用 2Z∶2S 双股强捻厂丝相间交织,以平纹织成。织物密度较小,属生丝织品,经练染后才成产品。经纬密度、捻度及捻向基本平衡。绸面分布着均匀绉纹与明显的纱孔,质地轻薄滑爽,透明飘逸(图 2-81)。乔其绉手感柔爽而富有弹性,外观清淡雅洁,有良好的透气性和悬垂性。一般可用来制作妇女连衣裙、高级夜礼服、窗帘、方头巾、围巾以及复制灯罩、宫灯等手工艺品。

顺纡绉(Crinkle Fabric):与双绉不同的是其纬向强捻丝只有一个捻向,经练漂后,纬丝朝一个方向扭转,形成一顺向的绉纹,具有凹凸起伏不规则波纹,风格新颖别致。其绉纹比双绉明显而粗犷,弹性更好,穿着时与人体接触面积较少,更为舒适透气。顺纡绉光泽柔和,手感柔软,轻薄凉爽,抗皱性好,可用作男女衬衫、连衣裙等(图 2-82)。

图 2-82 顺纡绉

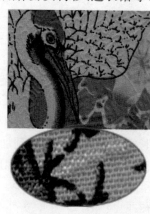

图 2-83 冠乐绉1

图 2-83 冠乐绉2

冠乐绉(Guanle crepe)：冠乐绉是一种传统真丝绸提花品种，其独特的经纬丝组合和双层袋组织结构，使织物表面形成凹凸的高花效果，花纹具有浮雕立体感。该织物既有真丝绸柔软、滑爽的手感，又有悬垂、耐皱和透气的特点，是制作女士高档时装、风衣的最佳面料(图2-83)。

3. 绡(Sheer Silks)

以平纹或变化平纹织成的轻薄透明的丝织物，不论是采用桑蚕丝或人造丝还是合成纤维，都可以称为绡。主要选用细旦加中等捻度的丝线做经丝和纬丝，经纬密度较小，织物经精练、印染整理，有捻丝线微微弯曲使经向和纬向结构疏松，形成轻薄透明的绡地结构。也可选用无捻生丝或锦纶单丝、涤纶丝织造。绡类品种按加工方法不同，可分为平素绡、条格绡(图2-84)、提花绡、烂花绡(图2-85)和修花绡等；按使用原料不同，可分为真丝绡、人丝绡、合纤绡、交织绡、丝绵绡、金银剪花绡、人丝剪花绡和在绡地上嵌有少量金银丝的各种闪光绡等。适宜制作女式晚礼服、连衣裙、上衣、婚纱，以及披纱、头巾、绢帕、纱帐等。

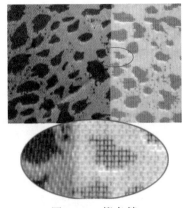

图 2-84　缎条绡

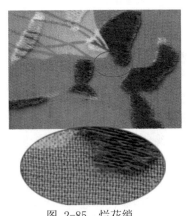

图 2-85　烂花绡

4. 绢(Spun Sillk Fabric)

绢类是平纹或平纹变化组织的花素丝织品，经纬丝均先染成单色或复色，再进行熟织的花素丝织品，经丝一般加弱捻，纬丝不加捻(个别的也有加弱捻)。织品质地轻薄细腻，绸面细密平整，手感挺括，比缎、锦薄而坚韧。品种常有塔夫绸、天香绢、挖花绢等。

塔夫绸(Taffeta)：是高档的丝绸品种，属熟织绸。经纬均采用高级的桑蚕丝经练漂染色后织制而成。经丝采用两根复捻熟丝，纬丝采用三根并合单捻熟丝。以平纹组织为基础进行织造，成品经密 1 055 根/cm，纬密为 47 根/cm，面密度为 70 g/m^2。绸面紧密细腻、绸身韧洁，光滑平挺，花纹光亮突出，不易沾染尘土，但易留下折痕，因此不宜折叠和重压。塔夫绸花色品种较多，有素色(图2-86)、条格(图2-87)、闪色、提花等品种。素色塔夫绸是用单一颜色的染色熟丝织成的；条格塔府绸是利用不同颜色的经丝和纬丝，按规律间隔排列而织成条格图案；闪色塔夫绸是利用经纬不同颜色，一股以深色丝做经，浅色或白色做纬，织成后便显示闪色效应；提花塔夫绸是在平纹地上提织 8 枚缎纹经花。

天香绢(Tianxiang Taffeta Faconne)：以厂丝做经纱，有光人造丝做纬纱的平纹提缎纹闪光花纹的丝织品。花型为满地散小花，花纹正面亮、反面暗，一般有两色或三色，与地成双色对比协调色泽，是传统产品。质地细密、薄韧、滑软，大多用于做使用于女棉衣、旗袍、童

图 2-86　素色塔夫绸

图 2-87　条格塔夫绸

帽、斗篷等,也叫双纬花绸。缺点是不耐磨,不耐穿。

挖花绢:是江苏苏州的传统名产。经丝用厂丝、纬丝用有光人造丝交织而成。平纹地提本色缎纹花,且在花纹中镶嵌突出色彩的手工挖花,具有刺绣品的风格。绸面立体感强,且色彩鲜艳,曾在国际上获得好评。缺点是不能洗涤。适用于春、秋、冬三季各式服装及戏装衣料。

5. 绫(Twills)

绫是应用斜纹组织或变斜纹组织,绸面呈明显斜向纹路的织品。素织物采用单一斜纹或斜纹变化组织;花绫花样繁多,在斜纹地组织上常织有盘龙、对凤、环花、麒麟、孔雀、仙鹤、万字、寿团等民族传统纹样。

广绫(Guangdong Satin):是绫类丝织物的主要品种,属于平经平纬的生丝绸,通常采用厂丝做经纬,采用 8 枚经面缎纹组织为地纹。它的正面有明显的斜纹起缎纹花,质地轻薄,绸身硬挺,色光艳丽明亮,别具一格。广绫有素广绫和花广绫两种。素广绫采用 8 枚缎纹组织织成,手感较硬实,不黏附肌肤,适于热带地区穿用,可用作女装镶嵌、服饰用料。花广绫是在 8 枚缎纹上起纬缎花纹,花型有大型花和小型花,一般以散点花居多。素广绫和花广绫美观漂亮、平整挺滑,但洗涤时不可用力揉搓拧绞,以免起毛和影响穿用寿命。

图 2-88　美丽绸

尼棉绫(Nylon or Cotton Twill):是丝绸产品中的新产品。经向采用锦纶丝,纬向采用丝光棉线,以 3/1 斜纹组织织制。由于锦纶丝与棉线的色泽不一,使面料在不同的视觉角度形成闪光,曾一度很受女士的欢迎。织品坚牢耐用,但洗涤时应注意浸泡时间不能太长,应随浸随洗,同时不能用力搓,避免起毛,影响其闪光效果。

美丽绸(Mei-Li Lining Twill):经纬均采用有光人造丝以 3/1 斜纹组织或山形斜纹组织制织。绸面纹路清晰,正面有明亮的光泽,反面光线暗淡(图 2-88)。手感滑润,略比丝绸粗硬,是高档里子绸。缩率为 8% 左右。美丽绸不宜喷水烫(因正面易失去光泽,产生水渍），大批量生产应放足缩率。

羽纱（Lustre Lining）：也是 3/1 斜纹组织织物，可分为棉线绫、棉纬绫，大多是黏胶或黏胶混纺织品，它们的缩率都较大，而且湿强度差。棉纬绫以 120 D（13.3 tex）有光人丝与 21^S（40 tex）棉纱交织而成，若经上蜡，则称蜡羽纱；如以 120 D（13.3 tex）有光人丝与 42^S/2（20 tex×2）棉纱交织而成，则称棉线绫。羽纱纹路清晰、手感柔软，正面比反面光亮平滑，属中档里子绸。

斜纹绸（Silk Twill）：真丝斜纹绸经纬均采用厂丝，为生货绸，有漂白、素色、印花等品种。表面有明显的斜纹，质地柔软轻薄，滑润凉爽，具有飘逸感，是女士喜爱的裙衫料，也可用作高档呢料服装的里子或装饰用绸，主要用于制作领带（图 2-89）。

6. 缎（Satin Silks）

缎是以缎纹组织织成的平滑光亮的织品。织物地纹的全部或大部采用缎纹组织的花素织物，表面平滑光亮，质地紧密，手感柔软，富有弹性，如花软缎、人丝缎。缺点是不耐磨，不耐洗。

图 2-89　印花斜纹绸　　　　图 2-90　素软缎　　　　图 2-91　花软缎

软缎（Satin）：是我国丝织物的传统产品，为缎类的代表产品。多以蚕丝与黏胶交织，经纬采用无捻丝或弱捻。根据花色，有素软缎（图 2-90）、花软缎（图 2-91）之分。素软缎素净无花；花软缎纹样多为月季、牡丹、菊花等自然花卉，色泽鲜艳，花纹轮廓清晰，花型活泼，光彩夺目，富丽堂皇。软缎手感柔软润滑，光亮鲜艳，平滑细致，背面呈细斜纹状，但易摩擦起毛。适于制作旗袍、晚礼服、晨衣、棉袄、斗篷、里子、镶边、戏装、被面等，也可用作锦旗、绣花枕套、绣花靠垫、绣花台毯等。

九霞缎（Jiuxia Crepe Satin Brocade）：与留香绉一样，也是具有民族特色的传统产品，属于真丝平经绉纬缎类提花丝织物。一般采用 22/24.2 dtex（20/22 D）生丝两根并合线作经，纬用四根 22/24.2 dtex（20/22 D）生丝强捻丝，并采用二左二右不同捻向和经丝交织。经丝不加捻，纬丝加捻并左右捻向间隔排列，花纹为不起绉的经向缎纹组织，且与地纹同一颜色。九霞缎的花纹大多为以花卉为主的团花图案，暗地亮花，质地柔软，大多用于男、女棉袄面料。

绉缎（Crepe Satin）：为平经绉纬的缎纹丝织品。原料一般为桑蚕丝，也有真丝与人造丝交织的绉缎、全化纤的仿真丝绉缎等。绉缎有花、素两种。素绉缎一般采用5枚缎纹组织，织物表面一面为绉效应，另一面为光亮缎纹效应（图2-92）。花绉缎为绉地起光亮的缎花。织物手感柔软，抗皱性好，宜作衬衣、裙料。

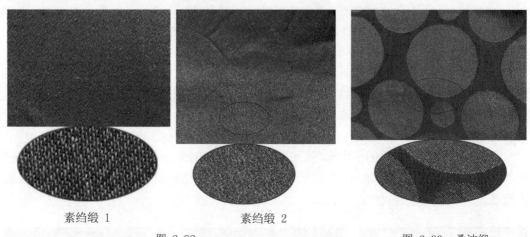

素绉缎 1　　　　　素绉缎 2

图 2-92　　　　　　　　　　　　　图 2-93　桑波缎

桑波缎（silk figured satin）：属于真丝提花面料的一种，是指将经或纬纱按照规律要求沉浮在真丝面料表面，形成花纹或图案的编织方法，提花的图案在真丝面料上面更能体现出美感。桑波缎花型品种多，织造工艺复杂。经纱和纬纱相互交织成不同的图案，高支高密，加捻，凹凸有致，具有质地柔软、细腻、爽滑的独特质感，光泽度好，其缎面纹理清晰、古色古香，有各种图案，非常高贵；面料比乔其厚实，比较柔软，不透明，洗涤后折旧率低，不容易褪色，色泽鲜艳。大提花面料的图案幅度大且精美，层次分明，立体感强，设计新颖、风格独特、手感柔软、大方时尚，尽显典雅高贵气质（图2-93）。桑波缎通常用于家纺面料（如床上用品、沙发布等）以及高档时装面料。

织锦缎（Satin Brocade）：是我国传统的熟织提花丝织品，是丝织物中最为精致的产品，素有"东方艺术品"之称。其生产工艺复杂。织锦缎多为经缎起三色以上纬花，花纹精巧细致，以花卉图案为多。其典型纹样以中国传统的民族纹样见多，如梅兰竹菊、龙凤呈祥、福寿如意等（图2-94），也有采用变形花卉和波斯纹样，以清地纹样为宜。织锦缎地部细洁紧密，质地紧密厚实，坚韧平挺，纬花瑰丽多彩，纹样精细，光彩夺目，属于丝织品的高档产品之一。缺点是不耐磨，不耐洗。可做高级礼服、袄面、罩衫、戏装、装饰物。有真丝、黏胶丝、交织、金银丝织锦缎等多个品种，其名称可根据所用原料的不同而略有不同，如尼龙织锦缎、人造丝织锦缎、真丝织锦缎、交织织锦缎。

古香缎（Soochow Brocade）：是织锦缎的派生品种，也是中国传统丝织物（图2-95）。古香缎系采用古色古香的四季花卉、花鸟虫鱼、亭台楼阁、小桥流水和山水风景等图案，或以人物故事为主题表现艺术效果的产品。它与织锦缎风格各异，竞秀争妍。古香缎富有弹性，挺而不硬，软而不疲，是妇女西式睡衣等用缎和装饰用绸的理想织物，多作为袄面、戏装、台毯、照相簿、集邮册的贴面。

7. 锦（Brocades）

中国传统高级多彩提花丝织物。花纹色彩多于三色，最多甚至有三十四色，外观瑰丽多

图 2-94　织锦缎（字、花）　　　　　　　　　　　　　图 2-95　古香缎

彩,富丽堂皇,精致古朴,厚实丰满。采用的纹样多为龙、凤、仙鹤、梅、兰、竹、菊及福、禄、寿、喜、吉祥如意等(图 2-96、图 2-97)。一般用作台毯、床罩、被面、高级礼品封面、名贵书册装帧、领带、腰带、袄面等。

图 2-96　东汉"万事如意"锦

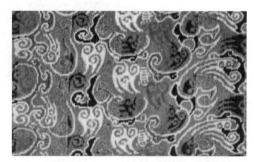

图 2-97　东汉"韩仁绣"锦

锦原为仿刺绣类丝织物的大类名。一般指经纬丝先染后织,缎地纬花的提花熟织物(色织绸)。"锦"字的含意是"金帛",意为"像金银一样华丽高贵的织物",因此锦的外观瑰丽多彩,花纹精致高雅,花型立体生动。从组织结构上看,唐代以前的锦多为重经组织的经锦,唐代以后由于提花织造技术的发展,有了纬重组织的纬锦。近代的织锦缎、古香缎等品种,则是在云锦的基础上发展起来的色织提花熟织绸。

宋锦、蜀锦和云锦,并称中国传统三大名锦。宋锦虽以时代命名,云锦虽以纹样命名,但事实上都带有极明显的地方色彩,宋锦多产于苏州,云锦多产于南京,而蜀锦自然是产于四川了。

蜀锦(Shu Brocade):产于四川,坚韧丰满,风格秀丽,配色典雅,富民族地方特色,以经向彩条和彩条添花为特色。图案大多是团花、龟甲、格子、莲花、对禽、对兽、祥凤等。清代以后,蜀锦受江南织锦影响,又产生了雨丝锦(图 2-98)、月华锦(图 2-99)、方方锦、浣花锦等品种,其中尤以色晕彩条的雨丝锦、月华锦最具特色。

宋锦(Song Brocade):模仿宋朝锦缎,平挺精细,光泽柔和雅致,古色古香,因为始产于南宋高宗年间而得名。宋锦的特色是彩纬显色,织造中采用分段调换色纬的方法,使得宋锦绸面色彩丰富,纹样色彩的循环增大,有别于云锦和蜀锦。宋锦的纹样具有特定的风格,一

图 2-98　雨丝锦

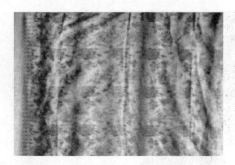

图 2-99　月华锦

般为格子藻井等几何框架中加入折枝小花,配色典雅和谐,主要品种有八达晕(图 2-100)、水藻戏鱼等,后世主要用于书画装裱。以前许多精装本的图书和礼品盒、文砚盒以及装裱字画的底绸用的都是宋锦。

图 2-100　明代八达晕锦

云锦(Yun Brocade):产于南京,以桑丝、金银丝、黏丝交织而成是传统的丝织提花特色锦类织物,紧密厚重,豪放饱满,典雅雄浑,色彩富丽。云锦的名字是以该类丝织物的色彩、花纹绚烂如彩云而得来。云锦在设计艺术中有自己独特的风格,图案布局严谨庄重,纹样变化概括性强,用色浓艳对比,常用片金勾边,白色相间,形成色晕过渡。云锦质地紧密厚重,花型题材有大杂缠枝花和各种云纹等,风格粗放饱满。在明清时期,云锦主要是宫廷用的贡品,皇上穿的金色大花锦缎衣袍,多数是云锦产品。晚清之后,开始形成商品生产,很受蒙、藏、满等少数民族的喜爱(图 2-101)。

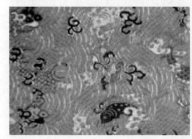

图 2-101　云锦

8. 纱(Gauze Silk)

纱类织物是采用特殊的绞纱组织,构成清晰而均匀的纱孔的花素织物。一般加捻桑蚕丝做经纬,织物质地透明而稀薄,并有细微的皱纹。常见产品有香云纱、庐山纱、夏夜纱等。

具有透气性好,纱孔清晰稳定、透明度高,轻薄、爽滑、透凉的特点。特别适合制作夜礼服、夏季连衣裙、短袖衫以及高级窗帘等。

薯莨纱(Gambiered Canton Gauze):又名香云纱,是一种 20 世纪 40—50 年代流行于岭南的独特的夏季服装面料。由于该面料具有凉爽宜人、易洗快干、色深耐脏、不沾皮肤、轻薄而不易折皱、柔软而富有身骨的特点,受到沿海地区渔民的青睐。特别适合制作夏季服装。

薯莨纱是世界上最早的涂层织物。这种涂料来源于一种叫薯蓣科山薯莨的野生薯类植物的汁液。薯莨纱加工时,先将绸坯练熟、水洗、晒干,将山薯莨的汁水作为天然染料,对坯绸进行多次浸染,染成棕黄色的半成品后,再拿塘泥对其单面涂抹,并放到烈日下曝晒,使绸面逐渐形成油亮的黑褐色,末覆泥的一面呈红棕色。抖脱塘泥,清洗干净,就成了面黑里黄、油光闪烁的香云纱(图 2-102)。经过处理后的织物厚度增加约 30%,质量增加约 40%。在当时,薯莨纱的价格相当于 3 倍左右的棉布售价,属于那个年代的中高档产品。而在古代,每匹薯莨纱售价白银 12 两,属于较为贵重的纺织产品。薯莨纱的拷制目前只有广东德顺县可以生产,莨纱离开本地区的土壤就不能生产,它是不用申请专利的永久专利品。

芦山纱(Lushan Leno):属真丝织品。经纬加捻的平纹地组织,面料上有小花纹和清晰的小纱孔。门幅较窄,缩水率在 10% 左右。其质地坚韧、轻薄、透气、滑爽,适宜制作男女夏季衬衫,也可作为香云纱的绸坯。

图 2-102 香云纱

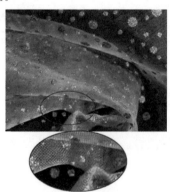
图 2-103 欧根纱

图 2-104 罗

欧根纱(Organza):也叫柯根纱、欧亘纱,是一种婚纱面料,质地有透明和半透明的两种,多用于覆盖在缎布或丝绸上(图 2-103)。法国人设计的婚纱多用欧根纱为主要原料。欧根纱 100%poly , 100%nylon 和 涤纶与尼龙、涤纶与人造丝、尼龙与人造丝交织等。平纹、透明。染色后颜色鲜艳,质地轻盈,与真丝产品相类似,欧根纱很硬,作为一种化纤里料、面料,不仅仅用于制作婚纱,还可用于制作窗帘、连衣裙、圣诞树饰品、各种饰品袋,也可用来做丝带。通过后加工如压皱、植绒、烫金、涂层等,风格多样,适用范围更广。常见的规格 $20^S \times 20^S/40 \times 40$。

9.罗(Leno Silk)

全部或部分应用罗组织的织品,合股丝做经纬,由经丝每隔 1 根或 3 根以上的奇数纬丝扭绞一次而成的,即谓罗(图 2-104)。织物表面呈现等距有规则的纱孔,罗纹均匀,纱孔清晰,整齐洁净不起毛。它是应用罗组织在经向或纬向构成一系列纱孔的花素织物,如杭罗。

杭罗(Hangzhou Leno):是我国浙江省的产品,以杭州为主要产地,经纬皆为土丝,故称杭罗。它以真丝作原料，以平纹和纱罗组织联合构成，绸面排列着等距的丝纱孔眼，有横向和纵向两种罗，但多数为横罗。按罗纹的宽窄，分为七丝罗、十三丝罗和十五丝罗等。所谓几丝罗是根据纬线的织入数而定名，如七丝罗是指每织入七根纬线后，经纱续转一次的罗织品，其他的依次类推。杭罗光洁平挺，匀净细致，紧密结实，挺括滑爽，柔软舒适，透气性好。杭罗服用性能好，耐洗耐穿，是夏令衣着佳品，适做男女夏季衬衫、便服。

10. 葛类（Poplin Grosgrain）

葛类是采用平纹、经重平、急斜纹组织，大多采用两种或两种以上的材料纺织而成的花、

图 2-105 文尚葛

素丝织物，属丝中低档品，质地较厚实。一般经密纬疏，经细纬粗织物质地厚实，色泽柔和，结实耐用，表面呈现明显横向凸纹。就其外观可分为不起花的素葛和提花葛两类。素葛表面素净无花，只呈现横棱纹；提花葛在横棱纹上起缎花，花纹光亮平滑，层次分明，有的还饰以金银线，外观富丽堂皇，是较高级的装饰织物。葛类产品包括文尚葛、新华葛等。

文尚葛（Wenshang Faille）：又称朝阳葛，在杭州叫"麻葛"（图 2-105）。经用真丝，纬用棉纱的文尚葛，称真丝文尚葛；经用人造丝，纬用棉纱的称人造丝文尚葛。文尚葛采用平经绉纬，绸面有明显的绉光细罗纹。光泽柔顺，坚牢耐穿，耐洗，易起毛。适作男女各式服装上衣。

11. 绨类（Bengaline）

用长丝作经，棉纱或上蜡棉纱作纬，质地较粗厚的花、素织物，称为绨。采用平纹提花或斜纹变化组织，多提亮点小花或梅、竹、团龙、团凤等大提花。绨类织物质地厚实，绸面粗糙，织纹简洁而清晰，有线绨与蜡纱绨之分。一般采用有光人丝与丝光棉纱交织的称线绨，与上蜡棉纱交织的称蜡纱绨。小花纹线绨与素线绨一般用作衣料或装饰绸料，大花纹线绨可用作被面及装饰用绸。

12. 呢类（Crepons）

应用各种组织和较粗的经纬丝线织制，质地丰厚，有毛型感的丝织品，称为呢。一般采用绉组织或短浮纹组织成地纹，表面具有颗粒，凹凸明显，不显露光泽，质地比较丰满、厚实、坚牢耐穿，有毛型感。可分为毛型呢和丝型呢两类。毛型呢是采用人造丝和棉纱或其他混纺纱并合加捻的纱线织制，表面有毛茸、少光泽，织纹粗犷，手感丰满，如素花呢、宝光呢等。丝型呢是采用桑蚕丝、人造丝为主要原料，光泽柔和、质地紧密的提花织物，主要产品有大伟呢、博士呢、康乐呢、四维呢等。呢类丝织物宜作秋冬季外衣或棉袄面料或装饰绸，薄型呢还可作衬衣、连衣裙面料。

13. 绒类（Velvet）

绒类丝织物是指采用桑蚕丝或柞蚕丝与化学纤维的长丝交织而成，绸面呈绒毛或绒圈的起绒丝织物。织物表面覆盖茸茸的一层毛绒或毛圈，外观华丽富贵，手感糯软，光泽美丽耀眼，是丝绸类中的高档织品。丝绒品种繁多，花式变化万千，根据织造工艺可以分为双层经起绒织物，如乔其绒；双层纬起绒织物，如鸳鸯绒；用起绒杆使绒经形成绒圈或绒毛的绒织

物,如漳绒;将缎面的浮经或浮纬割断的绒织物,如金丝绒。绒织物色泽光亮、舒适悬垂,适宜做旗袍、裙子、时装及装饰用料,制成的旗袍、裙子有华贵庄重感。

金丝绒(Pleuche):是桑蚕丝和黏胶丝交织的单层经起绒织物,具有色光柔和、茸毛耸立浓密、质地滑糯、柔软而富有弹性的特点。其地组织的经纬纱均采用厂丝,起绒纱用人造丝,平纹二重组织,经过割绒、刷毛处理。金丝绒表面具有一层耀眼的绒毛,可染成各种美丽的色彩。制作服装时要注意面料倒顺毛一致,以倒做为好。还要注意只能在反面轻烫,不可重压,不可喷水。金丝绒是一种高级丝绒,可作妇女服装、服装镶边及窗帘装饰等用(图2-106)。

乔其绒(Transparent Velvet):是桑蚕丝和黏胶丝交织的双层经起绒的绒类丝织物。强捻桑蚕丝作地经、地纬,均采用二左二右间隔排列的绉纹组织,人造丝起绒的生货绸,经割绒炼熟成产品。根据加工工艺不同可分为乔其绒和烂花乔其绒。乔其绒绒毛耸密挺立,顺向倾斜,光彩夺目,手感滑糯柔软,富有弹性,多为深色。烂花乔其绒是根据人造丝怕酸的特性,将乔其绒经特殊印花酸处理,呈现以乔其纱为底纹,绒毛为花纹的镂空丝绒组织,其花纹凸出,立体感强,显得富贵荣华,别具一格(图2-107)。乔其绒可制成烂花、烂印、烫漆、印花乔其丝绒,是制作妇女旗袍、晚礼服、宴会服以及少数民族礼服的极好面料。

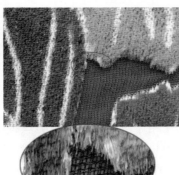
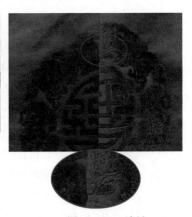

图 2-106 金丝绒　　　　图 2-107 烂花乔其绒　　　　图 2-108 漳绒

漳绒(Swan Velvet):是表面呈现绒毛或绒圈的单层经起绒丝织物。中国传统丝织物之一,起源于福建省漳州。属于彩色缎面起绒的熟货织品。经纬均采用染色真丝,绒毛花纹美丽而清晰地耸立在缎面上,立体感强,光泽柔和,质地坚牢耐磨。花纹图案多采用清地团龙、团凤、五福捧寿一类的题材,特别适合做节日礼服,也常用作高档服装面料、帽子、沙发、靠垫面料等(图2-108)。

14. 绸类(Chou Silk)

绸是丝织物总称,所有无明显其他13大类品种特征的丝织物,都可以称为绸,但从狭义来说绸是丝绸商品种类之一。绸类织物的地纹采用平纹或各种变化组织,或混用多种基本组织和变化组织(除纱、罗、绒组织外),若无归入其他类的特征,则一般均可列入此类,以绸命名。丝织行业习惯把紧密结实的花、素织物称为绸,如塔夫绸。绸可分为生织和熟织两种,常见的生丝绸有花线春、双宫绸等,熟丝绸有塔府绸、高花绸等。

绵绸(Noilcloth):是绢纺厂生产的丝绸产品,采用䌷丝为原料。䌷丝是用缫丝后的蛹衬、茧衣或纺制绢丝的落丝等下脚料,经过纺纱而成的短纤维纱,纤维缝隙中夹杂有未脱净的蚕蛹碎屑,外观呈现出粗糙的黑点和糙结,手感比较粗硬,在丝绸系列中属于第三级的原料:真丝、绢丝、䌷丝。绵绸质地坚牢,富有弹性,但手感柔糯丰厚,外观粗糙不平整,缺乏光泽,散布粗细不匀的疙瘩,具有粗犷及自然美。因织品布满斑点疙瘩,故有疙瘩绸之称。可用作服装和装饰(图2-109)。

图 2-109 绵绸　　　　　　　　　　　　　图 2-110 双宫绸

双宫绸(Douppioni Pongee):是用厂丝作经,双宫丝作纬,以平纹组织交织而成的织物。双宫丝有天然瘤节,粗细不均,糙节较多。所以双宫绸质地紧密,绸面粗糙,纬向呈现疙瘩状,是真丝织物中别具风格的品种。双宫绸宜做西式服装面料和装饰用绸,也可用于贴墙装饰,是国际上颇为流行的品种之一(图2-110)。

柞丝绸(Tussah Pongee):是采用柞蚕丝织制的绸类丝织品。多为平纹组织生织绸,其特点是质地坚牢、厚实柔软、吸湿散热、耐洗耐晒。但在色泽、光洁、柔软等方面,均不及桑丝绸,而且弹性较差。桑丝织物色白细腻、光泽柔和明亮、手感爽滑柔软、高雅华贵,为高级服装衣料;而柞丝织物色黄光暗,外观较粗糙,手感柔而不爽、略带涩滞、衣服易起皱,绸面沾上水洒后,易产生水渍痕,影响美观,但价格便宜,为中档服装及时装衣料。

第二节　针织物面料

在服装材料中,除了人们比较熟悉的机织物外,另一大类就是针织物。针织物作为一种重要的纺织产品,其产销量已与机织物并驾齐驱,而且越是经济发达的国家和地区,针织服装的消费也越多。目前在欧、美、日等发达国家,毛衣、绒衣、T恤、运动衫裤已成为日常生活的正常穿着,有的已成为上班和参加非正式活动及闲暇时间的主要穿着,从世界范围和贸易总量来看,今后针织服装仍将继续发展。

一、针织物的形成

针织是利用织针将纱线编织成线圈并相互串套而形成针织物的一种方法。根据编织方法的不同,有纬编针织物和经编针织物之分。纬编针织物是由一根(或几根)纱线沿纬向顺序逐针形成的针织物,经编针织物是由一组(或几组)纵向平行排列的纱线同时沿经向喂入

织针而形成的针织物。在针织机上,针织物的形成过程是比较复杂的,其主要工艺过程如下:

首先,纱线以一定张力输送到针织机的成圈区域;然后输送到成圈区域的纱线,按照各种不同的成圈方法形成针织物或一定形状的针织品;最后将针织物从成圈区域中引出。

针织物主要分为纬编针织物和经编针织物两大类。纬编中,纱线是从机器的一边到另一边做横向往复运动(或圆周运动),配合织针运动就可以形成新的针织线圈。纬编针织物纱线走的是横向,织物的形成是通过织针在横列方向上编织出一横列一横列的上下彼此联结的线圈横列所形成的。一横列的所有线圈都是由一根纱线编织而成的。纬编针织物可以在横机或圆机上完成,纬编针织物的形成原理见图 2-111。

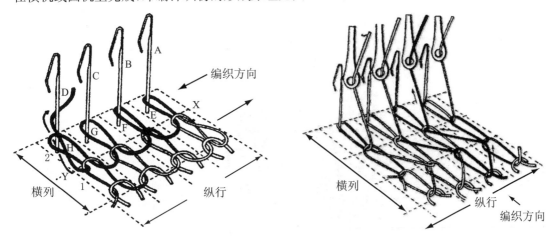

图 2-111　钩针纬编针织物的形式　　　　图 2-112　钩针经编针织物的形式

经编是在经向上的一组经纱做纵向运动,配合织针运动形成新的针织线圈。经编针织物和生产它们的经编机,与纬编织物和生产纬编织物的纬编机有着本质上的区别。纱线在经编织物中是经向编织的,就像机织物的经纱一样,由经轴供纱,经轴上卷绕有大量平行排列的纱线,与机织中的经轴类似。纱线在经编织物中的走向是经向的。在一个横列中形成一个竖直的线圈,然后斜向移动到另一纵行,在下一个横列中形成另一个线圈。纱线在织物中沿长度方向从一边到另一边呈"之"字形前进,一个横列中每一个线圈都是有不同的纱线编制而成的,经编针织物的形成原理见图 2-112。

二、针织物的特点

(一)针织物的基本结构

从广义上来说,织物的结构都是指构成某种平面体的规律和形式。但由于构成形式的不同,针织物结构因素主要包括线圈结构、线圈的排列组合及排列方式等,针织物的基本结构单元为线圈。

1. 线圈形式(Stitch Form)

针织物组织的基础是纱线被弯曲呈线圈。针织物基本线圈形式有三种,如图 2-113 所示。

纬编线圈 经编开口线圈 经编闭口

图 2-113 针织物的线圈

2.线圈纵行与横列(wale and course)

线圈在纵向的组合称为线圈纵行;线圈在横向的组合称为横列,如图 2-114 所示。

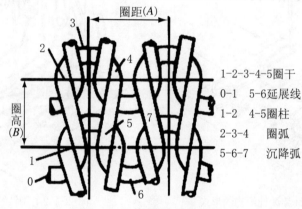

图 2-114 针织物线圈结构

3.线圈的圈距与圈高(knitting stitch and stitch highness)

同一横列中相邻两线圈对应点之间的距离称为圈距,一般以 A 表示;同一纵行中相邻两线圈对应点之间的距离称为圈高,一般以 B 表示。如图 2-114 所示。

4.线圈的正反面(Right And Wrong Side)

单面针织物的基本特征是线圈圈距或线圈圈弧集中分布在针织物的一个面上,如果分布在针织物的两面时则称为双面针织物。单面针织物的外观,有正面和反面之分。线圈圈柱覆盖于线圈圈弧的一面称为正面;线圈圈弧覆盖于线圈圈柱的一面称为反面。

(二)针织物的主要规格

1.线圈长度(Stitch Length)

线圈长度是针织物的重要物理机械指标,是指每一个线圈的纱线长度,一般以毫米(mm)为单位。线圈长度可以用拆散的方法测量其实际长度,或根据线圈在平面上的投影近似地进行计算。

2.针织物的密度(Stitch Density)

针织物的密度,用以表示一定的纱支条件下针织物的稀密程度,是指针织物单位长度内的线圈数。通常采用横向密度和纵向密度表示。

横向密度简称横密,指沿线圈横列方向在规定长度(50 mm)内的线圈数;纵向密度简称纵密,指沿线圈纵行方向在规定长度(50 mm)内的线圈数。

3. 针织物的面密度(Weight Per Square Meter)

国家标准中规定,针织物的面密度用每平方米针织物的干燥质量表示。它是考核针织物质量的重要指标之一。当原料种类和纱线线密度一定时,单位面积质量间接反映了针织物的厚度、紧密程度。它不仅影响针织物的物理机械性能,而且也是控制针织物质量,进行经济核算的重要依据。

(三)针织物的特征

1. 脱散性(Raveling Property, Laddering Property)

针织物的脱散性是指当针织物的某根纱线断裂或线圈失去串套联系后,线圈在外力作用下,依次从被串套的线圈中脱出,从而使针织物的线圈结构受到破坏。

一般针织物均可沿逆编结方向脱散,线圈脱散顺序正好与编织顺序相反。由于针织物中纱线断裂,使得线圈发生脱散,并且这种脱散会越来越大,以至于不仅影响针织物的外观,而且大大降低其耐用性。但是另一方面可以利用针织物的脱散性为生产服务,如将针织物线圈脱散成纱线,制造变形纱。

这种脱散性与织物组织结构有关,但所用纱线的品质品种不同,如摩擦系数、线圈长度等不同,针织物的脱散性也有差别。一般纬编针织物较经编织物易脱散,基本组织比变化组织或花色组织的脱散性大。由于脱散性的存在,在设计和缝制时就要采用防止脱散的线迹结构,如包缝线迹或绷缝线迹。

2. 卷边性(Curling Tendency)

某些组织的针织物,在自由状态下其边缘发生包卷,这种性质称为卷边性。针织物的卷边性是由于弯曲的纱线在自由状态下力图伸直所造成的。

针织物卷边的方向大都是相同的。一般沿线圈横列向坯布正面卷边,沿线圈纵行向坯布反面卷边。由于横向和纵向的卷边方向不同,所以在针织物的四角,卷边作用力相互平衡,保持平直状态。

卷边性与织物的组织结构、纱线弹性、纱线线密度、捻度以及织物的密度有关,一般卷边性发生在单面针织物上。卷边后会影响裁剪和缝纫的操作,降低工作效率。现在,国外普遍采用一种喷雾式黏合剂喷洒于开裁后的布边上,来克服卷边问题。

3. 延伸性和弹性(Tensibility and Elasticity)

针织物由于其线圈结构上的特点,在受外力拉伸时有尺寸伸长的特性,当外力去除后,线圈结构又回复到原来形状。针织物延伸性和弹性与坯布的组织结构、纱线粗细、种类、纱线的弹性及线圈长度等因素有关,而且面料的染整加工条件不同也会发生一定影响。

延伸性和弹性好的面料,在裁剪、缝制、整烫等工序作业中均应加以注意,防止产品牵拉使规格尺寸发生变化,缝制时要选用弹性相适应的缝线及线迹类型。

4. 勾丝与起毛起球(Snag and Fuzzing and Pilling)

用各种化学纤维长丝或混纺纱线编织的面料,如果碰到尖硬带刺的物体,织物中的纤维就会被勾出,然而在穿着或洗涤中经不断摩擦,纤维从织物表面外露出来形成毛茸。这些"起毛"的纤维不能及时脱落而被纠缠在一起形成纤维团,即所谓的"起球"。

化纤针织物的勾丝与起毛起球现象比同类机织物严重,这是因为针织物结构比较松弛,此外也与纤维原料品种和染整加工条件有关。

5. 工艺回缩性（Processing Shrinkage）

针织面料在缝制加工过程中，在长度与宽度方向会发生一定程度的回缩，其回缩量与原衣片长、宽尺寸之比称为"缝制工艺回缩率"。缝制工艺回缩率是针织面料的重要特性，其回缩率大小与坯布组织结构、原料纱支与种类、染整加工条件等不同而又很大差别，例如，一般的汗布在2%~2.5%左右，印花布、罗纹弹力布、本色棉毛布的回缩率就更大。

工艺回缩率是设计针织服装样板时需要慎重对待的一个工艺参数，以确保成品规格的准确。

6. 透气性和吸湿性（Air Permeability and Hydroscopic Property）

针织面料由线圈组成，其中含有空气量较多，透气性和吸湿性均较好。在成品流通和仓储中应注意通风干燥，以防成品霉变。

7. 纬斜性（Weft Diagonal Property）

多路进线的圆纬机织制的针织面料，织物线圈横列发生倾斜比较严重，缝制品一经洗涤就会产生扭曲变形。因此缝制前要进行整理，尤其是色织横条布。

为了减轻纬斜现象，圆筒织物的纱线捻度要适中，进纱路数不宜过多，采用树脂阔幅整理等方法。开幅织物通常用拉幅整理来纠正纬斜。各类织物在裁剪操作时，要特别注意衣片纹路与样板上的纹路标记相一致。色织织物为了消除纬斜，一般采用沿某纵行剖幅的方法，以便裁剪、缝制时能对条对格。

8. 抗剪性（Shear Resistance）

针织物的抗剪性表现在两个方面：一是由于面料表面光滑，用电刀裁剪时层与层之间易发生滑移现象，使上下层裁片尺寸产生差异；二是裁剪化纤面料时，由于电刀速度过快，铺料又较厚，摩擦发热易使化纤熔融、黏结。

为了防止这些现象，对光滑面料裁剪时，不宜铺料过厚，需采用专用的布夹夹住再开裁或用手工裁剪。化纤面料更不宜过厚，电裁刀的速度要降低或采用波形刀口的刀片等。

三、常用针织物的组织结构

针织物可分为纬编针织物和经编针织物两大类。

纬编是将纱线由纬向（横向）喂入针织机的工作针上，将纱线按顺序弯曲成圈并相互串套而形成针织物的一种方法。经编是将许多根平行排列的纱线同沿经向喂入针织机的所有工作针上，使纱线同时弯曲成圈并相互串套而形成针织物的一种方法。

纬编形成的织物组织中，每根纱线在一个线圈横列中形成线圈，即每根纱线形成的线圈沿着针织物的纬向配置。因此，一根纬纱就可以织成一幅纬编针织物。经编形成的织物组织中，每根纱线在一个线圈横列中只形成一个或两个线圈，即每根纱线所形成的线圈沿着针织物经向配置。因此，一幅经编针织物要由很多根经纱织成。通常采用一组或几组平行排列的纱线，于经向喂入针织机的所有工作针上，同时进行成圈而形成针织物。

经编和纬编的主要区别是：第一，成圈方式不同。经编用多根纱线同时沿布面的纵向（经向）顺序成圈，纬编用一根或多根纱线沿布面的横向（纬线）顺序成圈。第二，形成织物的最少根数不同。纬编针织品最少可以用一根纱线就可以形成，但是为了提高生产效率，一般采用多根纱线进行编织;而经编织物用一根纱线是无法形成的织物的,一根纱线只能形成一根线圈构成的链状物。第三,脱散性不同。所有的纬编织物都可以逆编织方向脱散成线,但是经编织物不可以。第四,纬编织物可以用手工编织,而经编织物不可以。第五,延伸性不同。大多数纬编织物横向具有显著的延伸性,而经编织物一般延伸性比较小。

针织物组织根据线圈结构及其相互间排列的不同,可分为原组织、变化组织和花色组织三类。原组织又称基本组织,它是所有针织物组织的基础,其线圈以最简单的方式组合。例如,纬编针织物中,单面的有纬平针组织,双面的有罗纹组织和双反面组织。经编针织物中,原组织是经平组织、经缎组织和编链组织。变化组织是由两个或两个以上的基本组织复合而成,即在一个基本组织的相邻线圈纵行间,配置着另一个或者另几个基本组织,以改变原有组织的结构与性能。例如,纬编针织物中,单面的由此变化纬平针组织,双面的有双罗纹组织。花色组织是以基本组织和变化组织为基础的,利用线圈结构的改变或者另外加入一些辅助纱线或其他原料,以形成具有显著花色效应和不同性能的花色针织物。复合组织是由基本组织、变化组织和花色组织组合而成的。这些不同组织的针织物,由于其不同的花色效应和不同的物理机械性能,被广泛应用于内衣、紧身衣、运动衣、外衣、袜品、手套和围巾等。

(a)正面　　　　　　　　　(b)反面

图　2-115　纬平针组织图

1. 纬平针组织(Weft Plain-Knitted Fabirc)

纬平针组织是最简单、最基本的单面纬编组织,由连续的单元线圈单向相互串套而成。如图2-115所示,正反面具有不同的外观,纬平针织物的正面显示纵向条纹,反面是横向圈弧。由于圈弧比圈柱对光线有较大的散射作用,故纬平针织物的正面比反面明亮,又由于成圈时,新线圈是从旧线圈的反面穿向正面,因此纱线的结头、杂质容易被旧线圈阻挡而停留在织物的反面,因此纬平针织物的正面较为光洁明亮。

纬平针织物的布面光洁、纹路清晰、延伸性好,其横向延伸性比纵向延伸性大,吸湿性和透气性较好。纬平针织物脱散性较大,能沿顺、逆编织方向脱散,边缘具有明显的卷边性,有时还会产生线圈歪斜的现象。由于纬平针织物的组织结构简单,编织方便,所以使用广泛。一般用来做内衣,如汗衫、背心等。有的还用来作一些花色织物的地组织。

2. 罗纹组织(Rib Fabric)

罗纹组织是由正面线圈纵行和反面线圈纵行以一定的组合相间排列配置而成的,正反面都呈现正面线圈的外观。改变正反面线圈的不同配置,可以得到不同条形排列的罗纹组织,如1+1、2+2、4+2、5+3罗纹等,前面的数字表示正面线圈纵行数,后面的数字表示反面线圈纵行数。图2-116是1+1罗纹组织,由正面与反面线圈纵行一隔一交替配置而成的,图中(a)是自由状态下的线圈结构,(b)是受横向拉伸时的线圈结构。

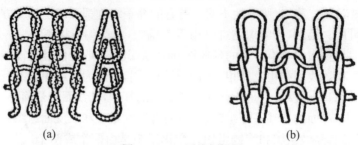

(a)   (b)

图 2-116 罗纹组织图

罗纹组织针织物最大的特点是具有较大的横向延伸性和弹性。1+1罗纹只能沿逆编织方向脱散,因为沉降弧被正反面纵行之间的交叉串套牢牢握持住,当某一线圈中的纱线断裂时,这个线圈所处的纵行只能沿逆编织方向脱散。其他(如2+2罗纹)由于具有同纬平针组织相似的彼此连在一起的正面或反面线圈纵行,故线圈纵行除沿逆编织方向脱散外,还能沿顺编织方向脱散。罗纹针织物的卷边性是由正反面线圈纵行数决定,相同则由于卷边力的彼此均衡,基本不卷边,而不相同则由于卷边力的不均衡,卷边现象是存在的。

罗纹织物通常用来制作弹力衫、袖口、领口、下摆、袜口等。

3. 双反面组织(Purl Fabric)

 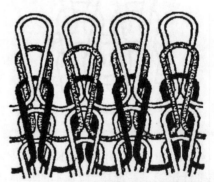

图 2-117 双反面组织图   图 2-118 双罗纹组织图

双反面组织是由正面线圈横列和反面线圈横列相互交替配置而成的。在织物的正反两面均呈现纬平针组织反面的外观,外观成横向凹凸条效应。图2-117为1+1双反面组织,也有1+2、3+2等双反面组织,前面的数字表示正面线圈的横列数,后面的数字表示反面线圈的横列数。

双反面针织物由于线圈的倾斜,使得纵向缩短,织物的厚度增加,而在纵向拉伸时具有很大的弹性和延伸性,因此具有纵、横向延伸性相近的特点;其卷边与正、反面线圈横列数有关,当正、反面线圈横列数较小时,织物的卷边性很小,1+1双反面织物几乎无卷边。双反面针织物的顺、逆编织方向脱散性较大。这种组织在内衣生产中应用较少,多用于毛衫。

4. 双罗纹组织(Interlock Fabric)

双罗纹组织又叫棉毛组织或双正面组织。它是由两个罗纹组织彼此复合而成,正反面都呈现正面线圈。在一个罗纹组织的线圈纵行之间,配置另一个罗纹组织的线圈纵行,是罗纹组织的变化组织,如图2-118所示。

双罗纹组织由于是由两个拉伸的罗纹组织复合而成,因此其延伸性和弹性都比罗纹织物小。在双罗纹织物中,当个别线圈断裂时,因受另一个罗纹组织中纱线的摩擦阻力的作用,不易脱散,不卷边,表面平整而且保暖性好,被广泛应用于内衣和运动衫裤。

5. 提花组织(Jacquard Fabric)

提花组织是把纱线垫放在按花纹要求所选的某些针上成圈而形成的一种组织。在那些不参加编织的针上,不垫放新纱线,也不脱下旧线圈,纱线呈浮线留在织物反面。

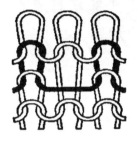  

(a)反面 (b)正面

图 2-119 单面提花组织图

提花组织有单面和双面之分,图 2-119 为单面提花组织。由于浮线的影响,提花组织的横向延伸性小,脱散性小,可逆编织方向脱散,织物较厚,有良好的花色效应,美观大方,适合制作外衣和家庭装饰品。

6. 集圈组织(Tuck Fabric)

集圈组织是在针织物的某些线圈上,除套有一个封闭的旧线圈外,还有一个或几个未封闭的悬弧,如图 2-120 所示。

(a)单针单列集圈组织 (b)单针多列集圈组织 (c)双针单列集圈组织

图 2-120 集圈组织图

集圈组织可分为单面和双面集圈。根据集圈针数的多少,集圈组织可分为单针、双针和多针集圈。根据线圈不脱圈的次数,集圈组织还分为单列、双列及多列集圈。这些组织可用一种色纱编织,也可用双色或多色纱编织。

集圈组织的花色较多,利用集圈的排列和不同色彩的纱线,可使织物表面具有图案、闪色、孔眼以及凹凸等效应。集圈针织物较厚,脱散性小,延伸性小,易抽丝,被广泛用作外衣面料。

7. 衬垫组织(Laying-in Fabric)

衬垫组织是以一根或几根衬垫纱线按一定比例在针织物的某些线圈上形成不封闭的圈弧,在其余的线圈上,呈浮线停留在织物的反面,图 2-121 所示为1:1纬平针衬垫组织。

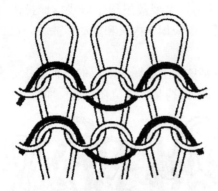
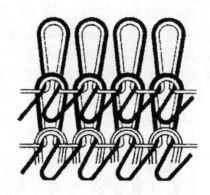

图 2-121 衬垫组织图　　　　　　图 2-122 毛圈组织图

衬垫针织物的特征是织物的正面类同于平针地组织的外观。织物表面平整,保暖性好,横向延伸性小,尺寸稳定性好。衬垫组织主要用于各种绒布的生产,通过对衬垫组织中衬垫纱的悬弧进行拉毛处理,使之成为短绒状,以形成绒,增加织物的柔软和保暖性。

8. 毛圈组织(Terry Fabric)

毛圈组织由平针线圈和带有拉长沉降弧的毛圈线圈组合而成,图 2-122 所示为用平针做地组织的纬编单面毛圈组织。毛圈组织可分为普通毛圈和花色毛圈,还可分为单面和双棉毛圈。

毛圈织物厚实、柔软,具有良好的吸湿性和保暖性,经剪毛等后整理可制得绒类织物。

9. 编链组织(Warpchain Stitch or Pillar Stitch)

编链组织如图 2-123 所示,是每根经纱始终在同一枚织针上垫纱成圈的经编组织,各根经纱所形成的线圈纵行之间没有联系。

编链组织纵行之间没有延展线,因此它本身不能形成织物,要与其他组织复合,可以限制织物纵向延伸性和提高尺寸稳定性,常被用于外衣和衬衫料。

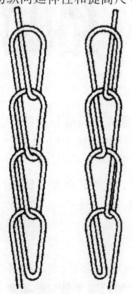
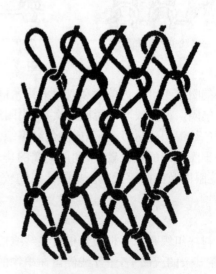

图 2-123 编链组织图　　　　　　图 2-124 经平组织图

10. 经平组织（Warp Plain Stitch or Tricot Stitch）

经平组织是由两个横列组成一个完全组织，每根经纱在相邻的两枚织针上交替垫纱成圈的经编组织，如图 2-124 所示。织物的正反面都呈菱形网眼。

由于线圈呈倾斜状，经平组织针织物具有一定的纵、横向延伸性。织物的卷边性不显著，但容易脱散，因为一个线圈断裂后，横向受到拉伸时，线圈纵行有逆编织方向脱散的现象，并能导致织物纵向分离。

11. 经缎组织（Vandyke Stitch or Atlas Stitch）

经缎组织是指每根经纱顺序在三枝或三枝以上的针上垫纱成圈的组织，图 2-125 为最简单的经缎组织。

经缎针织物的线圈倾斜较小，其卷边性及其他一些性能类似于纬平针织物，也具有脱散性，但不会造成织物分离。由于不同方向倾斜的线圈横列对光线的反射不同，因而在针织物表面形成横条。经缎组织与其他组织复合，可得到一定的花纹效果，常被用于外衣料。

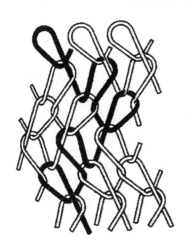
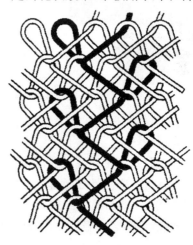

图 2-125　经缎组织图　　　　　　图 2-126　经绒组织图

12. 经绒组织（Cord Stitch or Lined Cord）

如图 2-126 所示，经绒组织实为 3 针经平组织，每根经纱轮流地在相隔两枚针的织针上垫纱成圈而成的经编组织。由于线圈纵行相互挤压，其线圈形态较平整，卷边性类似纬平针组织，横向延伸性小，抗脱散性优于一般的经平组织，被广泛应用于内外衣、衬衣等。

四、常用针织物面料

针织物可使用天然纤维、化学纤维及它们的混纺纤维。针织物是由纱线弯曲互相串套而成的，因线圈串套方式不同，可构成不同组织、不同风格的针织面料。与机织物面料相比，针织面料具有手感柔软、吸湿透气、富有弹性及色彩鲜艳、花型美观等优点。

针织物面料根据其织造特点分为纬编面料与经编面料两大类。其品种按用途分为内衣面料、外衣面料、衬衣面料、裙子面料和运动衣面料；按布面形态分为平面面料、绉面面料、毛圈面料、凹凸花面料等；按花色分为素色面料、色织面料、印花面料等。针织物面料的颜色分漂白、浅色、深色、闪色与印花等。

（一）纬编面料（Weft Knitted Fabric）

纬编面料质地柔软，具有较大的延伸性、弹性以及良好的透气性。根据不同的原料而表现出各异的风格和服用特点，适用面很广，但挺括度和稳定性不及经编面料好。

纬编面料使用原料广泛，有棉、麻、丝、毛等各种天然纤维及涤纶、腈纶、锦纶、纬纶、丙纶、氨纶等化学纤维，也有各种混纺纱线。

1. 汗布（Single Jersey）

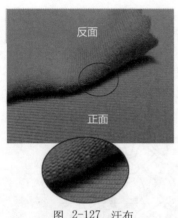

图 2-127 汗布

纬平针织物统称为汗布。其布面光洁、质地细密、轻薄柔软，但卷边性、脱散性严重。汗布的原料有棉纱、真丝、苎麻、腈纶、涤纶等纯纺纱线与涤/棉、涤/麻、棉/腈、毛/腈等混纺纱线，还有采用棉/麻混纺纱为原料的。编织纬平针组织的羊毛衫常用羊毛、羊绒、兔毛、羊仔毛、驼绒、牦牛绒等纯纺毛纱与毛/腈等混纺毛纱原料（图 2-127）。

汗布一般制作汗衫、背心、T 恤衫、衬衣、裙子、运动衣裤、睡衣、衬裤、平脚裤等。

漂白汗布白度不如加用荧光增白剂而成的特白汗布白，所以自 20 世纪 50 年代初开始已被特白汗布所取代。烧毛丝光汗布具有良好的光泽，手感平滑，染色后色泽鲜艳，坯布的弹性和强力增加，吸湿性好，缩水变形较小，用于制作高档针织产品。彩横条汗布和海军条汗布均为色织汗布。

真丝汗布是指用蚕丝编织的汗布，富有天然光泽，手感柔软、滑爽，弹性较好，穿着时贴身、舒适，有良好的吸湿性和散湿性，织物的悬垂性较好，有飘逸感，制作服装优雅高贵。真丝的耐碱性低于天然纤维素纤维，对酸有一定的稳定性，但受盐的影响很大，着真丝汗衫长期受汗水浸蚀，则会影响服用性能，甚至出现破洞。真丝汗布可制作内衣、外衣、晚礼服、裙衫等。

腈纶汗布的弹性好，手感柔软，染色性能较好，色泽鲜艳且不易褪色，吸湿性较差，易洗快干，洗涤后不变形，但摩擦后易产生静电作用而吸附灰尘，故不耐脏。腈纶汗布主要制作 T 恤衫、汗衫、汗背心、运动衣裤等。

涤纶汗布具有优良的耐皱性、弹性和尺寸稳定性，织物挺括、易洗快干、耐摩擦、牢度好、不霉不蛀，但吸湿性、透气性和染色性较差，可制作汗衫、背心、翻领衫等。

苎麻汗布的吸湿性、透气性好，织物硬挺，穿着时凉爽不贴身，湿强大于干强。苎麻经过改性处理后更显出其独特的风格，同时增加了手感的柔软性。经过丝光烧毛等工序的苎麻坯布，表面光洁，手感更为滑爽。苎麻汗布特别适宜制作夏季 T 恤衫、衬衣、裙子等。大麻汗布手感柔软，吸湿好，散湿更快，穿着凉爽，同时还具有抗菌性、抗静电性、抗紫外线辐射等特点。大麻汗布特别适宜制作夏季 T 恤衫、衬衣、裙子等。

混纺汗布，如常见的涤/棉混纺布，既具有涤纶纤维的耐磨性好、强度高、耐霉烂、耐气候性好的优点，又具有棉纱的吸湿性好、柔软的特点。涤/棉混纺纱的混纺比常用 65/35 和 35/65 两种，用作内衣的汗布常取混纺比中棉纱含量较高者。此外，如涤/麻混纺汗布还具有麻纤维特有的滑爽性能；棉/麻混纺汗布既具有柔软、吸湿性与透气性好的优点，又具有滑爽的特点。这两类混纺汗布尤其适宜制作夏衣,如汗衫、背心、T恤衫、衬衣、裙子等。

2. 衬垫面料(Laying-in Knitwear)

衬垫面料是在织物中衬入一根或几根衬垫纱的针织物,是花色针织物的一种。衬垫织物的横向延伸性较小,厚度增加,因衬垫纱较粗,所以织物的反面较粗糙。

衬垫面料根据地组织种类的不同,可有平针衬垫针织物、添纱衬垫针织物、集圈衬垫针织物、罗纹衬垫针织物等,如果改变衬垫纱颜色和垫纱方式,还可形成色彩效应和凹凸效应的花色衬垫针织物(图2-128)。

编织衬垫面料的地纱一般为中号棉纱、腈纶纱、涤纶纱或混纺纱,衬垫纱一般用较粗的毛纱、腈纶纱或混纺纱。

衬垫面料针织物可用来缝制运动衣、外衣、劳动服(防滑衣)等,经过拉绒后可以形成绒布。

图 2-128　全添纱横条布

3. 绒布(Flannelette)

绒布是指织物的一面或两面覆盖着一层稠密短细绒毛的针织物,是花色针织物的一种。绒布分单面绒和双面绒两种。单面绒通常由衬垫针织物的反面经拉毛处理而形成。按照使用纱线细度和绒面厚度的不同,单面绒又分为厚绒、薄绒和细绒三种。双面绒一般是在双面针织物的两面进行起毛整理而形成的。起绒针织物可分为漂白、特白、素色、夹色、印花等各类绒布。

绒布具有手感柔软、织物厚实、保暖性好等特点。所用原料种类很多,底布通常用棉纱、混纺纱、涤纶纱或涤纶丝,起绒通常用较粗的棉纱、腈纶纱、毛纱或混纺纱等。

绒布应用较广,可用来缝制冬季的绒线裤、运动衣和外衣等。

作为绒布的一种,摇粒绒深受人们的喜爱,它融合了柔软和保暖,其正反面均可穿。摇粒绒的原料一般是全涤纶的,按涤纶的规格细分为长纤、短纤和超细纤维三种,其中超细纤维产品品质最好,价格也最高。短纤摇粒绒一般由 32^s 涤纶纱织成,长纤摇粒绒一般由涤纶长丝织成,如全涤 150 D 96F 、150 D 48F、150 D 144F 、150 D 288F、75 D 72F、75 D 144F、100 D 144F、100 D 288F 等织成。在一般情况下,F值越高,面料的手感较好,摇粒绒的价格也越高。摇粒绒采用小元宝针织结构,在大圆机编织而成,坯布先经染色后,再经拉毛、刷毛、梳毛、剪毛、摇粒等多种复杂工艺加工处理,面料正面拉毛,摇粒蓬松密集而又不易掉毛、起球,反面拉毛疏稀匀称,绒毛短少,组织纹理清晰、蓬松弹性特好,体现了针织拉毛产品的特色,堪称冬季产品之佳料(图2-129)。从上市颜色看,有翠绿、天蓝、米黄、粉红、茄青、咖啡、深灰等20余种色彩,亦有压花(图2-130)、提花、印花等,特别是印有卡通图型的摇粒绒,很受小朋友的欢迎。摇粒绒面料幅宽150~160 cm,面密度约在 200 g/m² 。适宜制作童装、夹克衫、休闲风衣等。

○ 细绒布又称3号绒布,绒面较薄,布面细洁、美观。纯棉类细绒布一般用于缝制妇女和儿童的内衣,腈纶类细绒布常用于缝制运动衣和外衣。

○ 薄绒布又称2号绒布。薄绒布的种类很多,根据所用原料不同,可分为纯棉、化纤和混纺几种。如纯棉薄绒布柔软,保暖性好,常用于制作春秋季穿着的绒衫裤;腈纶薄绒布色

图 2-129 摇粒绒　　　　　　　　　图 2-130 压花摇粒绒

泽鲜艳,绒毛均匀,缩水率小,保暖性好,常用于制作运动衫裤。

　　○ 厚绒布又称1号绒布,是起绒针织物中最厚的一种。厚绒布一般为纯棉产品和腈纶产品,厚绒布的绒面疏松,保暖性好,常用来制作冬季穿着的绒衫裤。

　　○ 驼绒布又称骆驼绒,是用棉纱和毛纱交织成的起绒针织物,因织物绒面外观与骆驼的绒毛相似而得名。驼绒具有表面绒毛丰满、质地松软、保暖性和延伸性好的特点。驼绒针织物通常是用中号棉纱做地纱,粗号粗纺毛纱、毛/黏混纺纱或腈纶纱做起绒纱。驼绒是服装、鞋帽、手套等衣着用品的良好衬里材料。

　　4. 法兰绒面料(Knitted Flannel Fabric)

　　法兰绒面料是指用两根涤/腈混纺纱编织的棉毛布。混色纱常采用散纤维染色,主要是黑白混色配成不同深浅的灰色或其他颜色。法兰绒适宜缝制针织西裤、上衣、童装等。

　　5. 毛圈面料(Knitted Terry Fabric)

　　毛圈面料是指织物的一面或两面有环状纱圈(又称毛圈)覆盖的针织物,是花色针织物的一种,其特点是手感松软、质地厚实,有良好的吸水性和保暖性。

　　毛圈面料又有单面毛圈织物和双面毛圈织物之分。毛圈在针织物表面按一定规律分布就可形成花纹效应。毛圈针织物如经剪毛和其他后整理,便可获得针织绒类织物。

　　毛圈面料所用的原料,通常是地纱用涤纶长丝、涤/棉混纺纱或锦纶丝,毛圈纱用棉纱、腈纶纱、涤/棉混纺纱等。

　　○ 单面毛巾布

　　单面毛巾布是指织物的一面竖立着环状纱圈的针织物。它是由平针线圈和具有拉长沉降弧的毛全线圈组合而成。单面毛巾布手感松软,具有良好的延伸性、弹性、抗皱性、保暖性和吸湿性,常用于制作长袖衫、短袖衫,适宜在春末夏初或初秋季节穿着,也可用于缝制睡衣,如图2-131所示。

　　○ 双面毛巾布

　　双面毛巾布是指织物的两面竖立着环状纱圈的针织物,一般由平针线圈或罗纹线圈与带有拉长沉降弧的毛

图 2-131 单面毛巾布

全线圈一起组合而成(图 2-132)。双面毛巾布厚实,毛圈松软,具有良好的保暖性和吸湿性,对其一面或两面进行表面整理,可以改善产品外观和服用性能。织物两面的毛圈如用不同颜色或不同纤维的纱线组成,可以制成两面都可以穿的衣服。

图 2-132　双面毛巾布

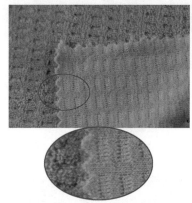

图 2-133　提花毛巾布

○ 提花毛巾布

提花毛巾布是指毛圈按照花纹要求覆盖在织物表面的毛巾布,一般为单面毛巾布。提花毛巾布一般用于制作内衣、外衣及装饰物等(图 2-133)。

6. 天鹅绒面料(Knitted High-pile Fabric)

天鹅绒面料是长毛绒针织物的一种,织物表面被一层起绒纱段两端纤维形成的直立绒毛所覆盖,天鹅绒绝大部分的是用反包毛圈针织大圆机织的,梭织有一种丝绒产品亦称之为天鹅绒,需要加以区分。天鹅绒面料手感柔软,织物厚实,绒毛紧密而直立,色光柔和,织物坚牢耐磨。天鹅绒面料可由毛圈组织经割圈而形成,也可将起绒纱按衬垫纱编入地组织,并经割圈而形成,后面一种织物毛纱用量少,手感柔软,应用较多(图 2-134～图 2-137)。从原料来说,常见的品种有棉天鹅绒、CVC 天鹅绒和化纤天鹅绒三种类型,化纤天鹅绒又可分为密丝绒、钻石绒等。棉天鹅绒最常见的为毛圈纱 32^S＋地纱涤丝 DTY100 D 这个组合,也有做比较轻的克重或特殊要求的毛圈用 35^S,38^S,地纱用 75 D,150 D 等。常见 CVC 天鹅绒规格:32^S＋100 D CVC 天鹅绒 210～275 g/m²,40^S＋75 D 36F CVC 天鹅绒185～210 g/m²;常见密丝绒、钻石绒规格:75 D FDY＋100 D 36F 165～190 g/m²;常见氨纶密丝绒、金钻绒规格:75 D FDY＋(100 D＋30 D)220～290 g/m²。一般市场上做天鹅绒的棉纱多为普纱或高配棉的普纱。天鹅绒面料可制作外衣、裙子、旗袍、披肩、睡衣等。

7. 罗纹面料(Knitted Rib Fabric)

罗纹面料是由正面线圈纵行和反面线圈纵行以一定形式组合相间配制而成的针织物(图 2-138)。罗纹面料在横向拉伸时具有较大的弹性和延伸性,坯布裁剪时不会出现卷边现象,能逆编织方向脱散。

罗纹面料由于具有非常好的延伸性和弹性,卷边性小,而且顺编织方向不会脱散,常用于要求延伸性和弹性大、不卷边等地方,如袖口、裤脚、领口、袜口、衣服的下摆以及羊毛衫的边带,也可作为弹力衫/裤的面料。

罗纹中有一种花式罗纹为移圈罗纹,是用移圈针将线圈移至相邻的线圈套接成圈,形成

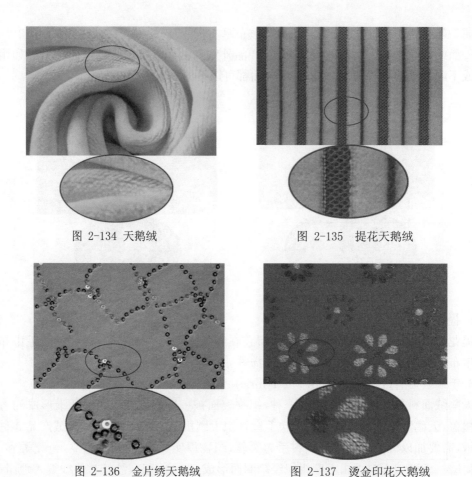

图 2-134 天鹅绒　　　　　　　　　　图 2-135　提花天鹅绒

图 2-136　金片绣天鹅绒　　　　　　图 2-137　烫金印花天鹅绒

线圈歪斜的同时,在原来的线圈位置形成一个小孔(图 2-139)。可以通过电脑移圈,形成移圈的花纹。由罗纹组织派生出来的组织很多,主要有罗纹空气层组织和点纹组织等。罗纹空气层组织由罗纹组织和平针组织复合而成,横向延伸性好,尺寸稳定性好,厚实挺括,保暖性好,两面外观完全相同。罗纹空气层面料常用原料有腈纶纱、毛纱或混纺纱等。这类面料主要用于缝制运动衫裤和外衣等。点纹组织由不完全罗纹组织与不完全平针组织复合而

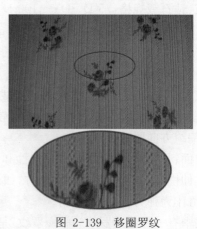

图 2-138　1+1罗纹　　　　　　　　　图 2-139　移圈罗纹

成,根据一个完全组织中两种线圈的配置次序,有瑞士式与法国式等。瑞士式罗纹也叫2+2罗纹,其组织结构紧密、延伸性好、尺寸稳定性好(图 2-131);法国罗纹线圈纵行纹路清晰、表面丰满、幅宽较大等特点,在针织外衣生产中得到广泛应用(图 2-132)。

8. 棉毛布(Interlock Fabric)

棉毛布即双罗纹针织物,是由两个罗纹组织复合而成的针织物,而非含棉和毛两种成分的面料,一般具有较好的横向弹力。该织物手感柔软、弹性好、布面匀整、纹路清晰,稳定性优于汗布和罗纹布。用棉、人造棉、大豆纤维、彩棉、莫代尔、竹纤维等原料制成的棉毛组织面料,由于比较好的亲肤性、保暖透气性,常用作内衣面料和婴儿用面料。在国内,很多冬季内穿的长裤和长袖内衣,被统称为"棉毛裤"、"棉毛衫",但实际用的面料可能是弹力罗纹面料或弹力汗布面料。棉毛布的典型特征:面料正反面结构一致,相邻的两列线圈交错半个线圈高度(图 2-140)。

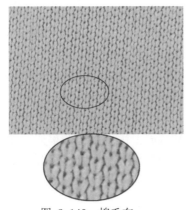

图 2-140　棉毛布

图 2-141　华夫格

9. 花色针织面料(Knitted Fancy Fabric)

花色面料是采用提花、集圈、抽条、移圈等在织物表面形成条格、网眼、鱼鳞、菠萝、鸟巢等花色效应的针织物,如:具有明暗格外观特征的华夫格面料(图 2-141),采用集圈组织的珠地网眼布(图 2-142),外观如鱼鳞的鱼鳞布(图 2-143),外观如菠萝的菠萝布(图 2-144),外观如鸟的千鸟格提花布(图 2-145)。

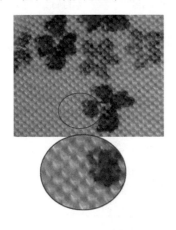

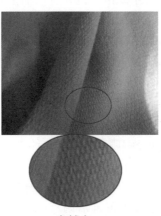

鱼鳞布1

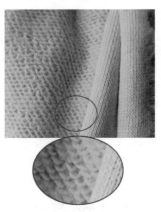

鱼鳞布2

图 2-142　珠地网眼布　　　　　　　　　　　　　　图 2-143

图 2-144 菠萝布

图 2-145 千鸟格布

珠地网眼布(pique)表面呈疏孔状,有如蜂巢,比普通针织布更透气、干爽及更耐洗。由于它的织纹比较特殊,很容易辨认,所以也有人叫它"菠萝布"。它分为单珠地网眼布和双珠地网眼布两种,单珠地网眼布为针织单面园机所织的 4 路一个循环的凹凸组织面料,由于面料背面呈现四角形状,故行业内常见有四角网眼的称呼。双珠地网眼布由于面料背面呈现六角形状,故行业内常见有六角网眼的称呼,因背面的凹凸结构类似足球,故也有足球网眼的称呼,此面料一般都以反面六角风格作为服装的正面。由于面料有排列均匀整齐的凹凸效果,和皮肤接触的面在透气和散热、排汗的感觉舒适度上优于普通的单面汗布组织。从单珠地网眼或双珠地网眼变化衍生,可以发展出多种不同风格的单面珠地网眼结构,包括可以织出一些珠地和汗布交替的面料,出现竖条、横条、方块等;也可以通过提花组合更多的面料品种。

10. 衬经衬纬针织面料(Knitted Warp And Weft Insertion Fabric)

衬经衬纬针织面料较多在纬平针组织的基础上编织,该织物的风格和性能兼有针织面料与机织物的特点。面料的纵、横向延伸性很小,手感柔软,透气性好,穿着舒适,适宜制作外衣。

11. 丝盖棉(Plated Jersey)

也称涤盖棉,是用添纱集圈等组织编织的一种两面由不同纤维的纱线构成的针织物,常以涤纶丝构成其正面,由棉纱构成其反面。正面光泽较好,反面吸水柔软,面料比较挺括,早年间曾大量应用于中小学校服,现在也出现了棉盖涤,即正面为棉、反面为涤纶丝的品种,部分被赋予吸湿快干功能性整理,常见为 150 D+32^S、100 D+40^S、75 D+40^S 等,少见有用人造丝盖棉或真丝盖棉的品种。

12. 珊瑚绒(Coral Velvet)

由于纤维间密度较高,呈珊瑚状,覆盖性好,犹如活珊瑚般轻软的体态,色彩斑斓,故称之为珊瑚绒,主要分为纬编珊瑚绒和经编珊瑚绒两种。纬编珊瑚绒采用涤纶 DTY150 D 288F 为主原料,也有采用 DTY100 D 192F、DTY150 D 288F 锦涤复合丝原料,在割圈式针织大圆机上织造,经过(碱量)染整、梳毛、剪毛等工艺加工而成。经编珊瑚绒采用涤纶 DTY150 D 288F 为主原料,在双针床经编机上织造,坯布再沿两针床之间的延展线剖开成两匹,经过预定、(碱量)染整、刷毛、梳毛、剪毛、摇粒等工艺加工而成。由于面料的结构性决定了这两种面料有一个致命缺陷：用手轻扯毛绒时，毛绒会脱落，而且面料两面风格略有差异。

（二）经编面料（Warp Knitted Fabric）

经编针织面料常以涤纶、锦纶、丙纶等合纤长丝为原料，也有用棉、毛、丝、麻、化纤及其混纺纱作原料织制的。普通经编织物常以编链组织、经平组织、经缎组织、经斜组织等织制。花式经编织物种类很多，常见的有网眼织物、毛圈织物、褶裥织物、长毛绒织物、衬纬织物等。经编织物具有纵向尺寸稳定性好、织物挺括、脱散性小、不会卷边、透气性好等优点，横向延伸、弹性和柔软性不如纬编针织物。

1. 涤纶经编面料（Polyester Warp Knitted Fabric）

涤纶经编面料是用相同细度的低弹涤纶丝织制，或以不同细度的低弹丝做原料交织而成。常用的组织为经平组织与经绒组织相结合的经平绒组织。织物再经染色加工而成素色面料。花色有素色隐条、隐格、素色明条、明格、素色暗花、明花等。这种织物的布面平挺，色泽鲜艳，有厚型、中厚型和薄型之分。薄型的主要用作衬衫、裙子面料，中厚型、厚型则可用作男女大衣、风衣、上装、套装、长裤等面料。

2. 经编起绒面料（Warp Knitted Raised Loop Velour）

经编起绒织物常以涤纶丝等合纤或黏胶丝做原料，彩用编链组织与变化经绒组织相间织制。面料经拉毛工艺加工后，外观似呢绒，绒面丰满，布身紧密厚实，手感挺括柔软，织物悬垂性好，织物易洗、快干、免烫，但在使用中静电积聚，易吸附灰尘。经编起绒织物有许多品种，如经编麂皮绒（图 2-146）、经编金光绒（图 2-147）、经编短毛绒（图 2-148）等。经编起绒面料主要用作冬令男女大衣、风衣、上衣、西裤等面料。

 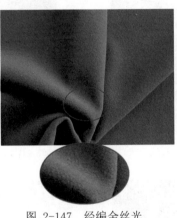 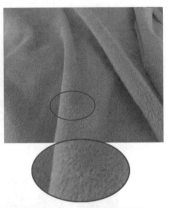

图 2-146　经编麂皮绒　　　　图 2-147　经编金丝光　　　　图 2-148　经编短毛绒

3. 经编网眼面料（Warp Knitted Eyelet Fabric）

经编网眼织物是以合成纤维、再生纤维、天然纤维为原料，采用变化经平组织等织制，在织物表面形成方形、圆形、菱形、六角形、柱条形、波纹形的孔眼。孔眼大小、分布密度、分布状态可根据需要而定。织物经漂染而成。服用网眼织物的质地轻薄，弹性和透气性好，手感滑爽柔挺，主要用作夏令男女衬衫面料等（图 2-149，图 2-150）。

4. 经编丝绒面料（Warp Knitted Velvet Fabric）

经编丝绒织物是以再生纤维或合成纤维和天然纤维做底布用纱，以腈纶等做毛绒纱，采用拉舍尔经编织成由底布与毛绒纱构成的双层织物，再经割绒机割绒后，成为两片单层丝

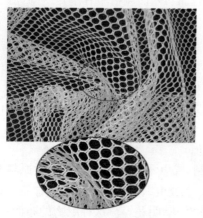

图 2-149 经编六角网眼布

图 2-150 经编小网眼布

绒。按绒面状况,可分为平绒、条绒(图 2-151)、色织绒(图 2-152)等。各种绒面可同时在织物上交叉布局,形成多种花色。这种织物的表面绒毛浓密耸立,手感厚实丰满、柔软、富有弹性,保暖性好,主要用作冬令服装、童装面料。

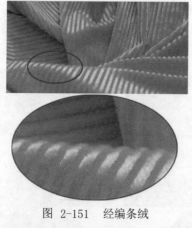

图 2-151 经编条绒

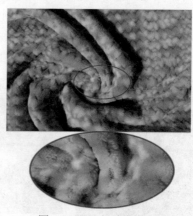

图 2-152 经编色织绒

图 2-153 经编毛圈布

图 2-154 经编提花布

5. 经编毛圈面料(Warp Knitted Terry Fabric)

经编毛圈织物是以合成纤维做地纱,棉纱或棉、合纤混纺纱做衬纬纱,以天然纤维、再生纤维、合成纤维做毛圈纱,采用毛圈组织织制的单面或双面毛圈织物(图2-153)。这种织物的手感丰满厚实,布身坚牢厚实,弹性、吸湿性、保暖性良好,毛圈结构稳定,具有良好的服用性能,主要用作运动服、翻领 T 恤衫、睡衣、童装等面料。

6. 经编提花面料(Warp Knitted Jacquard Fabric)

经编提花织物是以天然纤维、合成纤维为原料,在经编针织机上织制的提花织物。织物经染色、整理加工后,花纹清晰,有立体感,手感挺括,花型多变,悬垂性好(图 2-154),主要用作妇女的外衣、内衣面料及裙料等。

第三节　非织造布

一、非织造的定义与分类

(一)定义

非织造布又称非织布、非织造织物、无纺织布、无纺织物、无纺布。非织造技术是纺织工业中最年轻而最有前途的一种技术。它突破了传统的纺织原理,综合了纺织、化工、塑料、造纸等工业技术,充分利用现代物理、化学等学科的有关知识。因此,一个国家非织造生产技术的发达程度就成了这个国家纺织工业技术进步的重要标志之一,也反映了一个国家的工业化发展水平。非织造布的定义是一种有纤维层构成的纺织品,这种纤维层可以是梳理成网或由纺丝方法直接制成的纤维薄膜,纤维杂乱或定向铺置。其结构特点是介于传统纺织品、塑料、皮革与纸四种系统之间的一种新材料系统。

(二)分类

如图 2-155 所示,按加工方法划分。

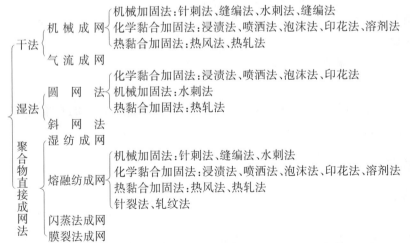

图 2-155　非织造布按加工方法分类

二、非织造布的工艺流程

(一)原料的开松、除杂和混合

为保证产品质量,改善加工性能,创造成布条件和降低成本,需要将各种成分的纤维按质量比例混合,并充分开松,清除杂质和疵点。

(二)纤维网的形成

纤维网是非织造布的骨架。为了提高非织造布的各向同性程度,要求纤维在网中分布均匀,无明显方向性。纤维网的形成方法如下:

(1)造纸法:短纤维可采用与水混合,在湿态下加工成网。

(2)梳理铺垫成网:利用传统的梳理机制得梳理网,同时把梳理网铺垫成需要的纤维网,满足重量和强度的要求。

(3)气流成网:利用高速回转的刺辊,将纤维原料分离成单纤维,并在气流输送过程中得到杂乱排列,最终凝聚到运送帘表面,构成纤维网。

(4)熔喷短纤成网:把熔融的高聚物挤出喷丝板后,即受高速气流冲击,使放出的丝成为相互纠缠的短纤维,凝聚到运送网帘上,借热粘合构成纤维网。

(5)长丝成网:使切片聚合物由喷丝板喷出后,经一系列装置使丝束变细、取向、相互分离等工序,最后把长丝凝集、铺垫在运送帘上形成纤维网。

(6)薄膜撕裂成网:用热塑性聚合物,如聚丙烯、聚乙烯等,在成膜阶段,借机械割划和扩幅作用,使薄膜片撕裂成薄膜纤维的网状结构,再经热压定型便形成纤维网。

(三)纤维网的加固

为了增加某些成网方法所得纤维网的强度,以满足使用要求,必须对纤维网进行加固。常用加固方法有:

(1)利用纤维网本身的纤维得到加固。

针刺加固:多用来生产合成革底布等厚型非织造布。

水刺加固:多用来生产合成革底布等薄型非织造布。

(2)由外加纱线加固。

(3)由黏合剂或热黏合作用而得到加固。

(四)后整理

改变结构特征,增加花色品种,改善外观或提高质量和使用性能。常用的有柔软、轧光、磨绒、涂层、静电植绒、印花、染色。

三、常见非织造布产品

(一)化学黏合法非织造布(Chemical Bonded Nonwoven)

化学方法对纤网加固,是采用化学黏合剂的乳液或溶液,施加到纤网中去,施加的方法可以采用浸渍、喷洒、泡沫、印花等,然后纤网经热处理,就达到了纤网黏合加固的目的。也可采用化学溶剂或其他化学材料,使纤网中纤维表面部分溶解或膨润,产生黏合作用,因而达到纤网加固的目的。化学方法加固是非织造布干法生产中应用历史最长、适用范围最广的一种纤维加固方法。近几年由于聚合物挤出直接成布方法的迅速发展及机械加固方法、热黏合推广应用继续增加,由于某些化学黏合剂有不利于环境保护及人体健康的副作用,使得化学方法在干法非织造布采用的比重有所降低。然而尽管如此,对不少产品来说,化学黏合法仍是一种十分重要的干法非织造布加工方法。并且化学黏合剂的制造技术已有很大改进,出现了许多无毒性、无副作用或者说"绿色"化学黏合剂,大大促进了化学黏合法非织造布的发展(图 2-156)。其主要产品是喷胶棉。

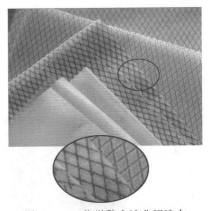

图 2-156　化学黏合法非织造布　　　　图 2-157　针刺无纺布

(二)针刺法非织造布(Needle-Punched Nonwoven)

其加工的基本原理是纤维经开松、梳理成网后,喂入针刺机,针刺机中截面为三角形(或其他形状)且棱边带有钩刺的针,对蓬松的纤维网进行反复针刺,当成千上万的刺针进入纤网时,刺针上的钩刺就带住纤网表面的一些纤维随刺针穿过纤网,同时,由于摩擦力的作用,使纤网受到压缩。刺针刺入一定深度后回升,因钩刺顺向而使纤维以垂直状态留在纤网内,起加固作用,这就制成了具有一定厚度和强力的针刺法非织造布,针刺法非织造布的应用非常广泛,可用于家用装饰、地毯、毛毯、汽车内饰、过滤材料、土工合成材料、建筑、农用丰收布等。在服装领域可用于里衬、填料、肩垫、女用内衣垫、雨衣内里、广告宣传衣、登山防寒棉袄、手套、高尔夫球手套等,还可用于人造革基布(图 2-157)。

(三)水刺非织造布(Spunlaced Nonwoven)

水刺法工艺也称射流喷网工艺,是通过高压水柱高速水流对纤网进行喷射,在水力作用下使纤网中纤维运动而重新排列和相互缠结,从而纤网得以加固而具备一定的强力。水刺非织造布是非织造布中较晚发展起来的一个品种,但由于其手感柔软、强度高、吸湿性和悬垂性好、无化学黏合剂、表现与传统纺织品近似,深得用户的欢迎。它已被广泛用于医疗卫生用品、揩布、合成革基布、防护服等诸多领域。我国水刺非织造布发展快,主要是在产品开发上有自己的特色。水刺布最大的用途是作合成革基布,这与国际市场有很大区别。欧美水刺布的主要用途是在医疗卫生用品方面。我国水刺布用于合成革基布的用量超过 50%。这是因为我国的制鞋、箱包等在世界上举足轻重,需要大量的优质合成革,以水刺非织造布为基布制成的合成革手感柔软、弹性好,外观上很像真皮,产品开发和市场开发比较成功,使水刺非织造布得以迅速发展(图 2-158)。

(四)纺黏法非织造布(Spunbonded Nonwoven)

纺黏法非织造布是利用化纤纺丝原理,在聚合物纺丝过程中使连续长丝纤维铺制成网,经机械、化学或热方法加固而成,它是化纤技术与非织造技术最紧密结合的成功典型(图2-159)。其产品具有高强力、多品种、工艺变化快等优点,但手感和均匀度较差。纺黏布也是一个应用很广的产品,如在鞋材、家具、床上用品、农业用布、包装布、土工用布,到处可看到它的影子,所以它发展很快。但如果纺黏法产品通过改良创新,能够达到或接近纺织品的要求,如强度、产品均匀性、柔软舒适性等能与纺织品接近,则非织造布的应用将会大大地向前推进。随着细旦纺丝技术、静电铺丝技术、水刺缠结技术、复合纺丝技术、多功能化纤技术等各种边缘技术在纺黏布中的应用,纺黏布产品接近纺织品性能已为期不远。目前,至少有两家水刺设备制造商正在研制连续生产线,采用不同的水刺技术将长丝的纺丝用水刺成布,既有柔软的悬垂性,又具有长丝的强度。

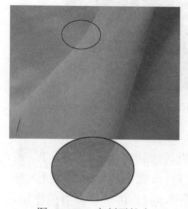

图 2-158 水刺无纺布   图 2-159 纺粘法非织造布   图 2-160 熔喷非织造布

(五)熔喷法非织造布(Melt-Blown Nonwoven)

熔喷法非织造布是将挤压机挤出的高聚物熔体经过高速的热空气(310～374 ℃)或其他手段(如离心力、静电力等)使高聚物受到极度拉伸,形成极细的短纤维,并凝集到多孔滚筒或帘网上形成纤网,最后经自身黏合或热黏合加固而制成(图2-160)。目前,熔喷法非织造布主要用途有过滤材料、医用材料、卫生用品、吸油材料、服装材料、擦布、热熔黏合材料、电子专用材料(蓄电池、电池隔层等)、特殊纤维等。其中在服装领域主要有三方面的用途:保暖、用即弃、劳防服及合成革基布。

保暖用熔喷法非织造布的应用目前最成功的是美国3M公司开发的一种特殊熔喷法产品,它是在熔喷成纤过程中,另外有一股气流混入聚酯短纤,让熔喷的超细纤维与普通聚酯短纤充分混合,形成由弹性良好的聚酯短纤与聚丙烯超细纤维构成的空气保暖结构,这种保暖材料具有轻而暖的效果,已成功用于滑雪衫、手套、帽子、夹克等产品。直接作为服装面料的是SMS复合非织造布,除用于医用手术衣外,还成功用于生产工业用途的保护服,如高粉尘场合、喷漆间、核辐射车间等处的劳防服,一般加工成连帽子脚套的全身密封型工作服。熔喷法非织造布用作合成革基布,目前主要在日本。它利用熔喷非织造布的超细纤维结构类似天然革的特点,采用了多种聚合物,并经复杂后处理,制成酷似天然革的合成革。目前,这方面的应用量还很小,但很有发展前途。

(六)热熔黏合法非织造布(Thermo-bonded Nonwoven，Melt-bonded Nonwoven)

热熔黏合法非织造布的加工原理就是利用合成纤维的热塑性。当合成纤维加热到一定温度时就会软化、熔融，发生黏性流动，在冷却时就会发生纤网加固现象，它很好地解决了化学黏合法的三废问题(图 2-161)。热熔黏合法非织造布包括热风非织造布(hot through-air nonwoven)和热轧非织造布(calender bonded nonwoven)两大类。热风法是采用热气流穿过纤网，纤网迅速受热，其中低熔点纤维部分迅速熔融，冷却后纤网得到加固，主要用于生产薄型卫生及医疗用产品，还有相当数量的厚型产品，如絮片、气体液体过滤、海绵类产品。热轧非织造布采用蒸汽、导热油、电热管及最新的电感应等方式加热钢辊，常用两根钢辊或者由一根钢辊与一根棉辊组成的一对热轧辊，纤网喂入轧辊与加热辊接触加热，其中低熔点纤维迅速受热软化，趋向熔融，在未熔融前，纤网由于同时受到热轧辊的巨大线压力作用，使纤维产生变形热而进一步升温，因而纤网达到热黏合加固目的。热风黏合和热辊黏合的最大区别是产品特性，热风黏合适合生产薄型及厚型、蓬松型产品，产品面密度范围很宽，从 $16 \sim 400$ g/m^2 或更高定量的非织造布，都可利用热风黏合生产线生产；而热辊黏合的产品一般比较平滑、手感较差，可生产面密度范围一般不超过 100 g/m^2，大多适于生产 $15 \sim 80$ g/m^2 的非织造布。

图 2-161 热熔黏合非织造布

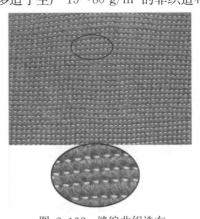

图 2-162 缝编非织造布

(七)缝编法非织造布(Stitch-Bonding Nonwoven)

缝编法就是利用经编线圈结构对纤网、纱线层、非织造材料或它们的组合体进行类似缝纫加工进行穿刺或类似针织生产形成线圈结构加固，以制成非织造布(图 2-162)。随着缝编技术的发展，现在还出现了复制缝编或修饰性缝编，它不以加固成布为目的，而是为了在底基材料上取得某中效应，如毛圈、绒头、棱条等，甚至用缝编法获得花色效应，扩大了缝编产品的品种和应用范围。缝编法非织造布除具有一般非织造布的优点外，最突出的优点是在外观和织物特性上接近传统的机织物或针织物。许多缝编产品单从外观上看，很难将它们与机织物或针织物区别开来。缝编法非织造布在服装上的应用主要有衬衫、裙子及外衣料、人造毛皮等。

四、服装用非织造布

(一)非织造布衬里和黏合衬

这是在服装领域应用最多的一种用途。包括一般衬里和热熔黏合衬，几乎均采用化学纤维(主要是聚酯、聚酰胺和黏胶纤维),其用途主要包括衬里(多采用黏合衬)、缝纫合理化辅料(一些冲压片,用作袋盖等)、加工辅料(用以简化缝纫加工的衬料)。

这种非织造布可采用多种方法制造,如热轧、水刺、浸渍等方法。与传统的纺织品相比,非织造布具有定量轻、易剪裁、布边整齐光洁、回弹性高、适形性良好、生产标准化等特点。

(二)外衣

由于非织造布不具有良好的成型形,限制其作为外衣的应用,但近年来非织造布有了突飞猛进的进步,大大扩大了其在衣着领域的应用。外衣用非织造布除合成革外,最主要的是用缝编法生产的秋冬季服装面料。缝编法非织造布的外观与传统的纺织产品非常相似,因此可以用来加工各式外衣,如西服、夹克衫、风衣外套等。另外,水刺法非织造布同样具有良好的手感及织物样的外观,经过印花、染色及其他方式后整理的水刺布已经开始应用到休闲装、童装上。薄型的热轧及热熔黏合非织造布,经过一系列后整理,同样可以应用到外套及其他类型服装上。

目前,已有一些生产商表示要将非织造布介入到服装业中去,并展开与传统的针织和梭织物的市场竞争。一些实力雄厚的大企业,如 DuPont、Frendenberg、Polymer、Unifi 等,他们正在做相关方面的研究。已生产出一些有注册商标的织物商品,如由 DuPont 公司研制的NOVA 产品,此织物具有透气性好和防沾污的特点,符合消费者的需求潮流;Polymer 集团生产的 Miratec 织物制成的跑步运动服已被市场接受,现已用于家用纺织品,估计用于普通服装指日可待;Frendenberg 公司研制的 Evolon 织物具有出色的悬垂性、易整理性(耐洗性和快速变干)、抗皱性、透气性和抗紫外线功能,它运用超细纺黏水刺非织造布制成;Unifi 公司目前正在兴建工厂,用非织造布生产服装。总之,在未来的发展中,将有越来越多的用非织造布制成的服装出现在市场上。

(三)非织造保暖絮片

这类非织造布已广泛用于服装行业,代替羽绒、羊毛胎、棉絮等生产滑雪衫、防寒大衣等,具有轻而暖的优点。用于保暖的非织造材料主要有两大类:一类是用于被褥等床上用品的喷胶棉、仿丝棉、仿羽绒棉及热熔棉,它们也可以用于防寒服,具有定量轻、蓬松度高、静止空气含量大、保暖性好、不霉不蛀、不受潮、可以整体洗涤、加工工艺简单、价格便宜等特点;另一类是用于保暖性服装的太空棉、丙纶熔喷保健棉、舒适性覆膜针刺毡等,具有定量重、厚度薄、蓬松度适中、弹性好、抗拉伸能力较第一类强、保型性好,以及保暖性、舒适性较好的特点,可以采用热风法、黏合法、针刺法、缝编法等加工方法。

(四)内衣

内衣用非织造布主要是一次性内裤,所用原料多为黏胶纤维,加工方法以水刺、纺黏法为主,再经染色、印花后加工成男女内裤。

(五)服装标签

非织造布类服装标签多由聚乙烯、聚酰胺等为原料经纺丝成网、热轧黏合而成,目前国外用得较多的是用线性聚乙烯为原料,通过闪蒸法生产的非织造布来加工服装标签。这种非织造布具有超高强度,质地细密,表面光滑,切边后不会出现散边、毛边等现象。

(六)人造革基布

由于非织造布具有良好的透气性、各向同性,特别是采用超细复合纤维的人造麂皮,广泛用于服装,具有良好的悬垂性、稳定性、透湿性、耐磨性和耐光色牢度。

第四节　毛皮与皮革

从历史上说,人类的第一件服装就是动物的毛皮,从人类产生到现在,已经有几百万年,但现在人们仍然对动物毛皮制品、对皮草服装情有独钟,所以说皮草是人类时尚代名词之一。毛皮和皮革都可用于制作服装。通常把鞣制后的动物毛皮称为毛皮,而把经过加工处理的光面或绒面皮板称为皮革。

毛皮由皮板和毛被组成,皮板密不透风,毛被的毛绒间可存留空气,从而起到保暖的作用。毛皮轻便柔软、坚实耐用,可用作面料,又可充当絮料,但价格昂贵。皮革指动物毛皮经过化学处理后,成为具有一定的柔韧性及透气性,且不易腐烂的革皮。

一、毛皮

毛皮,也称"裘皮"或"皮草",叫法不一。其实追根溯源,"裘皮""毛皮""皮草"是不同时期人们的不同称谓。中国传统的制裘工艺早在距今3 000多年前的商朝末期就形成了,商朝丞相比干是中国历史上最早发明熟皮制裘工艺这一技术的人。人们通过硝熟动物的毛皮来制作裘皮服装,并且"集腋成裘"制作成一件华丽的狐裘大衣,所以北方一直习惯称作"裘皮",比干也被后人奉为"中国裘皮的鼻祖"。

在旧上海的殖民地,很多的意大利商人在上海开设了毛皮店,用英文标注"FUR",但是他们怕中国人看不懂,于是翻成中文就叫作"毛皮",这种称法一直沿用到现在。所以一直有这样一个说法:北方以北京为裘皮中心,南方以上海为毛皮中心。

在旧上海时期,有一些犹太人在这里开设一些毛皮店,那时多以野生动物毛皮为主,价格非常昂贵。一件黄狼皮短衣就要花费五根金条。但是上海的气温不是特别冷,冬季短,夏季时间较长,所以聪明的犹太人冬季卖毛皮,到了夏天就进了一些草席去卖,随后就将店名改成了"皮草店"。在解放后,很多的皮草公司都搬到了香港,给犹太皮草商打工的学徒们,为了生存、生活,于是就仿照犹太老板开始经营皮草,尽管不知道皮草到底是什么意思,但也都叫作"皮草公司"。就这样"皮草"从上海到香港,又从香港回到中国内地。现在,毛皮约定俗成,都叫皮草,国内也都叫作皮草公司。

(一)天然毛皮

1.天然毛皮结构与特点

带毛动物体的外表层称为毛皮,它保护动物的肌体不受外界影响,对肌体的汗液和热交换起调节作用,对外界的各种刺激起知觉作用。毛皮经过加工处理后,可作为服装材料,通常称这种毛皮为"裘皮"。

动物的毛皮成分主要是蛋白质、脂肪、无机物、碳水化合物和水分。尽管毛皮种类繁多,但毛皮的基本组织结构和化学成分是相似的。毛皮由皮板和毛被两部分组成。皮板的结构分为三层:表皮层、真皮层和皮下组织。除这三层以外,还有附属于皮板的其他组织,如毛、毛囊、毛肌、脂腺、汗腺等。表皮层位于皮板的表面,在真皮层之上。表皮层中的角质层对外界物理和化学作用具有一定的抵抗能力。表皮层尽管很薄,却起很重要的作用,表皮遭破坏,细菌就会侵入,导致生皮腐烂变质,由此制成的皮制品质量低劣。真皮层的厚度和质量占皮板的90%以上。真皮层细分为两层:乳头层和网状层。乳头层中有毛根、毛囊、毛肌等;网状层由胶原细胞纤维组成,比乳头层的纤维束粗壮,而且编织紧密、复杂,所以,网状层的厚度关系到皮板的强度。

毛被由锋毛(或称刚毛)、针毛(俗称毛针)和绒毛这三种毛纤维,按一定比例成束成组排列而成。锋毛形状呈锥形和圆柱形,是毛被中最粗、最长、最直的毛,也称箭毛。锋毛弹性极好,在动物体内起着传导感觉和定向的作用,数量很少,只占毛被中毛纤维总量的0.1%~0.5%。针毛呈纺锤形和柳叶刀形,比绒毛长,将绒毛遮盖住,也称盖毛。针毛比锋毛短、细,弹性好,颜色和光泽明显。有些动物的针毛还有色节,使毛被形成特殊的颜色。针毛起着防湿和保护绒毛,使绒毛不易黏结的作用。因此,针毛发育的好坏对毛皮的美观和耐磨性影响很大,挑选毛皮时一定要注意针毛的分布形态。针毛占毛被中毛纤维总量的2%~4%。绒毛的上下粗细基本相同,是毛被中最短、最细、最柔软、数量最多的毛,通常带有不同类型的弯曲,如直形、卷曲形、螺旋形等。在毛被中,绒毛形成一个空气不易流通的保温层。绒毛在整个毛被中约占毛纤维总数的95%~98%。

动物的毛皮由于生长部位不同,其毛被的构造也会有所不同。大多数的毛皮兽,发育最好的是最耐寒的背和两侧的毛被,在这些部位,针毛和短绒都颇为发达。在较不易受寒的腹部,毛绒短而较稀。生存在水中的毛皮兽,全身的毛绒是平均发育的。

由于毛皮由皮板和毛被组成,皮板密不透风,毛被的毛绒间可以存留空气,从而起到保存热量的作用。因此,毛皮服装是防寒服装的理想材料。由于其具有轻便柔软、坚实耐用,可用作面料,又可充当絮料;同时在外观上,可以保留动物毛皮的自然花纹,还可以通过挖、补、镶、拼等缝制工艺形成绚丽多彩的花色等特点,成为人们喜爱的珍品,特别是名贵毛皮服装,价格非常昂贵,属于高档消费品。毛皮的原料是动物皮毛,是直接从动物身上剥下来的(称为生皮)。因为生皮上有血污、油污及多种蛋白质,为获得柔软、防水、不易腐烂、无臭、可供服用的毛皮,必须经过浸水、洗涤、去肉、毛被脱脂、浸酸软化的准备后,对毛皮进行鞣制加工,最后还得进行染色整理,才能获得理想的毛皮制品。

2.常见毛皮品种

皮草的分类方法有很多种。按毛被成熟期先后,可分为早期成熟类、中期成熟类、晚期成熟类、最晚期成熟类。按加工方式,可分为鞣制类、染整类、剪绒类、毛革类。按外观特征归纳,可以分为厚型皮草,以狐皮为代表;中厚型皮草,以貂皮为代表;薄型皮草,以波斯羊羔皮为代表。在众多毛皮品种中,貂皮和狐皮一直最为流行,其实毛皮的种类繁多,并不仅限于貂、狐两种。无论是饲养或野生的毛皮动物,大部分均产自北美洲、北欧及中欧等地,国际皮草市场上销售的毛皮,超过90%来自这些国家的毛皮动物养殖场。

现在,较为常用的是按原料皮的毛质和皮质来划分的类型,可分为以下四种:

(1)小毛细皮类:主要包括紫貂皮、栗鼠皮(青紫兰,亦称青秋兰)水貂皮、水獭皮、海龙皮、扫雪貂皮、黄鼬皮、艾虎皮、灰鼠皮、银鼠皮、麝鼠皮、海狸皮、猸子皮等,毛被细短柔软,适于制作毛帽、大衣等。

(2)大毛细皮类:主要包括狐皮、貉子皮、猞猁皮、獾皮、狸子皮等,张幅较大,常用来制作帽子、大衣、斗篷等。

（3）粗皮草类：常用的有羊皮、狗皮、狼皮、豹皮、旱獭皮等，毛长且张幅稍大，可用来制作帽子、大衣、背心、衣里等。

（4）杂皮草类：包括猫皮、兔皮等，适合做服装配饰，价格较低。

皮草时装面料，较常见的有以下两种：

貂皮：貂皮属于细皮毛裘皮，皮板优良，轻柔结实，毛绒丰厚，色泽光润，特别是它的黑褐色毛中隐藏着均匀白色针毛，即行家所说的"墨里藏针"。貂皮以其华丽美观、保暖性强而被列为制作高级皮衣的上品。优质貂皮的貂毛细密轻盈，表毛幼长而充满独特的光泽，绒毛则丰厚柔软。雄貂毛皮大而丰厚，穿起来有分量感，雌貂则较柔软且穿时轻盈，用量较多。其中雌貂貂皮身较窄和细小，毛较短，毛细密而轻盈，表毛幼长而有光泽，制成品较名贵。貂皮颜色约 15 种以上，而其中最受欢迎的有：本黑貂皮、棕啡貂皮、棕黑色貂皮、咖啡色貂皮、银灰色貂皮、黑十字貂皮（背毛上带有一条纹，图 2-163）、珍珠色貂皮（图 2-164）、白色貂皮。貂皮有紫貂皮和水貂皮两种，其中以紫貂皮较为名贵，只出产于苏联的高寒地带，曾经是沙皇宫廷的专用品，现在仍然是限量出口。它不但毛质轻盈且长而窄，毛身短而茂密，触手时柔软如丝，暗蓝色的表毛布满光泽，深色的绒毛细密丰润。用它制成的裘皮装轻巧灵便、美观高雅，具有"见风愈暖，落雪则融"的高度御寒保暖性能。其中皇冠紫貂棕色带蓝，黄金紫貂则呈琥珀色调。紫貂首选以毛质柔软顺滑，富棕色光泽而带有如丝般黑长毛者为佳。极品的紫貂皮带有银色长毛，而且均匀分布在整件毛皮上。毛皮兽的产地、栖息、生活、食物、习性、季节等因素对毛质的发育、皮板的构造有直接的影响。

图 2-163 黑十字貂皮　图 2-164 珍珠色貂皮　图 2-165 白金狐皮　图 2-166 金岛狐皮

狐皮：狐皮是皮草时装中选用最多的毛皮之一。优质的狐毛细密丰润，毛质富有弹性而且充满动感。狐皮有多种天然颜色可供选择，目前世界上狐皮的颜色有 40 多种，如银狐、蓝狐、白狐、褐狐、红狐及灰狐等，其中白金狐（图 2-164）、金岛狐（图 2-165）等色华丽夺目，售价比银狐皮高 2～3 倍。近几年来，我国蓝狐皮和白狐皮很畅销。

（二）人造毛皮

人造毛皮系指用人工制造的，外观类似动物毛皮的产品，具有保暖性好、外观美丽、丰满、手感柔软、光泽自然、绒毛蓬松、弹性好、质地松、质量比天然毛皮轻、抗菌防虫、可以简化服装制作工艺、增加花色品种、价格较低、易保藏、可水洗、价格低等优点，在服用性能上与天然毛皮接近，是极好的裘皮代用品。但人造毛皮也有缺点：一是防风性差；二是掉毛率较高。根据生产方法不同，人造毛皮分为以下几种：

○ 机织人造毛皮：

一般底布用棉纱作为经纬纱，毛绒采用羊毛或腈纶、氯纶、黏胶纤维等，在双层组织的经起毛机上织造。机织人造毛皮的面密度为 340～600 g/m²，仿制珍贵裘皮的人造毛皮面密度为 640～800 g/m²，属于高档人造毛皮织物，适宜制作妇女冬季大衣面料、冬帽、衣领等。

○ 针织人造毛皮：

采用长毛绒组织织成，用腈纶、氯纶或黏胶纤维做毛纱，用涤纶、腈纶或棉纱做底布用纱。按其编织工艺分为纬编人造毛皮和经编人造毛皮两类，其中纬编人造毛皮发展最快，应用最广。用作服装材料的纬编人造毛皮常用品种有：素色平剪绒、提花平剪绒和仿裘皮绒三种。素色平剪绒的毛面平整，面密度为 400～550 g/m²，主要用于冬服衬里、女装和童装的面料。提花平剪绒毛面平整、手感柔软、配色协调、外观美丽，主要用作服装面料。仿裘皮绒具有层次分明的刚毛和绒毛，色泽和谐而高雅，手感柔软，仿天然裘皮逼真，主要用作女装面料。经编人造毛皮系双针床拉舍尔经编织物，毛丛松散，绒面平整光洁、细柔，绒毛固结牢度好，门幅稳定，织物较厚实，在服装上应用不多（图 2-167）。缝编法人造毛皮是无纺织布技术中的毛圈缝编组织，一般用纤维网、纱线层或地布作为基组织，经缝编制得。由浮起的缝编线延展线形成毛圈，然后经拉绒或割圈等后整理形成毛绒。缝编绒的毛高为 8～25 mm，面密度为 450～550 g/m²，有较好的尺寸稳定性和保暖性，且成本低，价格便宜，适宜制作冬季男女服装的衬里。

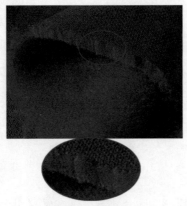

图 2-167　针织人造毛皮

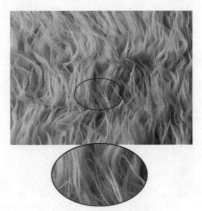

图 2-168　落水毛

○ 人造卷毛皮：

用黏胶纤维、腈纶或变性腈纶等纤维为原料，将纤维放在条带机上自动转动的一把切刀上，纤维被切成小段，随即被夹持在两根纱线中，通过加捻形成毛绒的绒毛带。绒毛纱带在卷烫装置中被烫卷曲，成为人造毛皮的卷毛（图 2-168）。然后通过传送装置将绒毛纱带送向已刮涂了一层胶浆的基布，在基布上粘满一行行整齐的卷毛，再经过加热、滚压，适当修饰后，就成为人造毛皮。

二、皮革

(一)天然皮革

1.天然皮革的特点

动物毛皮除去毛被以后,再经过一系列物理、化学和机械加工处理而成的皮革叫天然皮革。制革生产中,皮板的上层为表皮层,不能鞣制成革;中层是由纤维组成的真皮层,它包括胶原纤维(99%)、弹性纤维、网络纤维等,属制革材料;下层由少量纤维和脂肪组成,即皮下组织层,它包括疏松的胶原纤维和部分弹性纤维,还有血管、淋巴管、神经组织,对制革无用,且阻碍水分蒸发,妨碍渗透。

常用的皮革原料采用绵羊、山羊、猪皮、牛皮的毛皮。用于皮革服装的毛皮皮张面积较大,多数是家畜的皮张,原料来源广泛,与裘皮服装相比价格低廉。在毛皮加工过程中,凡是毛松落、毛稀疏、毛被擀毡或油毛严重的羊皮、短毛羊皮(毛长 1 cm 以下)等毛皮及非标准的毛皮原料、不适合制成裘皮的低级毛皮都可用于制革,并成为制革的好原料。毛皮去毛制革可以使次毛皮变成好革皮,使低档毛皮原料制成高档的皮革制品,大幅度地提高原料毛皮的经济价值。

天然皮革的特点是遇水不易变形、干燥不易收缩、耐化学药剂、防老化等;但天然皮革不稳定,大小厚度不均匀一致,加工难于合理化。

2.常见天然皮革品种

天然皮革按张幅和质量可分为轻革及重革,轻革主要用于服装、手套、鞋面等,重革用于鞋底。按原料皮的来源可分为:兽皮革,如牛、羊、猪、马、鹿、麂;海兽皮革,如海猪;鱼皮革,如鲨、鲸、海豚;爬虫皮革,如蛇、鳄鱼。应用在服装上的皮革是指用羊、牛、猪、马、麂、蛇等动物毛皮经过化学处理后,成为具有一定的柔韧性及透气性,且不易腐烂的革皮。

服装革有正面革和绒面革两种。正面革指保留并使用动物皮本来表面(生长毛或鳞的一面)的皮革,也叫全粒面革。正面革的表面未经涂饰较少直接使用,大多数是经过美化涂饰的,例如摔纹、压花等。正面革所用的原料要求伤残少的高等级原料皮,且加工要求也高,属高档皮革,并且因皮革的表面完整地保留在革上,其坚牢性能好,正面革表面不经涂饰或涂饰很薄,保持了皮革的柔软弹性和良好的透气性,其制成品舒适、耐久、美观。正面革的表面保持原皮天然的粒纹,从粒纹可以分辨原皮的种类。绒面革是革面经过磨绒处理的皮革。绒面革是轻革品种之一,是指表面呈绒状的皮革利用皮革正面(生长毛或鳞的一面)经磨革制成的称为正绒;利用皮革反面(肉面)经磨革制成的称为反绒。利用二层皮磨革制成的称为二层绒面。由于绒面革没有涂饰层,其透气性能较好,柔软性较为改观,但其防水性、防尘性和保养性变差,没有粒面的正绒革的坚牢性变低。绒面革制成品穿着舒适、卫生性能好。但除油糅法制成的绒面革外,绒面革易脏,而不易清洗和保养,主要用于皮鞋、皮服装、皮包、手套;厚度比光面革薄,一般为 0.5～1 mm。服装用光面革厚为 0.6～1.2 mm。

不同的动物皮有不同的特点,现就常见的几种动物皮革介绍其特点。

(1)牛皮革

应用在服装上的牛皮有黄牛皮和水牛皮两种,其中黄牛皮是主要的原料(图 2-169)。黄牛皮革粒面上毛孔呈圆形,并较直地伸入革内,毛孔紧密而均匀地分布在革面上,革质丰满,

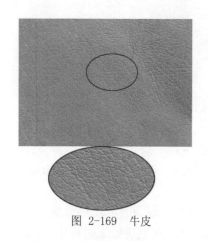

图 2-169　牛皮

粒面较光滑而细致,花纹特点如繁星布满天空;而水牛皮皮革毛孔呈圆形,孔眼粗大,毛较直地深入革内,毛孔数量较黄牛革少,但较均匀地分布革面上,粒面凹凸不平,较粗糙。花纹特点是"星星点点"。水牛皮由于乳头层凹凸不平,粒面粗糙,外观不如黄牛皮和羊皮细腻,因抗张强度较高,所以多做工业用革,也有部分用于服装生产。

黄牛革有小牛革和老牛革之分。小牛革是皮革中最好的一种,是高级皮革服装和鞋的理想材料。因为小牛革纤维束较细,交织均匀且紧密,强度较高,乳头层与网状层厚度相似,成革柔软,粒面光滑细致,花纹美观,颈部也无皱纹,薄厚均匀。而老牛皮因纤维束粗大,成革粒面粗糙,厚薄也不均,皮面上的伤痕和皱纹也较多,由于革面粗糙,较厚不宜作为服装用料。

黄牛皮按照地域可分为以下三类:

北牛皮:属蒙古牛种,产于内蒙、华北、东北、西北。其皮板伤残较重,皮毛被粗长,底线多,板质薄,油性小。

中牛皮:属华北牛种,产于黄河下游、长江中下游、淮河流域。毛被短细,有光泽,皮板粗状,厚薄均匀,伤残小。鲁西、秦川、南阳的牛皮质量最好,最出名。

南牛皮:属华南牛皮,多半产于福建、云南、两广地区。板质细致,张幅小,底板薄,纤维编织紧密,暗伤较多。

（2）羊皮革

羊革的革面特征是粒面毛孔扁圆,较斜地伸入革内,毛孔几根排成一组,像鳞片或锯齿状,花纹特点如"水波纹"状(图 2-170)。

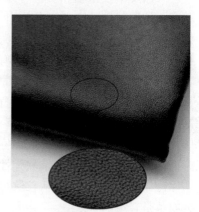

图 2-170　羊皮

羊革分为绵羊革和山羊革。绵羊革的皮层中脂肪含量较多,革的纤维组织松弛,非常柔软,粒面细致,延伸性较大,但不坚固,多作为服装和手套用革。山羊革,皮革中脂肪含量较少,纤维组织比绵羊革饱满,坚实耐用,不仅可以用于服装、手套,还可用作女士鞋面。绵羊革与山羊革的区别是:绵羊革粒面细致光滑;山羊革毛孔清楚,革质有弹性。无论哪一种羊革制成的服装都具有美观的花纹,光泽柔和自然、轻薄柔软,富有弹性,但强度不如牛革和猪革。

（3）猪皮革

猪革粒面毛孔圆而粗大,毛较斜的伸入革内,毛孔在粒面上排列是三根一组,构成三角形的图案,粒面凹凸不平,有特殊的花纹,花纹特征为三点(毛孔)一撮(图 2-171)。

由于猪革的纤维束是斜竖交织,且倾斜角度大,又有一定的厚度,所以有优良的耐磨性、延伸性和透气性,是加工服装的良好材料。由于其粒面粗,毛孔大而明显,国外一般将其制成绒面革服装。猪皮革的不足是易吸水、易变形。因此,猪皮革的服装不如牛革、羊革的外观漂亮,价格也较低。

图 2-171　猪皮　　　　　　图 2-172　马皮革　　　　　　图 2-173　麂皮

（4）马皮革

马皮革粒面毛孔呈椭圆形，比黄牛革面的毛孔稍大，毛较斜地伸入革内，毛孔较有规律地排列，构成山脉状，革质较松软，不如黄牛革紧密丰满（图 2-172）。

马革一般包括骡、驴革等。由于其纤维束较细致，交织较黄牛革松弛，而后身的"股子皮"，也就是臀部部位的皮，特别紧密，皮结实耐磨，做服装用革多采用前身部分皮革，"股子皮"不用于服装。

（5）麂皮

麂皮生长在我国南方各省的一种野生动物，以广西、贵州等省的产量最多，质量最好。麂皮是生产绒面革的优质原料，可制作夹克衫、手套、皮鞋等（图 2-173）。

（二）人造皮革

人造皮革质地柔软，穿着舒适，美观耐用，保暖性强，具有吸湿、透气、色牢度高等特点；如涂上特殊物质，还具有防水性。人造皮革防蛀、无异味、免烫、尺寸稳定，适合制作春秋季大衣、外套、运动衫等服装及装饰用品，也可制作鞋面、手套、帽子等。常见的人造皮革有人造革和合成革两类。

1. 人造皮革的品种及特性

（1）人造革

人造革在机织底布、针织底布或无纺布上面进行涂塑聚氯乙烯树脂（PVC），经轧光等工序整理后制成的一种仿皮革面料。根据塑料层的结构，可以分为普通革和泡沫人造革两种。后者是在普通革的基础上，将发泡剂作为配合剂，使聚氯乙烯树脂层中形成许多连续的、互不相同、细小均匀的气泡结构，从而使制得的人造革手感柔软，有弹性，与真皮接近。

彩色人造革是在配制树脂时就加入颜料，再加入配制好的胶料充分搅拌。将这种有色胶料涂刮到基布上就形成了色泽均匀的人造革。

为了使人造革的表面具有类似天然皮革的外观，在革的表面往往轧上类似皮纹的花纹，称为压花，如压出仿羊皮、牛皮等花纹。人造革用作服装和制鞋面料时要求轻而柔软，基布采用针织布，服用性能较好。

人造革同天然皮革相比，耐用性较好，强度与弹性好，耐污易洗，不燃烧，不吸水，变形小，不脱色，对穿用环境的适应性强。由于人造革的幅宽由基布所决定，因而比天然皮革张幅大,其厚度均匀,色泽纯而匀,便于裁剪缝制,质量容易控制。但是人造革的透气、透湿性能及耐磨性能不如天然皮革,因而制成的服装舒适性差,在多次摩擦或长时间使用后,表面塑料涂层会剥落,露出底布,从而破坏仿皮革效果。

（2）合成革

合成革用聚氨酯树脂（PU）涂敷在机织底布、针织底布或无纺布上,制成的类似皮革的制品。它的外观比人造革更接近天然皮革,具有一定的透气性能,在吸湿性与通透性方面较人造革有所改善,可染成各种色彩,可通过特殊的工艺处理,制成外观、手感都非常接近山羊皮革的合成革。合成革的主要特点是:强度和耐磨性高于人造革,生理舒适性能优良。由于其表面涂层具有开孔结构,所以涂层薄而有弹性,柔软滑润,可以防水,透水气性能也较好;表面光滑紧密,可以着多种颜色和进行压花等表面处理,品种多,仿真皮效果好;柔韧耐磨,外观和性能都接近天然皮革,易洗涤去污,易缝制,适用性广。

（3）人造麂皮

人造麂皮又称为仿麂皮。服装用的人造麂皮要求既有麂皮般细密均匀的绒面外观,又有柔软、透气、耐用的性能。人造麂皮可用聚氨酯合成革进行表面磨毛处理制成。它的底布采用化纤中的超细纤维非织造布。人造麂皮还可通过在织物上植绒制成。植绒就是将切短的天然或合成纤维固结在涂有黏合剂的底布上。植于表面的细绒主要是棉纤维、人造纤维、锦纶等原料,绒屑的平均长度在 0.35～5 mm,有本色的也有染色的,有等长的也有不等长的。一般采用有较细细度的较短绒屑制成服用仿麂皮织物。

第五节　其他结构的纺织面料

除机织、针织、非织造布和皮革外,用于服装的其他结构纺织面料还包括复合、刺绣、植绒、簇绒等形式的面料。这些巧妙的手法极大地丰富了服装面料。

一、复合面料

复合面料就是将两层或两层以上的不同性质的片状材料一层层地叠合,通过一定的方法组合在一起,使材料具有多种功能的复合体,提高其适用性、功能性,提高其附加值,故又称层压织物。这种织物种类繁多,目前应用在服装上的有黏合织物、涂层织物、多层保暖织物。

（一）黏合织物

黏合织物是指通过两层或两层以上的织物通过黏合剂的粘贴作用,将它们黏合成一体的复合织物。应用在服装的产品主要包括衬料和面料、里料的黏合,薄膜与纺织品的黏合等织物。

（二）涂层织物

涂层织物是指在织物的表面均匀涂以形成薄膜的高分子化合物,使织物改变外观、风格,并赋予特殊的功能,从而提高产品的附加值。涂层材质有 PVC 涂层、PU 涂层和半 PU 涂层、PA 涂层、PTFE 涂层。应用在服装上的常见产品有防水透湿织物、阻燃涂层织物、调温涂层相变、四防（防火、防水、防油、抗静电）涂层织物等（图 2-174）。

图 2-174　涂层面料

图 2-175　多层保暖面料

（三）多层保暖织物

有内外两层织物，中间加絮料，通过织造或绗缝形式将它们结合在一起的织物，一般用于保暖材料，如保暖内衣产品（图 2-175）。内外两层织物一般采用针织单面结构，原料一般采用纯棉、涤棉混纺、化纤纯纺、改性丙纶、丝织物等，保暖絮片一般采用丙纶、涤纶、羊毛、蚕丝、远红外纤维等成分及涂层的非织造布。

二、刺绣面料

刺绣是中国优秀的传统工艺，有着悠久的历史，是一种在织物上用各种线料织出种种图案的工艺。刺绣与养蚕、缫丝分不开，所以刺绣又称丝绣。中国是世界上发现与使用蚕丝最早的国家，人们在四五千年前就已经开始养蚕、缫丝。随着蚕丝的使用，丝织品的产生与发展，刺绣工艺也逐渐兴起。这种丝织刺绣工艺品的生产，不仅对中国社会起了很大的作用，而且在国际文化生活中产生了很大的作用与影响。到了秦汉时期，刺绣已发展到较高的水平，绣品也成为对外输出的主要商品。清代各地的民间绣品皆有传统的风味，形成了著名的四大名绣，即苏州的苏绣、湖南的湘绣、四川的蜀绣、广东的粤绣。此外还有北京的京绣、温州的瓯绣、上海的顾绣、苗族的苗绣等，产地不同，风格各异。刺绣的针法有错针绣、乱针绣、网绣、满地绣等。刺绣的花卉不闻犹香，飞禽栩栩如生，走兽神态逼真。解放后，中国将油画、中国画、照片等艺术形式运用于刺绣，使之达到远看是画、近看是绣的绝妙效果。刺绣品的用途也进一步扩大，从戏剧服装到日常生活中的枕套、台布、屏风、壁挂及生活服装等。此外，刺绣品还是中国传统的外贸产品，经济价值很高。中国刺绣的特色和艺术价值，直接体现在四大名绣上。

苏绣宋代已颇具规模，在苏州出现了绣衣坊、绣花弄、滚绣坊、绣线巷等生产集中的坊巷。清代为盛期，当时的皇室绣品，多出自苏绣艺人之手；民间刺绣更是丰富多彩。苏州刺绣，素以精细、雅洁著称，图案秀丽，色泽文静，针法灵活，绣工细致，形象传神。双面绣《小猫》《金鱼》是苏绣的代表作（图 2-176，图 2-177）。

湘绣以湖南长沙为中心的刺绣品的总称，博采苏绣和广绣所长而又自成一体，用丝绒线（无捻绒线）绣花，劈丝细致，绣件绒面花型具有真实感。常以中国画为蓝本，色彩丰富鲜艳，十分强调颜色的阴阳浓淡，形态生动逼真，风格豪放，曾有"绣花能生香，绣鸟能听声，绣虎能奔跑，绣人能传神"的美誉。湘绣以特殊的毛针绣出的狮、虎等动物，毛丝有力、威武雄健（图 2-178，图 2-179）。

图 2-176 苏绣（小猫）　　　　　　　　图 2-177 苏绣（九鲤图）

蜀绣又名"川绣"。清代道光时期蜀绣已形成专业生产,成都市内有很多绣花铺,既绣又卖。蜀绣以软缎和彩丝为主要原料。以绣制龙凤软缎被面和传统产品《芙蓉鲤鱼》最为著名。蜀绣形象生动,色彩鲜艳,富有立体感,短针细密,针脚平齐,片线光亮,变化丰富,具有浓厚的地方特色(图 2-180,图 2-181)。

图 2-178 湘绣（老虎）　　　　　　　　图 2-179 湘绣（樱花兰雀）

图 2-180 蜀绣（熊猫打滚）　　　　　　图 2-181 蜀绣（芙蓉鲤鱼）

粤绣是广东刺绣艺术的总称,它包括以广州为中心的"广绣"和以潮州为代表的"潮绣"两大流派。在艺术上,粤绣构图繁密热闹,色彩富丽夺目,施针简约,绣线较粗且松,针脚长短参差,针纹重叠微凸。常以凤凰、牡丹、松鹤、猿、鹿以及鸡、鹅为题材。粤绣的另一类名品是用织金缎或钉金衬地,也就是著名的钉金绣,尤其是加衬高浮垫的金绒绣,更是金碧辉煌、气魄浑厚,多用作戏衣、舞台陈设品和寺院庙宇的陈设绣品,宜于渲染热烈欢庆的气氛(图2-182,图2-183)。

图 2-182　粤绣（孔雀）

图 2-183　粤绣（八仙图）

　　近几年,从国外流传的十字绣(cross stitch)在国内非常流行。十字绣是一种起源于欧洲的手艺,具有悠久的历史,十字绣在民间俗称为"挑花"或"挑补绣",是在一种专门的绣布上,利用其经纬交织所形成的网格,将不同颜色的线,用十字交叉的方式交叉搭在网格上,按照图样绣出各种生动传神的图案。十字绣广泛流行于欧洲和美国以及亚洲等国家和地区,由于它是一项易学易懂的手工艺爱好,因此流行非常广泛,受到不同年龄的人们的喜爱。近年来,十字绣来到了中国,在中国这个传统的刺绣大国,更加深受人们的喜爱。

三、植绒面料

　　植绒就是将切短的纤维(长度一般在0.2 cm～0.6 cm)垂直固定于涂有胶黏剂的物体或基材上(如布匹、皮革、纸张等)的方法。采用植绒方法制成的面料称为植绒面料(图2-184)。把纤维短绒黏附到织物表面有两种方法:机械植绒和静电植绒。机械植绒就是将织物以平幅状通过植绒室时,纤维短绒被筛到织物上,纤维短绒被随机置入织物。静电植绒是将纤维短绒施加静电,结果粘到织物上时几乎所有纤维都直立定向排列。比起机械植绒,静电植绒的速度较慢、成本更高,但可产生更均匀、更密实的植绒效果。用于静电植绒的纤维包括实际生产中应用的所有纤维,其中黏胶纤维和耐纶这两种最普遍。大多数情况下,短绒纤维在移植到织物上前要先染色。

图 2-184　植绒面料

植绒织物耐干洗和耐水洗的能力取决于黏合剂的性质。应用于织物加工工序的许多高质量的黏合剂,具有优异的耐水洗、耐干洗牢度,或者两项牢度都好。因为不是所有的黏合剂都经得住任何方式的清洗,所以必须验证任何一种特定的植绒织物适合哪一种清洗方法。

植绒工艺除了可用于覆盖整个织物表面的整体植绒外,也可用于植绒印花。根据所用的纤维和植绒工艺,植绒织物的外观可以是仿麂皮或是立绒,甚至是仿长毛绒。这些织物被用于制鞋、衣着、仿长毛绒织物、船甲板和游泳场所的防滑贴附织物、手提包和皮带、床单、家具布、汽车座椅以及大量其他用途的织物。所用纤维和黏合剂必须适合产品的最终用途。整体植绒织物上黏合剂的透气性是影响穿着舒适性的重要因素,一些总体上符合要求的黏合剂从另一方面讲可能几乎是完全不透气的。对于某些产品,如鞋子、内衣、衬衫和上衣等,穿着这些织物是十分不舒服的。

思考题

1.解释下列概念:

面料、机织物、织物组织、经面织物、纬面织物、同面织物、针织物、经编针织物、纬编针织物、无纺织物、裘皮、皮革。

2.机织物、针织物的规格参数分别包括哪些?

3.说明机织物的分类方式及其分类内容。

4.试从表示方法、牢度、手感、表面光泽等方面,比较平纹组织、斜纹组织、缎纹组织的不同。

5.请比较棉织物中细布和府绸的异同点。

6.试比较棉织物中斜纹布和卡其的异同点。

7.试比较棉织物中牛仔布、牛津布、青年纺的异同点。

8.形成泡泡纱的方法有哪三种? 哪一种持久性最好?

9.试比较精纺毛织物和粗纺毛织物的不同点。

10.试比较凡立丁和派力司的异同点。

11.试比较精纺毛织物中哔叽、华达呢、啥味呢的异同点。

12.试比较女衣呢和女士呢的区别。

13.试比较机织物和针织物在成布方式、最小结构单元以及性能上的的区别。

14.针织物的组织是如何分类的? 各自的特点如何?

15.根据非织造布的加工方法的不同,非织造布可分为哪些?

16.针织常用服装面料有哪些? 其特点如何?

17.对天然毛皮与皮革的种类、人造毛皮与皮革的种类制作汇总表。

18.试比较牛皮、羊皮、猪皮的外观特征。

19.试比较人造革和合成革的不同点。

20.取得 10 cm×10 cm 罗缎衣料一块,将其拆散,共有经纱390 根;质量为 780 mg,纬纱共有 210 根,质量为580 mg。求该衣料的经、纬纱密度和面密度。(不计织缩和回潮率)

21.剪得 15 cm×15 cm 哔叽衣料样品一块,分别抽取 100 根经纱和 100 根纬纱,称得 100 根经纱的质量为 420 mg,100 根纬纱为 480 mg。问该衣料的经纱线密度和纬纱线密度各为多少?(不计织缩和回潮率)

第三章　服装常用辅料

服装辅料是指服装中除面料以外的所有其他材料的总称。根据服装材料的基本功能及其在服装中的使用部位,服装辅料主要包括 7 大部分,即:服装衬料、服装里料、服装絮料、服装垫料、线类材料、紧扣材料、商标及标志和其他材料。服装辅料对服装起辅助和衬托的作用。在服装中,辅料与面料一起构成服装,并共同实现服装的功能。现代服装特别注重辅料的作用以及与面料的协调搭配,辅料对现代服装的影响力也越来越大,成为服装材料不容低估和忽视的重要组成部分。

第一节　服装衬料

服装衬料是指服装的领部、两肩、前胸、门襟等部位的衬垫材料,是附在服装面料和里料之间的材料。最初,人们将天然材料直接用作衬垫料,出现了以麻布和棉布为主体的第一代衬布。20 世纪 30—50 年代,由于西服的传入和中山装的提倡,我国开始生产和使用第二代衬布马尾衬(Horse Hair Cloth)和黑炭衬(Hair Interlining Cloth)。20 世纪 60—70 年代,第三代衬布树脂整理的衬料(Resin Interlinging)经历了从开始生产到逐步完善的过程。从 20 世纪 80 年代至今,黏合衬的开发和利用可谓是世界范围内服装工业的一次技术革命,黏合衬布是我国的第四代衬布。

一、衬布的作用及分类

(一)衬布的作用

(1) 理想的造型作用:可以赋予服装理想的曲线和立体造型。

(2) 保持服装结构形态和尺寸的稳定:服装前襟和袋口、领口(穿着时易受力拉伸和变形)以及袖窿、领窝(加工过程中易产生变形)。

(3) 使服装折边清晰平直:服装的折边(如袖口、下摆)以及袖口反衩、下摆衩等处。

(4) 提高服装的抗皱能力和强度。

(5) 增加服装丰满感和保暖性:增加厚度。

(6) 对服装局部具有加固补强作用。

(7) 改善服装的加工性:真丝面料的易滑移性、单面薄型针织物的卷边性。

(二)衬布的分类

(1) 按使用原料分:棉衬、麻衬、毛衬(黑炭衬、马尾衬)化学衬类(黏合衬)和纸衬类等。

（2）按使用方式分：热熔黏合衬、非热熔黏合衬。

（3）按衬的厚薄和面密度分：厚重型（160 g/m² 以上）、中厚型（80～160 g/m²）、轻薄型（80 g/m² 以下）。

（4）按衬布底布（基布）的加工方法分：机织衬、针织衬和非织造衬。

（5）按使用部位分：衣用衬（包括衣衬、胸衬、领衬、领底呢、腰衬、牵条衬、肩衬、袋口衬）和鞋靴衬等。

二、衬料的编号

衬料的编号由英文字母和阿拉伯数字两部分组成：

（一）基布原料标记代号（Code Numbering of Base Cloth）（表 3-1）

表 3-1　基布原料标记代号

基布材质	棉	麻	丝	毛	涤	锦	腈	丙	黏胶	氯	维
标记代号	C	F	S	W	T	N	A	O	R	L	V

用英文字母表示。单个英文字母，表示基布是由单一纤维构成的；两个或三个以上英文字母，表示基布是由两种或两种以上纤维混纺或交织（或混合）制成的。

（二）编号（Numbering）

用阿拉伯数字表示。阿拉伯数字又分为两个部分，第一部分有三位阿拉伯数字，其含义如表 3-2 所示；第二部分由三位数组成，表示衬布品种规格（即衬布基布的平方米质量）。如平方米质量为两位，则第一位为"0"。第二部分与第一部分之间用短线(-)连接。如：C100-150、NR337-110、TR444-030、TC234-120。

表 3-2　服装衬布编号

序号	第一位数（衬布分类）	第二位数（热熔胶种类）	第三位数（涂布工艺方法）
0	—	不用热熔胶	无涂布工艺
1	机织树脂衬布	Hdpe(高密度聚乙烯)	热熔转移法
2	机织热熔黏合衬布	Ldpe(低密度聚乙烯)	撒粉法
3	针织热熔黏合衬布	Pa(聚酰胺类)	粉点法
4	非织造热熔黏合衬布	Pes(聚酯类)	浆点法
5	机织黑炭衬布	Eva(乙烯-乙酸乙酯)	网点法
6	机织多段黏合衬布	Eva-L(Eva 的皂化物)	网膜法
7		热熔纤维	双点法

三、常用衬布

（一）动物毛衬类（Animal Wool Interlining）

1. 马尾衬（Horse Hair Cloth）

马尾衬是马尾与羊毛交织的平纹织物，幅宽大致与马尾的长度相同，布面稀疏，类似萝底。其特点是弹力很强，不折皱，挺括度高（图 3-1）。常作为高档服装的胸衬，一般用于男女中厚型西装、大衣等。在潮湿状态下进行热定型处理，可获得美观造型。

2. 黑炭衬（Hair Interlining Cloth）

黑炭衬又叫毛鬃衬或毛衬，一般使用牦牛毛、羊毛、棉、人发混纺或交织的平纹织物，多为深灰色或杂色，幅宽一般有 74 cm、79 cm、81 cm 三种。其特点是硬挺度好，质优良，富有弹性，因而造型性很好（图 3-2）。多用作高档服装的衬料，如男女中厚型面料服装的胸衬、男女西装的驳头衬等。

图 3-1　马尾衬　　　　　　　　　　　　图 3-2　黑炭衬

（二）麻衬类（Bast Lining）

1. 麻布衬（Bast Lining）

麻布衬以麻纤维为原料的平纹织物，具有较好的弹性和挺括的手感，常用作普通中山装、西装等服装的衬布。

2. 上蜡软衬布（Wax-Covered Soft Interlining）

上蜡软衬布使用麻、棉混纺纱织制的平纹织物，在织物上浸渍适当的胶汁，表面呈微黄色，幅宽为 76 cm 与 83 cm。其特点是硬挺滑爽、柔软适中，富有弹性，韧性较好，缩水率较大，为 6％左右，要进行预缩水。适用于中厚型及薄型服装。

（三）布衬类（Cloth Interlining）

分为粗布衬和细布衬两种，平纹组织，其特点是布面平整有粗糙感，质地柔软，有一定的挺括度和弹性，属于低档衬布，是一般衣料服装的衬布用料，也常作牵条布用。

（四）化学衬（Chemical Interlining）

由化学纤维（如聚酯、聚酰胺、聚乙烯等）制成黏合剂附着在织物上而形成的衬料。

1. 黏合衬（Fusible Interlining）

黏合衬也叫热熔衬，是在底布上经热塑性热熔胶涂布加工而制成的衬布，简称黏合衬布（图 3-3）。使用时将黏合衬布裁剪成需要的形状，然后将其涂有热熔胶的一面与面料的背面相黏合，具有一定的黏合强度。

2. 树脂衬（Resin Interlining）

树脂衬用纯棉布或涤棉布，经树脂浸渍处理而成。其特点是急弹性好，硬挺度高，缩率小（图 3-4）。树脂衬以漂白多，按厚度编号。多用于硬领中山装的领衬、衬衫的领衬等。裁剪时应考虑与面料丝缕的配合,最好斜裁,以增加弹性。

图 3-3 黏合衬

图 3-4 树脂衬

3. 薄膜衬(Film Interlining)

薄膜衬由棉布、涤棉布与聚乙烯薄膜复合而成的衬布。具有弹性好、硬挺度高的优点,而且耐水洗性能好,主要用作硬领的领角部位。

(五)其他衬类

1. 领底呢(Collar Bottom Interlining)

领底又称底领绒,是高档西服的领底材料。由毛和黏胶纤维针刺成呢,经定形整理而成(图 3-5)。

2. 腰衬(Inside Belt Or Inside Tape)

用锦纶或涤纶长丝或涤棉混纺纱线,按不同的腰高织成带状衬带。该衬带上织有凸起的橡胶丝以增大其摩擦,由于橡胶丝的性能不稳定,现在换成了凸出的布条(图 3-6)。

图 3-5 领底呢

图 3-6 腰衬

3. 牵条衬(Tape)

牵条衬又叫嵌条衬,形成一斜裁的窄布条,用在袖窿、领窝、开袋处等部位,加以固定牵制,使易变形部位不致因受外力而影响服装质量(图 3-7)。

四、黏合衬(Fusible Interlining)

黏合衬是指以机织布、针织布、非织造布等为基布,采用热熔性高分子化合物,经专门机

图 3-7　牵条衬

械进行特殊加工,能与服装面料黏合的专门的服装面料。

（一）黏合衬的特点

（1）以黏代缝简化服装工艺:劳动密集型产业向技术密集型和高效益型的产业发展,使生产的产品达到标准化、高速化、现代化的要求。

（2）品种齐全使用面广:黏合衬有各种底布的黏合衬,采用各种热熔胶的黏合衬,使用不同的涂布方法的黏合衬,因此,可以有不同的厚薄,不同的弹性、缩率,不同的软、硬手感和不同的耐水洗、耐干洗的性能,适用各种服装的需要。

（3）技术先进使用效果好:加工出来的服装既挺括又富有弹性,同时质量又很轻,具有不同的耐洗涤性能,非常符合现代服装的要求。

（二）黏合衬的分类

1.按基布的不同分类

（1）机织黏合衬（Woven Fusible Interlining）

机织黏合衬是指基布为纯棉或棉与化纤混纺的平纹机织物的黏合衬。其经纬密度接近,各方向的受力稳定性和抗皱性能较好,多用于中高档服装。机织衬中的分段衬（立体衬）是近年来开发的新品种,是为了适应服装前身的肩、胸、腰等部位用衬的不同要求,在同一块衬布上兼有不同的厚薄和软硬的程度,其定位要求高,分为纬向分段衬和经向分段衬。

（2）针织黏合衬（Knitted Fusible Interlining）

针织黏合衬广泛用于各类针织服装和面料弹性较大的服装。针织黏合衬的底布多采用涤纶或锦纶长丝经编针织物和衬纬经编针织物,既保持了织物的弹性,又具有较好的尺寸稳定性。

（3）非织造布黏合衬（Nonwoven Fusible Interlining）

非织造布黏合衬即无纺黏合衬,非织造布是黏合衬的主要底布,这是由于非织造布质量轻、洗涤后不缩水、裁剪后切口不脱散、保形性良好、使用方便、价格便宜等众多优点。

2.按热熔胶的不同分类（Hot-Melt Glue）

衬布上的热熔胶不像底布那样容易区分,需要用特殊的试剂进行鉴别,一般服装加工厂很难做到,因此购买时一定要问清楚是哪一种热熔胶,因为热熔胶对衬布的性能和压烫条件的选定关系极大。热熔胶的性能包括热性能和耐洗性能。前者决定黏合衬的压烫条件,后者决定适合何种面料和服装使用。常用的热熔胶分为四大类:聚酰胺(PA)黏合衬布、聚乙烯(PE)黏合衬布、聚酯(PES)黏合衬布、乙烯醋酸乙烯(EVA)及其改性(EVAL)黏合衬布(表3-3)。

表3-3 热熔胶的种类及特点

热熔胶种类	熔点范围(℃)	耐洗涤性		抗老化性	熔融指数(g/10min)	用途
		水洗	干洗			
聚酰胺	90～130	尚可	优良	好	15～60	应用广泛,并可用于经有机硅整理的面料
低密聚乙烯	125～136	优良	尚可	好	8～20	经常高温水洗而很少干洗的服装
高密聚乙烯	100～120	尚可	差	好	70～200	衬衣领衬
聚酯	115～125	较好	较好	好	18～30	经常洗涤的服装
聚氯乙烯	100～120	较好	尚可	略差		防雨服

注:熔融指数越高,说明热熔胶的热流动性越好,有利于热熔胶对织物的浸润和扩散。但指数过高,则会产生热熔胶渗透织物的现象。熔点低的热熔胶,可在较低的温度下黏合,不会损伤衣料并避免起镜面、收缩和变色。

一般来说,用于黏合衬的热熔胶要求有较低的熔融温度和好的黏合能力,以便不损伤面料,并有较高的黏合牢度。

3. 按热熔胶的涂布方式分类

(1)热熔转移衬(Hot-Melt Transfer Fusible Interlining)

热熔转移衬最早的黏合衬涂布方法,形状为连续片状复胶层,特点是加工设备简便,工艺要求低。但手感过硬,透气性差,布层不均匀。

(2)撒粉黏合衬(Micro Powder Fusible Interlining)

撒粉黏合衬柔软性比热熔转移衬有所改善,但胶涂布不均匀,质量稳定性差。不过价格便宜,一般用于小面积用衬,如门襟、袋盖、腰衬等。

(3)粉点黏合衬(Powder-Dot Fusible Interlining)

粉点黏合衬在柔软、透气性能上有很大的提高,质量较好,发展较快。

(4)浆点黏合衬(Paste-Point Fusible Interlining)

浆点黏合衬与粉点黏合衬基本类似,区别是粉点衬胶料呈粉末状,浆点衬呈悬漂液浆状。粉点衬基布一般为机织布,浆点衬基布为非织造布。

(5)网膜复合衬(Screen-Film Compound Fusible Interlining)

网膜复合衬是特殊加工的低聚乙烯薄膜与机织底布复合而成,特点是黏合牢度强,均匀,耐水洗性永久,硬挺度高,适宜于男式衬衫领衬。

(6)双点黏合衬(Double-Dot Fusible Interlining)

双点黏合衬由两种不同胶粒组成,目的是取双方的优点,弥补存在的不足。一般将浆点加粉点用撒粉法涂层,这是目前国内外的最新品种。

4. 按国家标准分类

由于各类服装对黏合衬布的质量要求不同,故国家标准按照服装及面料的种类,按其服用要求,将机织(含针织)黏合衬分为四大类:衬衫衬、外衣衬、丝绸衬和裘皮衬,而将非织造黏合衬另归一大类。对不同类别的衬布内在质量有不同的指标要求,故现在衬布生产厂和服装厂均已习惯按国家标准分类。

(1)衬衣黏合衬(Shirt or Undrwear Fusible Interlining)

用于衬衫的领子、袖口和门襟等部位,对黏合衬的水洗性能要求高。

(2)外衣黏合衬(Outer Wear Fusible Interlining)

用于外衣前身、胸、下摆、袋盖等部位,一般较厚重,但还要与服装的面料相配。

(3)裘皮黏合衬(Fur Fusible Interlining)

用于裘皮、皮革和人造革的衬布,一般采用较薄的非织造衬。

(4)丝绸黏合衬(Silk Fusible Interlining)

用于真丝绸和化纤丝绸服装的衬布,要求薄、柔软而富有弹性,并且不能影响丝绸面料的手感和风格。

第二节　服装里料

服装里料是指服装最里层用来部分或全部覆盖服装背里的材料,通常称里子或夹里。一般用于中、高档的呢绒服装、有填充料的服装、需要加强支撑的面料的服装和一些比较精致、高档的服装中。

一、里料的作用

(1)增强服装的美观性:服装一般外面比较整齐光洁,里面多缝头、毛边或衣衬等,服装里料能覆盖面料的缝头及衣衬。

(2)保护面料:加装里料的服装,面料不直接与人体接触,减轻人体对面料的磨损,防止由于人体直接排泄汗渍等而引起面料的损伤。

(3)衬托面料:对透明面料起相应的内衣作用。

(4)增加服装的保暖性:由面里布产生的空气层使服装产生相应的保暖层。

(5)防止填充料外露。

(6)增加服装的三维效果:有些面料轻薄、柔软,增加一层与面料协调的里料,能帮助面料形成立体造型,使服装平整有型。

二、里料的种类

(一)根据工艺分

(1)活里:拆洗方便,加工制作比较麻烦。有些面料如织锦缎、金银缎等不易洗涤,要用活里。

(2)死里:工艺比较简单,制作方便。

(3)全夹里:指整件服装全部配装夹里的形式。一般用于冬季服装和比较高档的服装。

(4)半夹里:指在服装上经常受到摩擦的部位,局部配装夹里的形式。如今服装流行轻、软、薄、挺,许多非常高档的服装和夏季的轻薄服装,也都采用半夹里。

（二）根据材料分

1. 天然纤维里料

这类里料包括真丝电力纺、真丝斜纹绸、棉府绸等。

○ 棉布里料：

透气性和吸湿性好，不易产生静电，穿着舒适，缺点是不够光滑、易皱；主要用于婴幼、儿童服装及中低档夹克衫等。

○ 真丝里料：

光滑、美观、质轻而柔软，吸湿透气性好，易皱，耐机洗性差，强度较低，价格较高，经纬线易脱散；主要用于高档服装，尤其是丝绸或夏季薄毛料服装。

2. 再生纤维素纤维里料

这类里料包括美丽绸、羽纱、富春纺等。

○ 黏胶纤维里料：

手感柔软，有光泽、吸湿性强、透气性较好，但容易发生变形，强力亦较低，牢度差。短纤里料用于中低档服装；长丝里料用于不经常水洗的中高档服装。

○ 醋酯纤维里料：

在手感、弹性、光泽和保暖性方面优于黏胶纤维里料，在一定程度上有蚕丝的效果，但强度低，吸湿性差，耐磨性也差。它的用途与黏胶纤维一样。

○ 铜氨纤维里料：

在许多方面与黏胶纤维里料相似，光泽柔和，有真丝感，湿强降低程度较黏胶纤维小。

3. 合成纤维里料

这类里料包括尼丝纺、尼龙绸、涤丝绸等。

○ 涤纶里料：

坚牢挺括，易洗快干，尺寸稳定，不易起皱，强力高，但是透气性差，易产生静电；用于一般性服装，尤其是风雨衣，但不适宜夏季服装。

○ 锦纶里料：

强力较大，伸长率大，弹性回复性好，耐磨性和透气性优于涤纶，但保形不好，不挺括，耐热性较差。

4. 混纺和交织里料

这类里料兼有两种原料的性能。

三、里料的性能对服装的影响

（一）悬垂性（Draping Property）

里料过于硬挺，与面料不贴切，服装的造型和触感就会受到影响。织物用纱线密度小，布身柔软。经纬密度较小的织物悬垂性较好。尼龙和黏胶纤维织物的手感较软，悬垂性较好。

（二）抗静电性（Antistatic Property）

静电会使服装产生变形，特别是在低湿度的条件下显得越发明显，要注重里料的抗静电性能，出现了性能较好的合成纤维里料。

（三）洗涤收缩（Washing Shrinkage）

涤纶、锦纶里料的缩水率约小于1%，再生纤维素纤维的缩水率约为2%～4%。在选用里料时，要注意面料和里料的缩水率相一致。

（四）整烫收缩（Pressing Shrinkage）

纤维材料不同，整烫之后和经过一定的时间之后，里料的收缩变化会不同。

（五）绽线脱线（Dissilience And Ladderation）

涤纶里料和醋酯纤维里料不易脱线，尼龙和黏胶纤维里料容易脱线。绽线脱线除了与纤维原料有关，还与织物的组织和密度有关。

（六）平磨和曲磨性（Surface Abrasion And Flex Abrasion）

服装穿着时有些部位里料会受到各种不同的摩擦，因此里料需要有较好的耐磨性。合成纤维的耐磨性能特别好，尤其是尼龙和涤纶。

（七）摩擦系数（Friction Coefficient）

穿衣脱衣时，要求服装具备滑爽性，可是在缝制裁剪时，却不希望材料过于滑爽。因此摩擦系数的选择要协调这两方面的关系。

第三节　缝纫线

一、缝纫线的概念及种类

（一）概念

缝纫线是指在服装中主要用于缝合衣片、连接各部件的纱线。缝纫线可以做成套结等在服装的开衩处或用力较大处起加固作用，用美观的针迹、漂亮的缝纫线就可以对服装起装饰作用。

（二）缝纫线种类

1. 按卷绕方式分

（1）轴线（Axis Thread）：有纸芯和木芯的不同，长度为412 m和183 m两种，适合家庭用（图3-8）。

图 3-8　轴线　　　　　　　　　图 3-9　宝塔线

（2）宝塔线（Thread On Cone）：其特点是长度比较长，便于在快速回转中解脱，长度有4 120 m、5 000 m、5 500 m等几种，适合大批量生产，电动缝纫机用（图3-9）。

（3）绞线（Reeled Thread）：多为手工用线，如手工用的棉纱线、真丝线、人造丝线等（图3-10）。

（4）线球（Twine Ball）：有棉线球、涤棉线球等，一般长度为 91.44 m，多用于缝棉被、钉纽扣、打线钉等（图 3-11）。

图 3-10　绞线

图 3-11　线球

2. 按线的原料分

（1）棉纱线（Cotton Yarn）：呈原色，线上有许多细绒毛，摩擦力较大，不能用于缝纫机。耐高温、耐酸、不耐碱，大多做成绞线，用作线钉线。

（2）腊光线（Glazed Thread）：也叫"洋线"，经上腊工艺处理，表面光滑、硬、挺、摩擦力小，适用于缝纫机使用。

（3）丝光线（Mercerized Thread）：经丝光、烧毛、练漂等工艺处理，质地柔软、光滑，适合在电动缝纫机或缲边机上使用。

（4）真丝线（Real Silk Thread）：常用来缝制真丝服装、羊毛服装、皮革服装等高档服装，具有柔和的光泽、柔软的手感，表面光滑，弹性好，耐高温，但价格高。

（5）涤纶缝纫线（Polyester Sewing Thread）：在缝纫线中占主导地位，其强度高、光泽好、柔软、缩水率低、物理与化学性能稳定、耐磨性好、可缝性好等。其中涤纶低弹丝缝纫线的光泽和弹性较好，适宜弹性织物。

（6）锦纶缝纫线（Polyamide Sewing Thread）：强度高，耐磨好，线质光滑，弹性好，缺点是耐热性较差，不适应高速缝纫。

（7）涤棉混纺缝纫线（T/C Sewing Thread）：广泛应用于各类服装，由 65% 的涤纶和 35% 的棉纤维混纺而成。其特点处于棉线和涤纶线之间，强力较好，耐磨性较好，耐高温性比纯涤纶线好。

（8）金银线（Metallic Thread）：金银线的颜色有金、银、红、绿、蓝等色，具有金属般耀眼的光泽。但易发脆、氧化、褪色，对碱不稳定，只能用于绣花的点缀或各种商标上（图 3-12）。

图 3-12　金银丝

二、缝纫线的要求

（一）不同针迹（Stitch Mark）对缝纫线的要求

表3-4分别对平缝、链式缝和拷克缝的缝纫线主要特性要求提供了解释。

表3-4　针迹形式与特性要求

针迹形式		主要特性要求
平缝	一般缝合 线圈 锯齿平缝 直扣眼锁缝 绕缝	缝纫线有强度和收缩性 缝纫线有柔和的光泽 有平滑均匀的舒解张力 不易绽线和脱线 缝纫线的粗细要求严格
链式缝	下摆绕缝 八字形疏缝 圆扣眼锁缝	缝纫线的粗细要求严格 缝纫线粗细度严格和低的伸度 有柔和的光泽
拷克缝		缝纫线要有覆盖性

（二）缝纫线的质量要求

（1）强力：应具有一定的强度和拉力，要求强度均匀，否则易经常断线，影响生产效率的缝制质量。

（2）光滑：缝纫线应光滑且细度均匀，大都经烧毛、丝光及柔软加工处理，其条干不均匀，会增加针孔与缝纫线之间的摩擦而发生断线。

（3）捻度：要适中且均匀。捻度过大，定型不好，在缝纫过程中面线所形成的线圈易产生扭曲变形，发生跳针，影响缝纫质量和外观；捻度过小，则影响牢度。

（4）缩水率：缝纫线要与缝料有相应的缩水率，这样织物在经过洗涤之后，不会因缩水过大起皱。

（5）弹性：应柔软而富有弹性，无结头和粗节，否则易产生断线或跳针。

（6）色牢度：应有较好的色牢度，掉色、变色都会影响服装的美观。

第四节　服装填料

服装面料、里料之间的填充材料称为填料。其主要目的是赋予服装保暖、保形以及其他特殊功能。服装用填料品种繁多，可按照原材料、形态、加工方法等进行分类。

一、按照原材料分类

按照构成填料原材料的不同可分为纤维材料（如棉、丝绵、动物绒、化纤絮填料等）、天然毛皮和羽绒。

（一）棉类填料（Cotton Filling）

棉类填料具有舒适、保暖性好等优点，特别是新棉花和热晒后的蓬松棉花因充满空气而十分保暖。但棉花弹性差，受压后弹性和保暖性降低，水洗后难干、易变形，广泛用于婴幼、儿童服装及中低档服装。

（二）丝绵（Floss Silk Wadding）

丝绵是用蚕茧的茧层及蛹衬等加工而成的薄片绵张，有手工和机制两类，前者是袋形，后者是方形，都是高档的御寒填料。丝绵具有质感轻软、光滑，以及保暖性、弹性、透湿透气性好等优点（图3-13）。

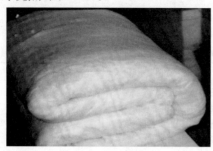

图 3-13　丝绵

图 3-14　驼绒

（三）动物绒（Animal Wool）

羊毛和驼绒是高档的保暖填充料。其保暖性、弹性、透湿透气性都很好，但易毡结和被虫蛀，可混以部分化纤以增加其耐用性和保管性（图3-14）。由羊毛与化纤混纺制成的人造毛皮，也是很好的高档保暖填料。

（四）化纤填料（Chemical Fiber Filling）

随着化学纤维的发展，用作服装填料的化纤产品日益增多。化纤填料洗涤方便，耐用性、保管性好，品种丰富，价格较低，但大部分透湿透气性差。化纤絮填料中保暖性能较好且应用较广的有"腈纶棉"和"中空棉"。腈纶有人造羊毛之称，质轻而保暖，所以被广泛用作絮填料。中空纤维则由于其多孔现象，使得纤维本身具有很好的保暖性能，也被广泛用作絮填料。

（五）天然毛皮（Natural Fur）

由于天然毛皮的皮板密实挡风，而绒毛中又贮有大量的空气而保暖，因此，普通的中低档毛皮仍是高档御寒服装的絮填料。

（六）羽绒（Down）

羽绒是由绒（Down）和羽（Feather）构成的。绒是由不含毛杆的羽毛，在其羽枝上长出的许多簇细丝，通过绒上的细丝相互交错而形成的稳定的热保护层。因此，绒是羽绒保暖的主要材料。每一盎司的羽绒大约有两百万根细丝。较好品质的绒细丝较长，形成的绒朵也相应较大。羽是鸭或鹅的背部和尾部的带羽杆的小羽毛，也有长羽毛打碎后形成的，羽的含量不能太高，但因为它有提高羽绒蓬松度的作用，因此必须含有一定的比例。衡量羽绒的重要指标包括充绒量、含绒量、蓬松度三个指标。羽绒质轻，导热系数小，蓬松性好，保暖性好（图3-15，图3-16）。但由于资源限制，价格昂贵，所以羽绒适用作高档服装和时装的絮填料

图 3-15　绒

图 3-16　羽

等。用羽绒做絮填料时,应注意羽绒的卫生消毒、外围包覆材料的紧密度以及防止羽绒下坠而影响服装造型等。

(七)泡沫塑料(Foam Plastics)

常见的泡沫塑料是聚氨酯。泡沫塑料有许多贮存空气的微孔,蓬松、轻而保暖。用泡沫塑料做絮填料的服装挺括而富有弹性,裁剪加工也简便,价格便宜。但由于不透气,穿着舒适性和卫生性差,且易老化发脆,通常只用于一般的救生衣等。

(八)混合材料(Blended Material)

为了充分发挥各种材料的特性并降低成本,往往将不同的材料混合而制成絮填料。典型的采用70%的驼绒和30%的腈纶混合以及50%的羽绒和50%细旦涤纶混合的絮填料。合纤的加入如同在天然毛绒中增加了"骨架",可使絮填料更加蓬松,进一步提高保暖性,同时改善了絮填料的耐用性和保管性,并降低了成本。

(九)特殊材料(Special Material)

为使服装达到某种特殊功能而采用的特殊絮填料。如使用消耗性散热材料作为填充材料,或在服装的夹层中使用循环水或饱和碳化氢,以达到服装的防辐射目的;在织物上镀铝或其他金属镀膜(太空棉),作为服装的絮填夹层,以达到热防护目的;又如采用甲壳质膜层(合成树脂与甲壳质的复合体)作为服装的夹层,以适应迅速吸收人体身上汗水的目的;将药剂置入贴身服中,用以治病或起保健作用;等等。

二、按照形态分类

填料根据形态可分为絮类填料和材类填料两种。絮类填料是指未经纺织加工的天然纤维或化学纤维。它们没有固定的形状,处于松散状态,填充后要用手绗或绗缝机加工固定,如棉絮、丝绵、羽绒、驼绒等。而材类填类与絮类填料的不同之处是材类填料具有松软、均匀、固定的片状形态,可与面料同时裁剪,同时缝制,工艺简单,如泡沫塑料、太空棉等。最大的优点是可整件放入洗衣机内洗涤,因此深受人们的欢迎。

三、按照加工方法分类

按材料加工方法可分为热熔棉、针刺棉、喷胶棉。

1. 喷胶棉(Spray-Bonded Nonwoven Fabric)

喷胶棉又称喷浆絮棉,是非织造布的一种,具有蓬松程度好、保暖性能优、重量轻、有防腐性、不霉、不蛀、不烂、可以整体洗涤等优点(图 3-17)。喷胶棉结构形成的原理就是将粘合剂喷洒在蓬松的纤维层的两面,由于在喷淋时有一定的压力,以及下部真空吸液时的吸力,所以在纤维层的内部也能渗入黏合剂。喷洒黏合剂后的纤维层再经过烘燥、固化,使纤维间的交接点被黏接,而未被彼此黏接的纤维仍有相当大的自由度。同时,在三维网状结构中,仍保留有许多容有空气的空隙。因此,纤维层具有多孔性、高蓬松性的保暖作用。由于喷胶棉是在喷洒情况下,而

图 3-17 喷胶棉

不是在浸渍条件下加入黏合剂的,而且在喷淋后不再受压力的挤压而固化成型。所以,在纤维的粘结状态中,交叉点接触的居多,而由黏合剂架桥结块的少,这就是喷胶棉能够保持松、软、保暖的主要原因。

2.针刺棉(Punched Cotton)

针刺棉是通过机械作用,即针刺机的刺针穿刺作用,将蓬松纤维加固而成,也是非织造布的一种,具有重量轻、保暖性高、无污染、防霉性好、可洗涤等优点。由于通过针刺加固,因此针刺棉不及喷胶棉蓬松(图 3-18)。

3.热熔棉(羽绒棉、仿丝棉)(Thermo-Fusion Cotton)

仿丝棉或热熔棉就是在蓬松的纤维网中混入一定比例的低熔点纤维,然后对纤维网在一定温度下进行烘燥,使低熔点纤维熔融,进而将纤维网中的纤维黏合在一起,用这种方法生产的产品就是热熔棉(图 3-19)。如果再将热熔棉进行表面压光处理则被称作仿丝棉。由于在纤维网中混入了一定比例的黏合纤维,烘燥后低熔点纤维部分或全部熔融或软化,进而将其他纤维黏合在一起,纤维网中纤维间的粘合为点状粘合。而且由于黏合纤维在成网中分布均匀,因此纤维网中黏合点无论是在表面还是纤维网内部都分布均匀,所以采用热熔方法生产的热熔棉或仿丝棉手感柔软、蓬松度好、机械强度好、耐洗涤,总之,在各项性能方面得到了较大改善,使之成为了喷胶棉的替代产品。

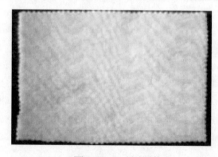

图 3-18 针刺棉   图 3-19 热熔棉

羽绒棉也是热熔棉的一种,其特点是纤维网中主体纤维内混入一定比例的经过硅油处理的中空高卷曲涤纶,使产品较普通的热熔棉滑爽、蓬松,手感类似羽绒。

第五节 服装紧扣材料

纽扣、拉链、钩、环等属于服装的紧扣材料,在服装中起封闭、扣紧、连接和装饰作用。其他辅料还有花边、填料、珠片、商标等。

一、拉链(Zipper)

(一)拉链的概念和作用

拉链是用于服装上衣的门襟、袋口、裤、裙的门襟或侧胯部位的紧扣件,在服装中起重要的开启和闭合的作用。拉链除了实用性之外,还有很强的装饰性。拉链主要由啮合齿、拉链头、布带三部分构成。布带是衬托啮合齿并藉以与服装缝合;啮合齿可由不同材料做成,能相互啮合与分离,起封闭和开启作用;拉头起控制拉链的封闭、开启与锁定作用。拉链的结构及各部分的名称(图3-20)所示。

(二)拉链的种类及其特点

1. 拉链的规格型号分类及其特点

两侧牙链啮合后的宽度即为拉链的规格,其计量单位是毫米(mm),是拉链中最有特征的、重要的技术参数。拉链的型号由拉链规格、链牙厚及单侧布带的宽度(带单宽)等技术参数所决定。

型号是拉链形状、结构及性能的综合反映。号数越大,拉链牙齿越粗,扣紧力越大。

2. 拉链的结构形态分类及其特点

拉链按其结构分类可以分为闭尾拉链和开尾拉链,常用结构形态拉链的种类及测量见表3-5。

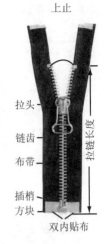

图 3-20 拉链的结构图

表 3-5 常用结构形态拉链的种类和测量

拉链的种类	拉链样品	制品尺寸(A)	上带端尺寸(B)	下带端尺寸(C)
开尾拉链	B　　A	链头头部到开齿先端为止	从上侧下挡块到缺口处先端为止	
闭尾拉链	B　　A　　C	链头头部到下挡块先端为止	上挡块(有段差时,从高处)到缺口处先端为止	上止先端到缺口处先端
闭尾拉链双拉头两头相背	B　　A	链头头部到另一头链头头部为止	上挡块(有段差时,从高处)到缺口处先端为止	跟上带端的情形一样
闭尾拉链双拉头两头相对	B　　A　　C	下挡块先端到另一端下挡块先端为止	从上侧下挡块到缺口处先端为止	上止先端到缺口处先端

3.拉链链牙的材质分类及其特点

表 3-6 常用材质拉链的类别及其特点

类别名称	拉链样品	特 点	主要用途
金属拉链		将铝、铜、镍、锑等金属牙织成牙后经喷镀处理而成。颜色受限制,但很耐用,可更换个别损害的牙齿	厚实的制服、军服、防护服和牛仔服
树脂拉链		链牙由聚酯或尼龙在熔融状态下的胶料注塑而成。质地坚韧,耐水洗,多色,较金属拉链柔软,牙齿不易脱落	运动服、夹克衫、针织外衣、羽绒服、工作服
涤纶、尼龙拉链		用聚酯或尼龙丝做原料制成线圈状的链牙。质地轻巧,耐磨而富有弹性	轻薄的服装和童装

二、纽扣(Button)

纽扣是闭合和开启服装的扣件,主要用于服装上衣的门襟、袖口,下装的腰部、门襟等处,方便服装的穿脱。纽扣除了连接功能还具有装饰功能,即除了实用功能以外,还对服装的造型设计起到画龙点睛的作用。

(一)纽扣的分类

1.按纽扣的结构分

(1)有眼纽扣(Sew-Through Button)

有眼纽扣在扣子中间有两个或四个等距离的眼孔,如图 3-21。不同材料、颜色和形状的纽扣可用于各类服装。

图 3-21 有眼纽扣

(2)有脚纽扣(Shank Button)

有脚纽扣在扣子的背面有一突出扣脚,脚上有孔,以保持服装的平整,常用金属、塑料或用面料包覆,一般用于厚重和起毛面料的服装(图 3-22)。

(3)揿扣(按扣)(Push Button)

揿扣分为缝合揿扣和用压扣机固定的非缝合揿扣。一般由金属或合成材料(聚酯、塑料等)制成。固紧强度较高,一般用于工作服、童装、运动服、休闲服、不易锁眼的皮革服装以及需要光滑、平整而隐蔽的扣紧处(图 3-23)。

图 3-22　有脚钮扣

图 3-23　揿扣

(4)其他纽扣

用各种材料的绳、饰袋或面料制袋缠绕打结,制成扣与扣眼,如盘扣(图 3-24,图 3-25)等,有很强的装饰效果。一般用于民族服装。

图 3-24　盘扣(凤凰扣)

图 3-25　盘扣(花篮扣)

2.按纽扣材料分

用来制作纽扣的材料有很多,有木头、骨头、玻璃、塑料、金属、树脂等。纽扣的原料对纽扣的影响最大,不同的材料可以形成不同风格的纽扣,比如木质的纽扣有朴素、原始、自然、随意的风格,而金属的纽扣给人以华丽、现代、超前、耀眼的感觉。不同的纽扣有不同的装饰作用,可用于不同的服装(表 3-7)。

表 3-7　纽扣的材料类别及特点

类别名称	纽扣样品	特　征	主要用途
金属扣		由黄铜、镍、钢、铝等材料制成,常用的是电化纽扣。轻而不易变色,并可冲压花纹和其他标志等。在塑料扣上镀铬或镀铜的金属膜层扣,质轻而美观且有富丽闪烁质效果	常用于牛仔服及有专门标志的装。电化铝扣不宜用于轻薄并常洗的服装,以防服装受损;金属膜层扣则不易损伤服装,是常用的纽扣之一

续表

类别名称	纽扣样品	特 征	主要用途
塑料扣		用聚苯乙烯过塑而成,可制成各种形状和颜色。耐腐蚀,价格便宜,但耐热性差,表面易擦伤	低档女装和童装
胶木扣		用酚醛树脂加木粉冲压制成,价格低廉,耐热性好,但光泽差	低档服装
树脂扣		以不饱和聚酯加颜料制成板材或棒材,经切削加工及磨光而成。颜色五彩缤纷,光泽自然,耐洗涤,耐高温,价格较贵。	多用于高档服装
衣料扣	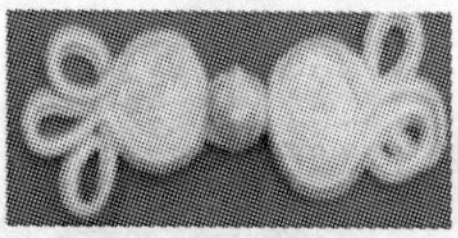	用各种布料、革料包覆缝制而成,如包扣、盘扣等。可使服装高雅而协调,但表面易磨损	女装和民族服装
贝壳扣		用贝壳制成,有珍珠般的光泽,耐高温洗熨。但质地硬脆易损	一般贝壳扣:男女衬衫、贴身内衣 染色贝壳扣:高档时装
木质扣		用桦木、柚木经切削加工制成。给人以真实、朴素的感觉,自然大方。缺点是吸水后会膨胀,再次干燥后又可能开裂、变形等	麻类面料和素色的休闲服装

（二）纽扣的规格型号

为了控制扣眼的尺寸和调整锁扣眼机,应准确测量纽扣的最大尺寸,非正圆形的纽扣测其最大直径。纽扣的尺寸,国际上以莱尼来度量(1 莱尼＝1/40 英寸)。纽扣的尺寸有国际统一型号和各生产厂制定的型号。如树脂纽扣在国际上有统一的型号系列,常见型号有 14#、16#、18#、24#、32#、34#、36#、40#、44#、54#等。表 3-8 给出了纽扣规格量度莱尼、毫米及英寸之间的数值对照表。纽扣型号和纽扣外径之间的关系式为:纽扣外径(mm)＝纽扣型号×0.635。

表 3-8　纽扣规格量度对照表

莱尼	mm	英寸	莱尼	mm	英寸
12L	7.5mm	5/16"	28L	18.0 mm	23/32"
13L	8.0 mm	5/16"	30L	19.0 mm	3/4"
14L	9.0 mm	11/32"	32L	20.0 mm	13/16"
15L	9.5 mm	3/8"	34L	21.0 mm	27/32"
16L	10.0 mm	13/32"	36L	23.0 mm	7/8"
17L	10.5 mm	7/16"	40L	25.0 mm	1"
18L	11.5 mm	15/32"	44L	28.0 mm	35/32"
20L	12.5 mm	1/2"	45L	30.0 mm	19/16"
22L	14.0 mm	9/16"	54L	34.0 mm	21/16"
24L	15.0 mm	5/8"	60L	38.0 mm	3/2"
26L	16.0 mm	21/32"	64L	40.0 mm	25/16"

第六节　肩垫

　　肩垫又称垫肩,是随着西服的诞生而产生的。其规格按长×宽×厚来表示。按材料和生产工艺分为针刺肩垫、定型肩垫、海绵肩垫。

一、针刺肩垫(Punched Pad)

　　针刺肩垫以棉絮或涤纶絮片、复合絮片为主要原料,辅以黑炭衬或其他衬料,用针刺的方法复合成形而成的肩垫。其耐洗性和耐热压烫性能好,尺寸稳定,经久耐用(图 3-26)。普通针刺肩垫价格适中,广泛应用于各类职业服;而纯棉针刺绗缝肩垫属较高档次的肩垫,多用于高档西服、制服及大衣等。

图 3-26　针刺肩垫

二、定型肩垫(Set Pad)

　　定型肩垫使用 EVA 粉末,把涤纶针刺棉、海绵、涤纶喷胶棉等材料通过加热复合定型模具复合在一起而制成的肩垫。此类肩垫富有弹性并易于造型,具有较好的耐洗性能,形状、品种较多(图 3-27)。多用于插肩服装、时装、女套装、风衣、夹克衫、羊毛衫等。

图 3-27　定型肩垫

图 3-28　海绵肩垫

三、海绵肩垫(Sponge Pad)

海绵肩垫将海绵切削成一定形状,再黏合成形而成;也可在海绵肩垫上包布,成为海绵包布肩垫(图3-28)。此类肩垫弹性好,制作方便,价格较低,可作为大众化肩垫产品。为了改善其耐洗性,往往在其上包缝经编布或其他机织纱布。多用于女衬衫、时装、羊毛衫等。

第七节　商标和标志

一、商标和标志的基本概念

(一)商标(Trade Mark)

商标是商品的标记,俗称牌子。服装商标就是服装的牌子,是服装生产、经销企业专用在企业服装上的标志。一般用文字、图案或二者兼用表示。商标是服装质量的标志。生产、经销单位要对使用商标的服装质量负责。

(二)标志(Label)

标志是用图案表示的视觉语言。它具有比文字表达思想、传递信息更快速、明了、概括的特点。服装上所使用的标志同样具有这些特点。世界上各国服装标志所表达的内容基本上是一致的,但标志图形符号不完全相同。一般情况下,标志内容包括:成分组成(品质表示)、使用说明、尺寸规格、原产地(国)、条型码、缩水率、阻燃性。

(三)商标和标志的区别

1. 性质不同

在同一地区,不同的厂家,使用不同的原料,生产同一种服装,可以使用相同的标志;但是,不可使用相同的商标(在没有协议的情况下)。商标作为企业的专用标记,使用的目的在于区别,是不能通用的。而标志的大部分内容是通用的,使用目的是为了说明。

2. 内容不同

商标是由企业依法根据自身特点制定的形象、图案及厂名、地址等构成的。标志是由国家颁布的标准说明和图型符号构成的。

3. 适用法律不同

商标的注册和使用不但在我国有明确的法律规定,在世界各国及国际组织间都有明确、单独的法律规定。标志则不同于商标,日本用《家庭用品品质表示法》对标志的内容做出了规定。欧美国家也对标志的某些内容、条款有明确规定。我国则在产品质量法中对标志的使用作出了规定。

二、商标和标志的分类

(一)商标的种类

1. 按用途分类

(1)内衣用商标

要求薄、小、软。要使用轻柔的面料,使人穿着舒适。

（2）外衣用商标

要求大、厚、挺。可选用编织商标、纺织品和纸制的印刷商标。

2. 按使用原料分类

（1）纺织品商标（Textile Trade Mark）

商标可用经过涂层的纺织品印制，目前广泛使用的是尼龙涂层布（又称胶带）、涤纶涂层布（又称绑带）、纯棉涂层布、涤/棉混纺涂层布（图3-29）。

图 3-29　纺织品商标

图 3-30　吊牌

（2）纸制商标（又称吊牌）（Paper Trade Mark）

纸制吊牌是服装上最常用的，吊牌有正反两面，既可做商标，又可以将标识的内容印制在反面，还可将日历、宣传标语等内容印在其中（图3-30）。

（3）编织商标（又称织标）（Knitted Trade Mark）

织标用41.7～62.5 tex涤纶丝，制作按图案要求，用专用设备编织而成。织标通常用作服装的主要商标（图3-31）。

（4）革制商标（又称皮牌）（Leather Trade Mark）

皮牌以原皮或合成革为原料，用特制的模具，经高温浇烫形成图案，或者将图案印刷在皮牌上（图3-32）。皮牌一般用于牛仔系列服装。

图 3-31　织标

图 3-32　皮牌

图 3-33　金属制商标

（5）金属商标（Metallic Trade Mark）

金属商标是用薄金属板材，按图案开出模具，经冷压形成（图3-33）。金属牌也常用于牛仔系列服装。

(二)标志的分类

1.按作用分类

(1)品质标志(又称组成或成分表示)(Quality Label)

品质标志表示服装面料所用纤维种类,纤维的比例。品质标志是生产厂销售单位、消费者选购服装档次考虑价格的主要依据。通常按纤维含量的多少排列。例如:T/C65/35 表示含涤纶纤维 65%、棉纤维 35%。

(2)使用标志(又称洗涤标识)(Using Label)

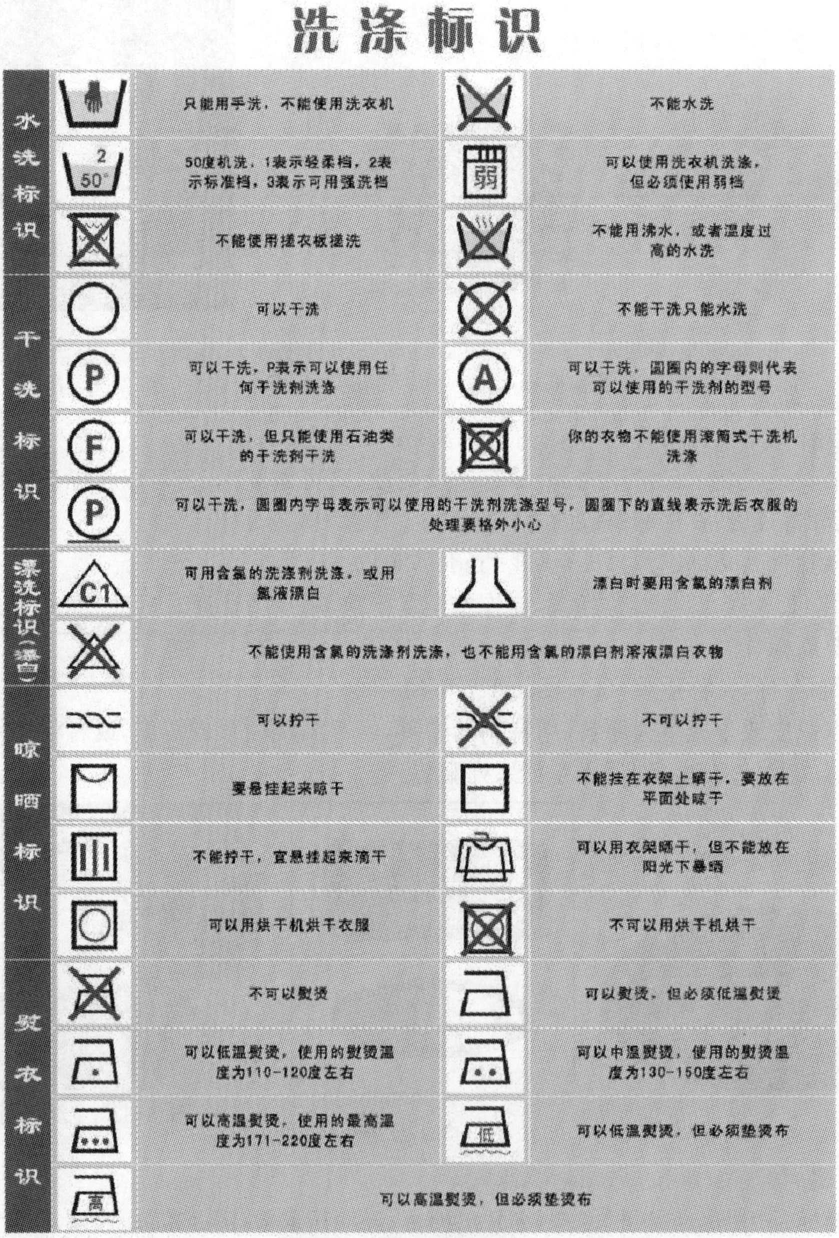

图 3-34 洗涤标志

使用标志是指导消费者根据服装原料,采用正确的洗涤、熨烫、干燥、保管方法的表示(图 3-34)。

(3)规格标志(Size Label)

表示服装规格。一般用号型表示。根据服装不同,规格标志表示的内容也不同。衬衣用领围表示,裤子用裤长和腰围表示,大衣用身长表示等。

(4)原产地标志(Place Of Origin Label)

标明服装产地。通常表示在标志底部,便于识别服装来源。出口服装必须注明产地。

图 3-35 条形码标志

(5)合格证标志(Certificate Label)

合格证标志是企业对上市服装检验合格后,由检验人员加盖合格章,表明服装经检验合格的表示。通常印在吊牌上。

(6)条型码标志(Bar Code Label)

利用条码数字表示商品的产地、名称、价格、款式、颜色、生产日期及其他信息,并能用读码扫描设备将其内容读出来。服装采用的条码大多印制在吊牌或不干胶标志上(图 3-35)。

(7)环保标志(Environmental Label)

环保标志表示两层意思:第一,原料虽然经过特殊处理,但原料中有害物质的含量低于对人体造成危害的标准;第二,原料是用天然材料制成的,不含对人体有害物质(图 3-36)。

图 3-36 环保标志

2.从使用原料分类

标志同商标的制作原料基本上相同。除有些规格标志用编织标志外,大部分标志都是用纸和纺织品印制的。

思考题

1.服装辅料的定义是什么? 有哪些辅料?

2.服装衬料的概念及作用是什么?

3.服装衬料如何进行编号? C100-150、TR444-030 分别表示什么?

4.服装里料的作用是什么? 有哪些种类?

5.服装填料是如何分类的?

6.服装紧扣材料有哪些?

7.服装肩垫有哪些? 它们应用在哪些服装上?

8.商标和标志的区别是什么?

第四章　服装材料的染整

　　织物的外观、风格与服用性能,除了由纤维、纱线、织物结构因素决定以外,织物的印染和后整理方法也是一个很重要的因素。纺纱、织布(机织或针织)、后整理被称为织物形成的三部曲,每一个环节都会对纺织品产生重大影响。譬如:通过后整理,可使弹性差、易皱、洗可穿性能不好的棉织物变成弹性好、洗后免烫的织物;原来手感丰厚、光泽柔和、具有缩绒性的毛织物变成手感平滑、光泽如丝、无缩绒性的可机洗的轻薄毛料;本来柔软的黏胶织物可以变成硬挺的仿麻织物;而硬挺粗糙的麻织物也可变得手感柔软,具有较好的垂感。后整理包含的内容很多,并在不断的发展进步之中。

　　服装市场日益激烈的竞争之中,新型纺织品层出不穷,其性能、名称、外观各异,有的企业甚至根据自己的花色要求实行定织定染,以防止别人仿冒。因此无论是设计者、生产者,还是经营者,都需要了解一些这方面的知识。

　　广义的后整理是指纺织品的印染后整理,简称染整(Dying and Finishing),是指借助各种机械设备,通过化学或物理化学的方法,对纺织品进行处理的过程。它和纺纱、机织或针织生产一起,形成纺织生产的全过程。染整的对象可以是纤维、纱线、织物或服装,其中以织物居多。染整工艺不仅给予衣物必要的服用性能和使用价值,而且给予其丰富的装饰效果和各种特殊功能。

　　染整主要内容包括前处理、染色、印花和整理。前处理(pre-treatment)主要是采用化学方法去除纺织纤维上的各种杂质,改善纺织品的半成品性能。染色(dying)是通过染料和纤维发生物理的或化学的结合,使纺织品获得鲜艳、均匀和坚牢的色泽。印花(printing)是用染料或颜料在纺织品上获得各色花纹图案;整理(finishing)是印染厂的最后加工部分,所以常称后整理,也即狭义的后整理概念,是根据纤维的特性,通过化学或物理化学的作用改进纺织品的外观和形态稳定性,提高纺织品的服用性能或赋予纺织品阻燃、拒水拒油、抗静电等特殊功能。所以,染整过程的前三个部分,主要是提高产品的美感,如提高洁白度、赋予流行色和图案等。而后整理除了能增加织物美感外,更主要的是可以改变织物的外观风格,或给予特殊功能。

一、前处理(Pre-treatment)

　　前处理主要是采用化学或物理的方法,去除纺织纤维上有碍染色的各种杂质,改善纺织品的半成品性能,提高织品的白度,以保证其染色、印花产品的色泽纯正、鲜艳与色牢度。前处理是对纺织品进行烧毛(singeing)、退浆(Desizing)、精练(Scouring)、漂白(Bleaching)、丝光(mercerization)和预定型(pre-setting)等工艺过程的总称。经预处理的纺织品具有较好的润湿性、白度、光泽和尺寸稳定性。

前处理主要以除杂,改善织品性能,利于后道染整工序的进行为目的。烧毛工艺主要是烧去纱线或织物表面的茸毛,使织物表面光洁,增进染色或印花后的色泽鲜艳度,并在服用过程中不易沾尘。化纤织物烧毛后,还可减轻因茸毛摩擦而引起的起球。退浆、精练、漂白过程都是去除织物上的各种杂质,三者相辅相成,各有侧重。丝光主要用于加工棉、麻纺织品,利用浓烧碱液浸渍纱线或织物,使纤维发生溶胀,再在张力状态下洗去碱液,从而获得耐久性的光泽,有效提高染料的上浆率,并有定型作用。洗呢(scouring of wool fabric)是洗去呢坯上的浆料、油剂和沾污的整理过程。预定型是使热塑性纤维及其混纺或交织物形态相对稳定的工艺过程,以防止织物收缩变形,利于后道加工。不同纤维原料的织物,由于其化学性能和可能存在的杂质各不相同,所以它们的预处理工艺也不完全相同。例如棉织物的主要预处理工艺是烧毛、退浆、精练、漂白、丝光、碱缩,而毛织物则需经过洗毛、炭化、洗呢、漂白等工艺过程。

二、染色(Dying)

染色是通过染料和纤维发生物理的或化学的结合,使纺织品获得鲜艳、均匀和坚牢的色泽。

(一)染色的基本概念

1.染色物的分类

根据纺织品形态的不同,分为织物染色(常称匹染,图4-1)、纱线染色(用于纱线制品和色织物,图4-2)、散纤维染色(主要用于毛纺织物、混纺织物和厚实织物,因主要用于毛纺织物,也称毛染,图4-3)三种。

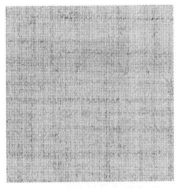

图 4-1 匹染织物　　　　图 4-2 色织格子布　　　　图 4-3 毛染混色派力司

2.染色原理

借助于染料和纤维发生物理化学或化学反应,使纺织品成为有色物体的过程,分为吸附、扩散(上染)两个过程。

3.染色方法

按使用的设备和着染方式,染色方法主要分浸染和轧染两种。浸染是将被染品反复浸渍在染液中,使织物和染液不断相互接触,经一定时间后,致使织物染上颜色的方法。它适用于散纤维、纱线和小批量织物的染色。轧染是先将织物浸渍染液,然后使织物通过轧辊的压力,把染液均匀轧入织物内部,再经过汽蒸或热溶等处理的染色方法。它适用于大批量织物的染色。

4. 色牢度

色牢度是指染品在使用或在染色以后的加工过程中,染料或颜料在各种外界因素影响下,能保持染色产品原染色状态的程度。主要测试项目有:日晒牢度、气候牢度、皂洗牢度、汗渍牢度、干湿摩擦牢度。日晒牢度分八个等级,一级最差,八级最好;其余牢度分五个等级,一级最差,五级最好。

5. 着色材料分类

使织物产生色彩效应的着色材料有染料和颜料之分。染料一般都是有色的有机化合物,大都能溶于水,或通过一定的化学助剂处理后可溶于水。它们能和纤维发生物理或物理化学的结合而染着在纤维上,使纤维材料产生具有一定色牢度的颜色。颜料也是一种有色物质,不溶于水,也不能染着于纤维,但能依靠黏着剂作用,机械地附着在纤维材料表面或内部。颜料中加黏合剂,或添加其他助剂调制而成的上色剂,称为涂料色浆,如在美术用品商店出售的织物手绘颜料即属此类。用涂料色浆对织物进行的染色方法称涂料染色或涂料印花,其牢度主要取决于黏合剂与纤维结合的牢度。

(二)常用染料的性能及其应用

表 4-1　常用染料的性能及其应用

名称	作用原理	染色性能	主要用途
直接染料	能溶解于水,在水溶液中可直接上染	色谱齐全,价格便宜,应用方便简单,但色牢度较差	纤维素纤维(主要为棉、黏)、羊毛及蚕丝
活性染料	能溶解于水,含有一个或一个以上反应性基团	色泽鲜艳,染色均匀,色牢度高,色谱齐全,使用方便,成本低廉,应用广泛	纤维素、蛋白质纤维(主要为棉和蚕丝,也有专用羊毛、锦纶染色的)
还原染料	不溶于水,需在强还原剂和碱性条件下将染料还原成可溶性隐色体才能上染纤维,隐色体上染纤维后再经氧化,重新转变为原来不溶性的染料而固着在纤维上	色泽鲜艳,色谱较齐全,皂洗牢度很高,日晒牢度一般也很高。但染色工艺较复杂,染料价格较贵,缺少红色品种,某些黄、橙品种有光敏脆损作用	纤维素纤维
硫化染料	不溶于水,需先用硫化纳将染料还原成可溶性隐色体才能上染纤维,隐色体上染纤维后再经氧化,重新转变为原来不溶性的染料而固着在纤维上	价格低廉,应用方便,其中黑、蓝色染料的染色牢度较高。但色泽不鲜艳,也不耐漂,某些染料在织物存放过程中会逐渐氧化以致纤维脆损,而黄、橙色对纤维有光敏脆损作用	纤维素纤维深色产品及维纶的染色
不溶性偶氮染料(冰染料)	不溶于水,用两类中间体以一定的方法在染物上合成的染料。先将被染物用色酚溶液处理,然后再用色基的重氮盐溶液进行显色处理	色谱齐全,色泽鲜艳,皂洗、日晒牢度均很好,但耐过氧化氢漂白能力较差,染淡色时色泽不够丰满,染色工艺也较复杂,色牢度不及还原染料,但价格比还原染料低廉	浓色棉织物

续表

名称	作用原理	染色性能	主要用途
酸性染料	溶于水	色谱齐全,色泽鲜艳。但水洗牢度和日晒牢度较差	蛋白质纤维和锦纶
酸性媒染染料	溶于水	湿处理牢度和日晒牢度都较好。单色则往往不及酸性染料鲜艳	羊毛
分散染料	难溶于水,可借助于分散剂的作用,染料以细小颗粒状态均匀分散在染液中	涤纶:各项染色牢度都很好 腈纶:染色牢度很好,但只能染淡色 锦纶:湿处理牢度不高 醋酯:染色牢度很好	合成纤维
阳离子染料(碱性染料)	溶于水,在水溶液中电离为阳离子	色泽鲜艳,色牢度好	腈纶

三、印花(Printing)

印花是指在纺织品局部,用染料或颜料来获得各色花纹图案的加工过程。一般来说,织物的印花要经过图案设计、花纹雕刻或花版制作、色浆配制、印花、蒸化和水洗等工序。

（一）印花物分类

印花物主要有连续的坯布(包括机织物、针织物和非织造布)(图4-4,图4-5)和纱线,也有对裁好的衣片或服装直接进行印染的,但多为手工印染。

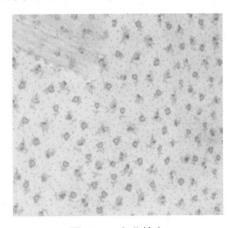

图 4-4　印花棉布　　　　　　　图 4-5　印花真丝缎

（二）印花原理

按图案及配色设计要求,把各种不同染料或颜料印在纺织品上,从而获得图案的加工过程。和染色一样,都是使纺织品着色,但染色是使纺织品全面着色,而印花是染料仅对纺织品的某些部分着色。印花色浆由染料、原糊、化学药剂及水组成,原糊又由糊料和水组成。色浆是影响印花效果的重要因素,而印花色浆的印花性能在很大程度上又取决于染料和原糊(或糊料)的性质。糊料大多是一些亲水性的高分子化合物,在水中能分散,成为黏稠的胶体。原糊的作用是使色浆具有一定的黏度和流度,从而促使染料及必需的化学药剂传递到织物上去,防止图案渗化。

(三)印花方法及特点

对于不同的印花物,不同的原料,不同的批量大小,不同的花型图案的要求,都需要采用不同的印花方式。表 4-2 列举了主要的几种印花工艺方法与特点。

表 4-2 主要的几种印花工艺方法与特点

印花工艺名称	方法	特点
滚筒印花 (calendar printing)	又称机器印花。按花纹的颜色,分别在铜制的印花花筒上刻成凹形花纹,并安装在滚筒印花机上。在印制过程中,藏在花筒表面凹纹内的色浆进而转移到织物上	生产率较高,成本低,应用较普遍,适应各种花型。但受单元花样尺寸及套色多少的限制,印花时织物所受的张力较大
筛网印花 (screen printing)	按花纹的颜色,分别制作若干个具有相应花纹的筛网,并固定在框架上,印花色浆透过网孔沾印在织物上。其中,平网印花是将筛网平放在织物上,并用橡皮刮刀在筛网上均匀刮浆;圆网印花是将筛网制成圆筒而印花	应用较广,适宜小批量、多品种生产。受单元花样尺寸及套色多少限制较少,印制花纹的色泽鲜艳,印花时织物承受的张力小,特别适宜易变形的蚕丝、化纤织物、针织物及其他花纹要求较高的织物。但生产率较低(圆筒高于平版)
转移印花 (transfer printing)	先用印刷的方法,将花纹用染料制成的印墨印到纸上,成为转移纸,然后将转移纸和织物紧密贴合,并在一定的条件下,使转移印花纸上的染料转移到织物上	花纹图案轮廓特别精细,艺术性较高,层次较多,在合纤(如涤纶、锦纶)长丝织物和针织物上应用较多
直接印花 (direct printing)	在织物上直接印以色浆,再经过蒸化等后处理而印得花纹的工艺过程。在直接印花中,利用合成纤维或蚕丝纤维素纤维对酸的不同稳定性,使得纤维素纤维水解炭化,保留合成纤维或蚕丝的工艺过程又称烂花	适宜白色或浅色纺织品。工艺简单,应用最广,尤其是棉织物。烂花织物在获得彩色花纹的同时,呈现地部透明、花部丰满的立体效果
防染印花 (reserve printing)	在织物上先印以防止染料上染或显色的印花色浆或采用其他防染工艺,然后进行染色或显色而制得花纹的工艺过程。用仅含有防染剂的印花色浆印得白色花纹的称防白印花,在印花色浆中加入不受防染剂影响的染料或颜料印得彩色花纹的称色防印花	主要用于印制中、深色满地花布。印得的花纹不及直接印花、拔染印花精细,扎染、蜡染制得的花纹还具有朦胧、渗染的效果。适用于防染印花的地色染料种类较多,印花工艺流程也较拔染印花简便
拔染印花 (discharge printing)	在已染色的织物上,采用能消去染料的物质和印花方法局部消去原有色泽,从而获得局部白色(拔白印花)或彩色花纹(色拔印花)的印花工艺过程	适宜在染色织物上印制较为细致的满地花纹,有花清地匀的效果

（四）常见的手工印染方法与特点

手工印染常用于小批量的织物或裁好的衣片和服装。它与一般的印花原理是相同的，主要有扎染、蜡染、泼染、手工丝网印花、手绘等。

1. 蜡染（batik）

蜡染，古称蜡缬，蜡染布是在布匹上涂蜡、绘图、染色、脱蜡、漂洗而成，主要是蓝白图案，是我国民间的一种古老的手工印染方法，属于防染印花工艺。蜡染实际上应该叫"蜡防染色"，它是用蜡把花纹点绘在麻、丝、棉、毛等天然纤维织物上，然后放入适宜在低温条件下染色的靛蓝染料缸中浸染，有蜡的地方染不上颜色，除去蜡即现出因蜡保护而产生的美丽的白花。如果仅仅是蓝地白花也不算稀罕，那和蓝印花布没什么两样。蜡染的灵魂是"冰纹"，这是一种因蜡块折叠迸裂而导致染料不均匀渗透所造成的染纹，是一种带有抽象色彩的图案纹理。蜡染作为我国古老的防染工艺，历史已经非常悠久。早在秦汉时代，西南地区的苗、瑶、布依等少数民族的先民（南蛮集团各部落）就已经掌握了蜡染技术。

古老的蜡染工艺在贵州少数民族地区被保存下来，一直流传到现在，而且创作了丰富多彩的蜡染图案。"鱼"和"鸟"是蜡染图案中常见的（图4-6）。"鸟"在我国西南地区一些兄弟民族的古老传说中含有吉祥之兆和幸福美好的意义；在苗族的传说中，"香宇鸟"有多子多福的含义。"鱼"在贵州的本方民谣中往往象征"配偶"或"情侣"，他们喜欢用寓意双关的命题和比喻来反映深厚的生活情趣和对未来幸福的向往，是富有浪漫色彩的表现方法。采用靛蓝染色的蜡染花布，青底白花，具有浓郁的民族风情和乡土气息，是我国独具一格的民族艺术之花。

图 4-6 蜡染布　　　　　　　　图 4-7 扎染制作的台布与服装

2. 扎染（tie dying）

扎染是我国民间的一种古老的手工印染方法，属于防染印花工艺。扎染，古称绞缬，与蜡缬（蜡染）、夹缬（镂空印花）并称为我国古代三大印花技艺。扎染是中国一种古老的防染工艺，其加工过程是将织物折叠捆扎，或缝绞包绑，然后浸入色浆进行染色。染色时用板蓝根及其他天然植物，故对人体皮肤无任何伤害。扎染中各种捆扎技法的使用与多种染色技术结合，染成的图案纹样多变，具有令人惊叹的艺术魅力。

扎染（绞缬）与蜡染的染料是可以一样的，但扎染的方法更加生动，面料不是靠蜡来附着，而是依靠绳子来裹扎一部分面料，被扎住的部分不放入染料中，其他部分一样就形成了与染料一致的颜色，捆扎部分也由于液体的浸透形成了颜色的过渡（图4-7）。

捆扎的技法有很多种，大致可分为捆扎、缝绞和夹扎三大类，其中每大类又有不同的变化。此外还有三种扎法的综合应用及一些自由的扎法。捆扎法是将织物按照预先的设想，或揪起一点，或顺成长条，或做各种折叠处理后，用棉线或麻绳捆扎（图 4-8）。缝绞法是用针线穿缝绞扎织物以形成防染，针法不同，形成的效果不同。这是一种方便自由的方法，可充分表现设计者的创作意图（图 4-9）。夹扎法是利用圆形、三角形、六边形木板或竹片、竹夹、竹棍将折叠后的织物夹住，然后用绳捆紧形成防染，夹板之间的织物产生硬直的"冰纹"效果，与折叠扎法相比，黑白效果更分明，且有丰富的色晕（图 4-10）。综合扎法是将捆扎、缝绞及夹板等多种技巧综合应用，不同的组合可得到丰富多彩的效果。任意折皱法又称大理石花纹的制作，是将织物做任意皱折后捆紧、染色，再捆扎一次，再染色（或做由浅至深的多次捆扎染色），即可产生似大理石纹理般的效果。

圆形扎法-白布捆扎　　　　　　　圆形扎法-染色　　　　　　　圆形扎法-松扎

图 4-8　圆形扎法

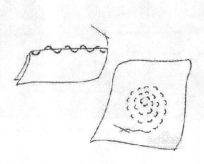
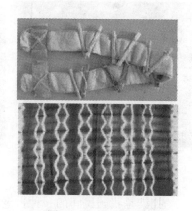

图 4-9　缝绞法-卷针缝绞　　　　　　　　　　　　图 4-10　夹扎法

3. 泼染（spatter-dying）

泼染是将染浴通过泼洒或涂刷于服装上的染色方法。在众多的手工印染技法中，泼染所需要的工具最为简单，但作品能达到图案抽象随意，色彩神奇莫测，并有水滴状的效果，染出的花纹似泼出的水珠，因此而得名（图 4-11）。

4. 其他手工印染方式

除以上几种手工印染方法外，还可通过夹染、型染、手绘、喷射、手工丝网印花等方法来表现风格不同的服装，以满足人们追求个性化的要求（图 4-12）。尤其对于设计师来说，这是一个有着广阔发展前景的领域,能充分展现各自的才华,不断创新。

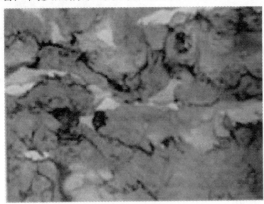

图 4-11 泼染作品

图 4-12 真丝手绘

四、整理(Finishing)

整理是染整工序的最后一个环节,通过化学或物理的方法改善织物的外观和手感,增进服用性能或赋予某种特殊功能的工艺过程。

根据织物整理的目的以及产生的效果的不同,可分为基本整理、外观整理和功能整理。基本整理即常规整理,其目的使织物的布幅整齐划一和尺寸稳定,并具有基本的服用和装饰功能。外观整理主要是增进和美化织物外观,改善织物触感和风格,是织物的附加层次整理或风格整理。功能整理的特点是增加织物的耐用性能和赋予织物特种服用性能。根据整理效果的耐久程度分为:暂时性整理、半耐久性整理和耐久性整理。

(一)整理的目的

(1)使纺织品幅宽整齐均一,尺寸和形态稳定,如定(拉)幅、机械或化学防缩、防皱和热定型等。

(2)增进纺织品外观:包括提高纺织品光泽、白度,增强或减弱织物表面绒毛等,如增白、轧光、电光、轧纹、磨毛、剪毛和缩呢等。

(3)改善纺织品手感:主要采用化学或机械方法使纺织品获得诸如柔软、滑爽、丰满、硬挺、轻薄或厚实等综合性触摸感觉,如柔软、硬挺、增重整理等。

(4)提高纺织品耐用性能:主要采用化学方法,防止日光、大气或微生物等对纤维的损伤或侵蚀,延长纺织品使用寿命,如防蛀、防霉整理等。

(5)赋予纺织品特殊性能:包括使纺织品具有某种防护性能或其他特种功能,如阻燃、抗菌、防污、拒水、拒油、防紫外线和抗静电等。

(二)常用整理工艺介绍

1.基本整理工艺

(1)拉幅(Stentering)

拉幅是利用纤维素、蚕丝、羊毛等纤维在潮湿条件下所具有的可塑性,将织物幅宽逐渐拉伸至规定尺寸进行烘干,使织物形态得以稳定的工艺过程,故也称定幅整理。经过拉幅整理的织物具有整齐划一的稳定门幅,同时改善手感粗糙、织物极光以及服用过程中的变形。

织物一般在染整加工基本完成后,都需经拉幅整理。

(2)预缩(Pre-shrinking)

预缩是用物理方法减少织物浸水后的收缩以降低缩水率的工艺过程。机械预缩是将织物先经喷蒸汽或喷雾给湿,再施以经向机械挤压,使屈曲波高增大,然后经松式干燥。预缩后的棉织物缩水率降低到1%以下,并由于纤维、纱线之间的相互挤压和搓动,织物手感的柔软性也得到改善。

(3)防皱(Crease-resisting)

改变纤维原有成分和结构,提高其回弹性,使织物在服用中不易折皱的工艺过程。主要用于纤维素纤维的纯纺或混纺织物,也可用于蚕丝织物。防皱整理的发展大致分为三个阶段:20世纪50年代中期以前主要用于黏胶纤维织物的防皱整理;50年代中期到60年代中期,美国开始生产棉织物的免烫;60年代中期以后,出现了多以涤纶与棉的混纺织物耐久压烫整理。

(4)热定型(Heat Setting)

热定型是使热塑性纤维及其混纺或交织物形态相对稳定的工艺过程,主要用于受热后易收缩变形的锦纶或涤纶等合成纤维及其混纺物的加工。经过热定型的织物,除了提高尺寸稳定性外,其他性能也有相应变化,如湿回弹性和起毛起球性均有所改善,手感较为硬挺。

2. 外观风格整理

(1)增白(Whitening)

利用光的补色原理增加纺织品白度的工艺过程称为增白原理,又称加白。增白方法有上蓝和荧光两种。前者在漂白的织物上施以很淡的蓝色染料或颜料,借以抵消黄色,由于增加了对光的吸收,织物的亮度会有所降低而略显灰暗。而荧光增白剂是接近无色的有机化合物,上染织物后,受紫外线的激发而产生蓝、紫色荧光,与反射的黄光相补,增加织物的白度和亮度,效果优于上蓝。荧光增白也可结合漂白、上浆或防皱整理同时进行。

(2)轧光(Calendaring)

轧光是利用纤维再湿热条件下的可塑性将织物表面轧平或轧出平行的细密斜线,以增进织物光泽的工艺过程。轧光机由若干只表面光滑的硬辊和软辊组成。硬辊为金属辊,表面经过高度抛光或刻有密集的平行线,常附有加热装置。软辊为纤维辊或聚酰胺塑料棍。织物经它们组合轧压后,纱线被压扁,表面平滑,光泽增强,手感硬挺,称为平轧光。织物经两只软辊组合轧压后,纱线稍扁平,光泽柔和,手感柔软,称为软轧光。轧光整理是机械整理,经它处理的光泽效果耐久性差,如果织物先浸轧树脂初缩体并经过预烘拉幅,轧光后可得到耐久的光泽。

(3)轧纹(Embossing)

轧纹利用纤维的可塑性,以一对刻有一定深度花纹的硬、软、凹、凸的轧辊在一定的温度下轧压织物,使其产生凹凸花纹效果的工艺过程。染色或印花后的棉或涤棉印花后可直接进行轧纹。

(4)磨绒、磨毛(Sanding)

用砂磨辊(或带)将织物表面磨出一层短而密的绒毛的工艺过程,称为磨绒整理,又称磨毛整理。磨毛整理的作用与起毛(或拉绒)原理类似,都是使织物表面产生绒毛。不同的是,起毛整理一般用金属针布(毛纺还有用刺果的),主要使织物的纬纱起毛,且绒毛疏而长;磨毛整理能使经纬纱同时产生绒毛,且绒毛短而密。

(5)柔软(Softening)

棉及其他天然纤维都含有脂蜡类物质,化学纤维施加有油剂,因此有柔软感。但织物经练漂及印染加工后,纤维上的蜡质、油剂等被去除,织物手感变得粗糙发硬,故常需柔软整理。织物柔软整理有机械整理和化学整理两种方法。机械方法是通过对织物进行多次揉搓弯曲实现的,整理后柔软效果不理想。化学方法是在织物上施加柔软剂,降低纤维和纱线间的摩擦系数,从而获得柔软、平滑的手感,而且整理效果显著,生产上常用这种整理方法。

(6)硬挺整理(Starching)

硬挺整理织物浸涂浆液并烘干以获得厚实和硬挺效果的工艺过程,是改善织物手感为目的的整理方法。它利用具有一定黏度的天然或合成的高分子物质制成的浆液,在织物上形成薄膜,从而使织物获得平滑、硬挺、厚实、丰满等手感,并提高其强力和耐磨性,延长使用寿命。

(7)增重(Weighting)

增重主要为弥补丝织物经脱胶后的重量损失,它是使用化学方法使丝织物增加重量的工艺过程。增重方法主要有锡盐增重、单宁增重和树脂增重等。经锡盐增重后,丝织物不仅重量增加,而且较为挺括,悬垂性提高,手感也丰满一些,但对光氧化较为敏感,且强伸度和耐磨性受到一定的影响。单宁增重法因单宁遇铁盐变为黑色而不适于白色和浅色丝织物的整理。

(8)减重(Deweighting)

减重整理是利用涤纶在较高温度下和一定浓度的氢氧化钠溶液中产生的水解作用,使纤维逐步溶蚀,织物重量减轻(一般控制在20%～25%),并在表面形成若干凹陷,使纤维的表面反射光呈现漫反射,形成柔和的光泽,同时纱线中纤维的间隙增大,从而形成丝绸风格(外观和手感)的工艺过程。

(9)煮呢(Crabbing)

煮呢是羊毛织物在张力下用热水浴处理,使之平整且在后续湿处理中不易变形的工艺过程。主要用于精纺毛织物整理,在烧毛和洗呢后进行。煮呢整理能使织物获得良好的尺寸稳定性,避免以后湿加工时发生变形、褶皱现象,手感也有改善。

(10)缩绒(Fulling)

缩绒是利用羊毛毡缩性使毛织物紧密厚实并在表面形成绒毛的工艺过程,也称缩呢。可改善织物手感和外观,增加其保暖性和手感等风格。

(11)起毛(Raising)

起毛是用密集的针或刺将织物表层的纤维剔起,形成一层绒毛的工艺过程,又称拉绒整理。主要用于粗纺毛织物、腈纶织物和棉织物等。织物在干燥状态起毛,绒毛蓬松而较短。湿态时由于纤维延伸度大,表层纤维易于起毛。所以毛织物在湿态下起毛,可得到长绒毛,棉织物只宜用干起毛。将起毛和剪毛工艺配合,可提高织物的整理效果。

(12)剪毛(Shearing)

剪毛整理是用剪毛机剪去织物表面不需要的茸毛的工艺过程。其目的是使织物织纹清晰、表面光洁,或使起毛、起绒织物的绒毛和绒面整齐。一般毛织物、丝绒、人造毛皮等产品,都需经剪毛工艺,但各自的要求有所不同。如精纺毛织物要求将表面绒毛剪去,使呢面光洁,织纹清晰。而粗纺毛织物要求剪毛后,绒面平整,手感柔软,尤其要把起毛或缩绒后织物表面参差不齐的绒毛剪平,并保持一定的长度,使外观平整。为了提高剪毛效果,可将剪毛和刷毛工艺配合进行。

(13)蒸呢(Decatixing Blowing)

蒸呢整理是利用毛纤维在湿热条件下的定型性,通过汽蒸使毛织物形态稳定,手感、光泽改善的工艺过程。蒸呢和煮呢的原理基本相同,但处理方式不同。蒸呢主要用于毛织物及其混纺产品,也可用于蚕丝、黏胶纤维等毡织物。经蒸呢整理后的织物尺寸形态稳定,呢面平整,光泽自然,手感柔软而富有弹性。

(14)压呢(Pressing)

压呢整理是在湿热条件下以机械加压使毛织物平整,增进光泽,改善手感的工艺过程,近似于其他织物的轧光整理。但压呢常用于精纺毛织物的整理。压呢的方式有回转式压呢(又称烫呢或热压)和纸板电热压呢(又称电压)两种。前者通过挤压和摩擦将织物熨烫平整,并赋以光泽。织物伸长小,生产率高,但效果不持久。且由于处理后的织物带有强烈的光泽,故常在蒸呢前进行。后者是大部分精纺织物,尤其是较薄织物的最后一道加工工序。整理时毛织物分层折叠,中间夹入硬质光纸板和电热纸板,然后在一定的条件下通过液压机加压完成。电压后的毛织物表面平整挺括,光泽柔和,手感柔软润滑,并有暂时性效果,但其设备庞大,生产率低。

(15)防毡缩(Antifeling)

防止或减少毛织物在洗涤和服用中收缩变形,使服装尺寸稳定的工艺过程,称为防毡整理。毛织物的毡缩是由于羊毛具有的鳞片在湿态时有较大的延伸性和回弹性,以致在洗涤挤后容易产生毡状收缩。故防毡缩整理的原理是用化学方法局部浸蚀鳞片,改变其表面状态,或在其表面覆盖一层聚合物,以及使纤维交织点黏着,从而去除产生毡缩的基础。防毡缩整理织物能达到规定水平的,称为超级耐洗毛织物。

(16)液氨整理(Liquid Ammonia Finishing)

用液态氨对棉织物进行处理,彻底消除纤维中的内应力,改善光泽和服用性能的工艺过程,称为液氨整理。它可使织物减少缩水,增加回弹性、断裂强度和吸湿性,手感柔软、弹性良好、抗皱性强、尺寸稳定,同时为洗可穿整理和防缩整理奠定了基础,是提高织物服用性能(特别是改善织物的缩水率)的一种重要处理方法。

(17)折皱(Wrinkling)

使织物形成形态各异且无规律的皱纹的工艺过程,称为折皱整理。其方法主要有:一是用机械加压的方法使织物产生不规则的凹凸折皱外观,如手工起皱、绳状轧皱、填塞等;二是运用搓揉起皱,如液流染色和转筒烘燥起皱等;此外,采用特殊起皱设备,形成特殊形状的折皱效果,如爪状和核桃状等。折皱整理的主要面料有纯棉布、涤/棉混纺布和涤纶长丝织物等。

3.功能整理

(1)拒水整理(Water Repellent Finish)

运用化学拒水剂处理，使纤维的表面张力降低，致使水滴不能润湿表面的工艺过程，称为拒水整理，又称透气性防水整理。适用于雨衣、旅游袋等材料。按照拒水效果的耐久性，可分为半耐久性和耐久性两种，前者处理简便，价格低廉，主要用于棉、麻织物，也可用于丝绸和合纤织物。后者主要用于棉麻织物，如用有机硅拒水整理剂不仅适用各种纤维织物，使织物具有良好而且较耐洗的拒水性能，并能增加织物的撕破强度，改善织物的手感和缝纫性能。

(2)拒油整理(Oil Repellent Finish)

用拒油整理剂处理织物，在纤维上形成拒油表面的工艺过程，称为拒油整理。经过拒油整理的织物，兼能拒水，并有良好的透气性。主要用于高级雨衣和特种服用材料。

(3)抗静电整理(Antistatic Finish)

合成纤维织物由于含湿量低，结晶度高等特性容易产生和积累静电。抗静电整理就是为了消除或减轻这种麻烦的一种生产工艺。

带静电的织物常有放电现象，织物静电带给人们的种种问题：在易爆车间容易发生爆炸和火灾事故；干扰通讯；影响电子工业生产；织物烘干后常被吸附在金属部件上，发生紊乱缠绕；同一种织物所带电荷相同产生相斥，使落布不易折叠整齐；手接触带电干布后常受电击；生活中穿着的合成纤维织物，因穿着后产生摩擦生成和积累静电，当手指接触金属体如门把手、栏杆等会产生放电现象犹如蜂蜇，与人握手也会像电击，晚上睡觉时脱衣有劈啪声响，黑暗中见到火星；在干燥的秋冬季节，尤其在北方造成衣服上沾土严重；静电对心脏病、精神分裂症、重度神经衰弱等不能承受强烈刺激的患者是一种潜在的威胁。

织物的抗静电整理是一种后期加工方法。无论是效果还是持久性都不如纺织、织造时用导电纤维、纱线混纺或交织更有效。抗静电整理的主要方法是在疏水性纤维表面形成导电层，以防止在纤维上积聚静电。得到这种导电层最简单和实用的方法是使纤维表面亲水化。抗静电整理除采用亲水化手段外，也可使纤维表面离子化，即纤维上的整理剂在有水情况下产生电离形成导电层。这些方法与大气中的湿度有关，湿度过低时效果就不明显。

(4)易去污整理(Soil Release Finish)

易去污整理是使织物表面的污垢容易用一般洗涤方法除去，并使洗下的污垢不致在洗涤过程中回污的工艺过程。对人体穿着的衣服来说，污物来源一是来自于人体表皮分泌的油性污物；二是来自于穿着环境中的灰尘，这主要是无机物粒子及少量油污；三是食物以及其他的油脂杂质。在这三类污染物质中，水溶性物质属最麻烦的一种，尤其是一些有色物质，如果汁、菜汁、墨水等。这些有色物质有的对纤维像染料一样具有亲和力，它们不仅加剧污染，而且难以用一般洗涤方法去除。特别是合成纤维及其混纺织物，容易带静电吸附污垢，并由于表面亲水性差，洗涤中水不易渗透到纤维间隙，污垢难以离去。同时由于织物表面有亲油性，所以会造成重新沾污的现象。易去污整理的基本原理，是用化学方法增加纤维表面的亲水性，降低纤维与水之间的表面张力，最好是表面的亲水层润湿时能膨胀，从而产生机械力，使污垢能自动离去。方法是在织物表面浸轧一层亲水性的高分子材料。

(5)防霉防腐(Rot-proof Finish)

一般是在纤维素纤维织物上施加化学防霉剂，以杀死或阻止微生物生长。为防止纺织品在储藏过程中霉腐，可使用对产品色泽和染色牢度都无显著影响，对人体健康也比较安全的防腐剂处理。

（6）防蛀（Moth-proof Finish）

防蛀主要针对毛织物易被虫蛀，而对毛织物进行的化学处理，毒死蛀虫，或使羊毛结构产生变化，不再是蛀虫的食粮，从而达到防蛀目的。现常用一些含氯的有机化合物为防蛀剂，其优点是无色无臭，对毛织物有针对性，比较耐洗又无损于毛织物的风格和服用性能，使用方便，对人体安全性高。

（7）阻燃（Flame Retardant Finish）

纺织品经过某些化学品处理后遇火不易燃烧或一燃即熄，这种处理过程称为阻燃整理。纺织品绝大多数是易燃体，因此在一些特定场合，纺织品必须进行阻燃整理。这种整理对象主要是天然纤维制品。化学纤维产品的阻燃可以在纤维抽丝中加入阻燃剂。织物燃烧主要由四个同时存在的步骤循环进行：第一，热量传递给织物；第二，纤维的热裂解；第三，裂解产物的扩散和对流；第四，空气中的氧气和裂解产物的动力学反应。阻燃技术就是阻止上述一个或多个步骤的进行。主要作用原理是改变纤维着火时的反应过程，在燃烧条件下生成具有强烈脱水性的物质，使纤维炭化而不易产生可燃的挥发性物质，从而阻止火焰的蔓延。阻燃剂分解产生不可燃气体，从而稀释可燃性气体并起遮蔽作用，使纤维不易燃烧或阻止炭化纤维氧化。

（8）涂层（Coating）

涂层整理就是在织物表面（或双面）均匀地涂上一层或多层成膜覆盖物。随着合成化工技术的发展，涂层产品种类繁多，已从单纯的表面效果转向功能化发展。

目前纺织品，无论是机织布、针织布或非织造布，都是由纤维单一材料组成的，而经过涂层整理的织物则是纤维和高分子物质的两元复合体。这样的产品兼有两者的优点。例如，纯棉织物价格便宜，穿着舒适，但外感"贫乏"，涂上高分子材料后外观丰满、弹性好、手感佳，提高了使用价值。另外，从微观角度看，织物上的涂层可视为一空间，在此空间中可容纳一些具有特殊功能但又不与纤维反应而固着的物质，这样可以扩大纺织品的应用范围。

涂层整理工序少，生产周期短。一般涂层加工后不需水洗，基本上无废水排放，符合绿色生产工艺要求。

涂层剂按化学结构分类，主要有聚丙烯酸酯类、聚氨酯类、聚氯乙烯类、硅酮弹性类和合成橡胶类。目前主要应用的是聚丙烯酸酯类和聚氨酯类。涂层整理的代表织物有防羽绒、防水透湿、遮光绝热、导电以及仿皮革等织物。

（9）夜光整理（Luminescent Finish）

采用夜光涂层整理的织物可以制造一种特殊功能的服装，这种服装可供井下矿工、消防人员以及野外作业人员穿着，也可制成帐篷类用品。这种面料的制成品在无光或漆黑的夜晚能显现光亮标志，便于目标的找寻和避免错误的判断。光致发光固体有无机和有机两大类，常用的主要是高纯度的硫化物。主要原理是对材料的基质起激化作用。

（10）反光整理（Reflective Finish）

反光整理就是采用玻璃微珠或彩色的透明塑料微球黏附在织物表面上的一种加工方法。通过这样整理后的织物，在黑暗中遇到光束（如汽车灯光等）能产生定向反射。这种具有发光作用的织物，可以制造警服和铁路、公路、清洁工的工作服，能在晚上显现鲜明的标志。在生活中用它制作伞面,在雨夜中行走能够避免伤亡事故。

(11)抗紫外线整理(Ultraviolet Resistant Finish)

防紫外线整理主要在天然纤维品种上进行,对化学纤维则在纺丝过程中进行处理,也可以在织物上进行整理。

棉纤维是紫外线最易透过的面料,而纯棉服装又是回归自然最受欢迎的消费品,更是夏季的首选衣着,因此纯棉服装是防紫外线整理的主要对象。由于人体各部位对紫外线抵御能力不同,其中上身最差,因此纯棉衬衫、纯棉 T 恤和纯棉女性紧身上衣更需要防紫外线整理。

防紫外线整理的方法主要有两种,即浸轧法和涂层法。由于防紫外线剂大部分均不溶于水,所以采用溶剂或分散相溶液的浸轧法,对纤维素没有反应的防紫外线剂则需要在工作浴中添加黏合剂,合成纤维织物可以采用高温吸尽法。防紫外线涂层整理则在涂层中加入防紫外线功能的微粒,即防紫外线的微粒,粒径应在 5 nm 为佳,最大不应超过 20 nm。

防紫外线剂主要有两大类,一类是紫外线反射剂,另一类是紫外线吸收剂。紫外线反射剂能将紫外线通过反射而返回空间,也称紫外线屏蔽剂。这类反射剂主要是金属氧化物,例如,氧化锌、氧化铁、氧化亚铅和二氧化钛。一些陶瓷物质也有良好的屏蔽作用,而且还有抗菌作用。紫外线吸收剂能够将光能转化,即将高能量的紫外线转换成低能量的热能或波长较短、对人体无害的电磁波。

(12)防臭整理(Anti-odor Finish)

防臭整理目前是抗菌法,就是通过整理使杂菌无法在织物上繁殖生长,也就不能对汗液及皮屑等产生分解作用,从而杜绝臭味的生成。常用的方法有吸收法。吸收法防臭虽然属于消极方法,却很实用。吸收剂有活性炭等。活性炭的微结构表面多孔,对气体分子,如臭气有很好的吸附能力。采用涂料印花或涂层的方法,把微粒型活性炭附着于织物上,形成包覆层。这种产品虽然外型不雅但却有效。经过洗涤和干燥后,活性炭能重新活化,因此具有较好的持久性。除活性炭外,还可用碳酸钙和硅藻土等活性物质。还有一种是氧化法。氧化法是在一定条件下,在织物上聚合过氧化氢,使它缓慢释放氧原子而分解臭气。

五、新型染整技术

近年来随着科学技术的迅速发展,面料染整技术正发生重大的变化,包括:纺织产品的生产周期越来越短,质量要求越来越高;花色品种也越来越多;生产方式从劳动力密集型加工逐渐转向高速、高效和高度自动化的加工;产品的功能从单一的防寒保温及装饰转向具有多种功能,包括一些特殊功能。

随着人类对环境污染和破坏的关注,对健康越来越重视,对改革传统的、污染较严重的染整加工愈加迫切,要求进行无公害的"绿色"加工,生产"清洁"的纺织产品。染整加工技术进行变革,其关键在于加速应用高新科技成果,研究和开发新型染整技术。

(一)喷墨印花技术的应用

与纺织品传统印花相比,喷墨印花具有以下优点:设计灵活,不需制网;不受图案套色限制,只需使用恒定的基本色油墨(黄、品红、青和黑色)即可;换批效率高,只需将图案的数字信息送到喷墨印花机即可;操作过程简单,易于控制,不需另外进行配色操作,减少了浪费。

但喷墨印花与常规印花除了喷墨印花不同外,最大的不同就是前处理,如棉织物常规印花前处理只需退浆、漂白和丝光;而喷墨印花为了获得良好的印制效果,除经过退浆、漂白和丝光外,还需进行防渗等前处理。

(二)无水染整新技术

低温等离子体、紫外线和其他辐射能是一种新型的加工技术,对纺织品可进行"干"加工,污染较少,无污水排放,特别适用于纺织材料进行表面改性和化学加工,具有很高的应用价值。生物酶的应用是当前研究的热门课题,在染整加工中已取得很好的效果,它也是一种无公害的加工技术,发展很快。

用低温等离子体对布匹和纤维进行工艺处理,能改变相对分子质量,并使纤维层发生鳞状变化,纤维层表面的化学成分使相对分子质量变得更粗糙和亲水,从而引起一系列消费品纤维特性和纺织品的性能变化。被低温等离子体处理的纤维和面料会发生表面改性、化学改性等变化,如:改变羊毛的防毡缩性能、提高染色性能;提高棉织物的机械性能和润湿性能;改善苎麻的润湿性、染色性;改善涤纶的润湿性、亲水性、染色性等。

通过紫外线、激光等辐射能改善织物的染色和印花性能,已有广泛应用。通过超声波对纺织品进行退浆、煮练和漂白等前处理,可加速染料的上染,改善纺织品的透染程度。

通过超临界 CO_2 介质污水染色技术,一改沿袭数百年的需要水做介质的染色技术。

(三)生物酶的应用

生物酶的开发和应用,是纺织和生物科技相结合的一大成功举措,例如,碱性果胶酶去除棉纤维的非纤维素成分,在比较缓和的 pH 值和温度条件下使处理后的织物手感柔软,并减少起球现象。用酶处理毛织物,可达到手感柔软,呢面光洁,改善起球,减少羊毛刺痒感,如进行预处理并可达到防缩可机洗效果。

生物酶整理最早应用在靛蓝牛仔服装的洗涤整理上,以获得与石磨相同的染料脱色、洗白等褪色仿旧效果。酶洗工艺利用纤维素酶对靛蓝、硫化、还原染料染色后的劳动布表面产生可控制的刻蚀,并借助洗衣机的揉搓、摩擦作用,使染料脱落、绒毛去除,从而得到不匀的褪色效果。酶洗不会引起织物强力的过度损伤,并具有独特的外观和柔软的手感。生物酶制剂用于牛仔服装水洗加工,加工后的牛仔服装雪花点多、立体感强、色光好。与传统的石磨工艺相比,酶洗工艺条件温和,耗能降低,减少了服装和设备的磨损,水洗效率高;与传统的化学助剂整理工艺相比,酶洗工艺大大减少了污水排放,有利于环境保护;与一般的水洗方式相比,酶洗工艺的产品附加值较大。

针对各种纤维本身的专一酶剂,如纤维素酶、蛋白酶,可以大大增加整理的有效性,减少对环境的污染。在传统的布匹染整工艺加工过程中,使用较为广泛的是通过烧毛、丝光等工序来减少布面的绒毛或提高布面的手感。但是经过烧毛、丝光加工后,布匹仍要经过多道工序的加工才转化为成衣(如定型、预缩、制衣、免烫加工等)。在这一系列的加工过程中,面料经受过一次或多次"由湿到干,由干到湿"的状态转换,并且经受各种摩擦力的作用。布面的绒毛重新裸露在表面,并且表现出长短不一、有批差的现象。因此,可以通过在制衣的后一道工序——水洗进行酶洗,达到均匀去毛的目的。对于某些对抗起球性要求较高的订单来说,酶洗是较为关键的一道加工工序(尤其对于一些外贸订单)。用于除毛的酶洗,灵活地结合各种工艺,可以达到某些特殊的目的。如对于一些棉纱质量较差的面料,可以进行适当的酶洗工艺,在不损伤面料强力的前提下,减少纱线的毛头和绒毛,从而在某种程度上弥补棉纱质量的不足;对于一些磨毛或抓毛布,也可以适当地运用酶洗工艺,达到布面绒毛均匀、手感平整的目的(尤其是对于起毛质量不够稳定或布身与辅料绒毛不齐的成衣);酶洗也可以用于毛巾等难以烧毛和丝光的纺织制品的低温抛光整理,达到传统的烧毛和丝光效果。

总而言之,酶洗工艺不但工艺简单,而且成本适中,配合漂白、增艳、柔软整理,可洗出不同风格、不同档次的服装,满足不同层次的市场需求。

(四)微胶囊技术

所谓微胶囊技术,就是将细小的液滴或固体微粒包裹于高分子薄膜中,制成直径很小的微胶囊,固着到织物上的技术。如将染料、整理剂等制成微胶囊,固着到织物上,在加工或使用过程中,在外部压力、摩擦力、pH 值、酶、温度、燃烧等刺激下,由于微胶囊的破裂或通过微胶囊壁的扩散作用,使被包裹的染料或整理剂释放出来,从而达到预期的染整效果。如将含有香料或杀菌剂等药物微胶囊用黏合剂固着到织物上,就赋予织物香味或杀菌等功能,并具有一定的持久性。对于一些不耐洗的药物,利用微胶囊技术,可获得耐洗的效果。

微胶囊由囊心和囊膜两部分组成,其外形呈球形、肾形、谷粒形或其他形状,直径一般在 $500~\mu m$ 以下。微胶囊是一门新技术,在染整加工中得到了应用,有利于节水、节能,属于环保型的染整技术,故发展很快,目前主要应用于染色、印花和功能整理。在染色方面有微胶囊静电染色、变色微胶囊染色、非水系微胶囊染色等技术;在印花方面有多色微粒子微胶囊印花、微胶囊转移印花等。微胶囊技术在织物功能整理加工中也有广泛的应用,并可获得常规整理方法无法得到的结果,包括阻燃、防皱、防缩、拒水、拒油、抗静电、柔软、抗菌、杀虫、香气以及某些特殊的整理效果。利用微胶囊技术不仅可以获得传统的各种功能整理的效果,而且还可以获得传统功能整理无法获得的效果,如用于具有特殊医疗效果的香气医疗整理、针织物的脱毛整理,以及军事中应用的防毒和消毒整理等。

(五)纳米技术的应用

随着信息技术和生物工程的崛起与不断发展,纳米功能材料及纳米技术成为各国研究的热点。由于纳米材料结构和性能上的独特性以及实际中广泛的使用前景,纳米技术已深入渗透到人类的生活和生产的各个领域,如生活中的化妆品、涂料、食品,以及机械、电子、化工、医药、能源等。纳米技术可以使得许多传统产品得到改进或获得一系列的新功能,增强产品的市场竞争力。在纺织行业,纳米材料及技术同样有着很广阔的使用前景,尤其在纺织品功能化和高附加值化的今天,纳米材料可通过原料功能化和后整理法等使产品获得导电静电、高强耐磨、抗菌防臭、防紫外线、高吸附性等多种功能。纳米(nm)其实是一种长度单位,$1~nm = 10^{-9} m$。一般而言,纳米材料是指尺寸介于 $10 \sim 100~\mu m$ 之间的极细微粒所构成的集合体。

除了直接将纳米粒子加入到纤维中去,后整理也是一类主要的纳米微粒与纺织品相结合的方法,尤其是对于天然纤维而言。这种方法主要是指涂层法和浸渍法。涂层技术是后整理中常用的一种技术,它是将纳米微粒加入到涂层剂中去,然后将其在织物表面进行精细涂层,经烘干和一些必要的处理,在织物表面形成一种功能性的涂层,从而可达到特殊的功能。这种方法具有简单耐用、工艺操作方便等优点。浸渍法是将纳米微粒的乳胶和其他整理剂混合均匀后,将织物浸入其中而获得特殊功效的。另外,还有直接加入法、植入法等方法。总之,纳米微粒如何与纺织品实现更好的结合,主要是解决如何使其均匀分布在纺织品或纤维中,如何使其与纤维高分子、织物形成良好的牢固的结合这两个问题,从而才能保证产品质量的稳定性、耐久性和均匀性。

目前纳米技术和纳米材料主要用于服装面料的拒油防水、防紫外、抗静电、远红外保健、抗菌、防电磁辐射、耐日晒、抗老化整理等方面。

（六）功能性染料

功能性染料不同于常规染料,它不仅涉及光与色,而且扩展到光、热、电、磁等,是现代科技中重要的一类高新材料,具有极广泛的应用范围。目前在纺织加工中的应用主要集中在光热变色染色和印花、荧光染色以及电致变色染料、远红外保温涂料等功能性方面的应用。

（七）天然染料

随着合成染料中的部分品种被禁用,人们对天然染料又受到重视。主要原因是大多数天然染料与生态环境的相容性好,可生物降解,而且毒性较低,生产这些染料的原料可以再生。而合成染料的原料是石油和煤炭,这些资源消耗很快,资源不能再生。因此,开发天然染料有利于保护自然资源和生态环境。随着生物技术的发展,利用基因工程可望得到性能好、产量高的天然染料,作为合成染料的部分替代或补充是有价值的,尤其是用天然染料开发一些高附加值的纺织品更具有广阔的发展前景。天然染料包括所有从植物、动物和矿物中提取的色素,它们多数对纺织纤维没有亲和力或直接性,需要和媒染剂一起使用才能固着在纤维上。

使用天然染料染色不仅可以减少染料对人体的危害,充分利用天然可再生资源,而且可以大大减少染色废水的毒性,有利于减少污水处理负担,保护环境。虽然天然染料有广阔的应用前景,但是大规模应用于工业化生产还有许多问题要解决。由于大多数天然染料染色时,需要用重金属盐进行媒染,同样会产生很大的污水,并会使染色后的纺织品上含有重金属物质。所以,有人认为天然染料不是从根本上解决纺织品染色生态问题的途径,实现纺织品生态染色的最重要途径还是选择符合纺织生态学标准的染料进行染色。

思考题

1. 服装材料的染整工艺包括哪四大部分?

2. 什么是练漂? 有何作用? 不同材料的练漂方式有何不同?

3. 为什么要对服装材料进行染色处理?

4. 常用染料有哪些种类?

5. 印花方法是如何分类的? 各自的特点是什么?

6. 整理的目的是什么? 试分述不同服装材料的整理工序。

第五章　服装材料的检验

第一节　服装材料检验分类及标准

一、检验分类

服装材料的检验是指运用各种检验手段,如感官检验、化学检验、物理检验、生物检验等,对服装材料的品质、规格、等级等检验内容进行检验,确定是否符合标准或贸易合同的规定。它按照检验内容、检验数量等进行如下分类:

（一）按照检验内容分类

服装材料按照检验内容可分为品质检验、规格检验、数量检验、包装检验及安全卫生检验。

1. 品质检验

一般来说,服装材料的品质检验可分为外观质量检验和内在质量检验两个方面。外观质量检验主要是针对影响外观质量的因素,如颜色准确性、疵点等方面;内在质量检验主要是借助仪器设备,对产品物理机械性能和化学性质进行分析。

2. 规格检验

主要是针对服装材料的尺寸(如纺织品的匹长、幅宽,缝纫线的粗细)、外形、花色(如纺织品组织、图案)和标准量(如纺织品平方米质量)等进行检验。

3. 数量检验

不同的服装材料,其计量方法和计量单位是不同的,如:纱线是按照质量计量,纺织品是按照长度计量的,皮革是按照面积计量的,纽扣是按照个数来计量的。

4. 包装检验

包装检验的主要内容是核对商品标记、运输包装和销售包装是否符合贸易合同、标准及其他有关规定。

（二）按照检验数量分类

1. 全数检验

全数检验是指根据质量标准对送交检验的全部产品逐件进行试验测定,从而判断每一件产品是否合格的检验方法,又称全面检验、普遍检验。它一般应用于:重要的、关键的和贵重的制品;对以后工序加工有决定性影响的项目;质量严重不匀的工序和制品;不能互换的装配件;批量小,不必抽样检验的产品。

2. 抽样检验

抽样检验又称抽样检查,是从一批产品中随机抽取少量产品(样本)进行检验,据以判断该批产品是否合格的统计方法和理论。它与全面检验的不同之处,在于后者需对整批产品逐个进行检验,把其中的不合格品拣出来;而抽样检验则根据样本中的产品的检验结果来推断整批产品的质量,如果推断结果认为该批产品符合预先规定的合格标准,就予以接收,否则就拒收。所以,经过抽样检验认为合格的一批产品中,还可能含有一些不合格品。

二、检验标准

检验标准是指检验机构从事检验工作在实体和程序方面所遵循的尺度和准则,是评定检验对象是否符合规定要求的准则。服装材料的检验标准包括纺织标准、皮革标准以及辅料产品标准等内容。

(一)国内

关于标准的分类,目前我国比较通用的分类方法有五种:

1. 按标准发生作用的范围和审批标准级别来分。

按标准发生作用的范围和审批标准级别分为国家标准、行业标准、地方标准、企业标准四级。国家标准由国务院标准化行政主管部门负责组织制定和审批;行业标准由国务院有关行政主管部门负责制定和审批,并报国务院标准化行政主管部门备案;地方标准由省级政府标准化行政主管部门负责制定和审批,并报国务院标准化行政主管部门和国务院有关行政主管部门备案;企业标准由企业制定,由企业法人代表或法人代表授权的主管领导批准、发布,由企业法人代表授权的部门统一管理,企业产品标准应向当地标准化行政主管部门和有关行政主管部门备案。

2. 按标准的约束性来分。

按标准的约束性分为强制性标准和推荐性标准两类。强制性标准是保障人体健康、人身、财产安全的国家标准或行业标准和法律及行政法规规定强制执行的标准,其他标准则是推荐性标准。《中华人民共和国标准化法》规定:强制性标准,必须执行,不符合强制性标准的产品,禁止生产、销售和进口;推荐性标准,国家鼓励企业自顾采用。

3. 按标准在标准系统中的地位和作用来分。

按标准在标准系统中的地位和作用分为基础标准和一般标准两类。基础标准是指一定范围内作为其他标准的基础并普遍使用的标准,具有广泛的指导意义,例如 GB/T 3291－1997《纺织材料性能和试验术语》;GB/T6529－2008《纺织品　调湿和试验用标准大气》等。相对于基础标准的其他标准,则称为一般标准。

4. 按标准化对象在生产过程中的作用来分

按标准化对象在生产过程中的作用分为产品标准,原材料标准,另部件标准,工艺和工艺装备标准,设备维修标准,检验和试验方法标准,检验、测量和试验设备标准,搬运、贮存、包装、标识标准等。

5. 按标准的性质来分

按标准的性质分为技术标准、管理标准和工作标准。技术标准主要包括基础标准、产品标准、方法标准、安全、卫生及环境保护标准;管理标准主要包括技术管理、生产管理、经营管理及劳动组织管理标准;工作标准主要包括通用工作标准、专用工作标准和工作程序标准。

（二）国外

国际上纺织品检测的实施依据可以分为技术法规、标准和合格判定程序三大类。

技术法规就是通过一定的立法程序,由政府明令或行业主管部门公布执行,具有强制性效用的条文,涉及者必须无条件服从,违反者要承担法律责任。如:欧洲的有关纺织品限制使用有毒有害化学物质的 EN 系列指令、REACH 法规;美国的《有害物质法案》《成分标签法规》《洗涤标签法规》《纺织品燃烧法规》;日本的《家用产品中有害物质控制法》《制造物责任法》《阻燃法》《家用产品品质标签法》。

所谓标准就是由行业或企业制定的针对某一领域或某类产品性能和质量的技术性管理文件,起到指示、引导和统一执行的效用。标准的实施以自愿为前提,但一旦成为行业性共同遵守的技术准则,便自然具备了强制性特征。如:欧洲的生态纺织品标准（Oeko-Tex Standard 100）;ISO 系列标准;英、德、法及瑞士、丹麦等欧洲国家制定的标准;美国的纺织品染化师协会（AATCC）标准、美国材料实验协会（ASTM）标准;日本的 JIS L 标准等。

所谓合格判定程序通常是指海关、贸易委员会、知名大企业和品牌商对某类产品（重点是进口产品）质量指标内容确定及合格判定要求的文件,一般以生产工艺单或技术贸易合同的形式出现,对相关纺织产品的生产加工以及出口有直接、具体的指导作用。合格判定程序的内容还与信用证发放有密切的联系。

采用国际标准和国外先进标准是我国的一项重要的技术经济政策,是技术引进的重要组成部分。国际标准是国际间进行技术经济交流的重要依据,它对于促进技术进步,提高质量,提高企业素质和管理水平,提高经济效益,增强市场竞争能力和发展对外贸易,有十分重要的意义。根据 GB/T 2000.2—2001 的规定:我国目前采用国际标准和国外先进标准的程度分为等同采用、修改采用,中国标准与国际标准的对应关系共包括等同、修改和非等效三种。等同采用指与国际标准在技术内容和文本结构上相同,或者与国际标准在技术内容上相同,只存在少量编辑性修改,其代号为 IDT。修改采用,指与国际标准之间存在技术性差异,并清楚地标明这些差异以及解释其产生的原因,允许包含编辑性修改。修改采用不包括只保留国际标准中少量或者不重要的条款的情况。修改采用时,中国标准与国际标准在文本结构上应当对应,只有在不影响与国际标准的内容和文本结构进行比较的情况下才允许改变文本结构,其代号为 MOD。非等效不属于采用国际标准,只表明中国标准与相应国际标准有对应关系,其代号为 NEQ。根据我国法规《采用国际标准管理办法》,等效采用不适用我国。

三、技术法规

（一）中国强制性国家标准

《国家纺织产品基本安全技术规范》,GB 18401—2010,于 2011 年 8 月 1 日起正式实施。

《消费品使用　纺织品和服装使用说明》,GB 5296.4—2012,于 2014 年 5 月 1 日起正式实施。

《纺织材料公定回潮率》,GB 9994—2008,于 2010 年 2 月 1 日起正式实施。

《进口可用作原料的固体废物环境保护控制标准－废纤维》,GB 16487.5—2005,于

2006 年 2 月 1 日起正式实施。

《防护服装 阻燃防护 第 1 部分:阻燃服》,GB 8965.1—2009,于 2009 年 12 月 1 日起正式实施。

《阻燃纺织品》,GB 17591—2006,于 2006 年 12 月 1 日起正式实施。

《防静电服》,GB 12014—2009,于 2009 年 12 月 1 日起正式实施。

《医用一次性防护服技术要求》,GB 19082—2009,于 2010 年 3 月 1 日起正式实施。

《医用防护口罩技术要求》,GB 19083—2010,于 2011 年 8 月 1 日起正式实施。

《絮用纤维制品通用技术要求》,GB 18383—2007,于 2007 年 5 月 1 日起正式实施。

（二）美国纺织品服装技术法规

羊毛产品标签法案(Wool Products Labeling Act of 1939)。

毛皮制品标签法案(Fur Products Labeling Act)。

纺织纤维制品鉴别法案(Textile Fiber Products Identification Act)。

羊毛制品标签法案的实施条例（Rules & Regulations Under the Wool Products Labeling Act of 1939—16 CFR Part 300）和纺织纤维制品鉴别法案的实施条例（Rules & Regulations Under the Textile Fiber Products Identification Act—16 CFR Part 303 ）。

毛皮制品标签法案的实施条例（Rules & Regulations Under the Fur Products Labeling Act—16 CFR Part 301）。

2000 年 9 月 1 日美国联邦贸易委员会(FTC) 更新的纺织服装及某些布匹的护理标签（16 CFR 423 Care Labeling of Textile Wearing Apparel and Certain Piece Goods, as Amended Effective September 1, 2000）。

易燃性纺织品法案[(FLAMMABLE FABRICS ACT(FFA)]。

1610 服用纺织品的燃烧性标准（1610 Standard for the flammability of clothing textiles)2008.3.25 更新。

儿童睡衣燃烧性标准（尺码大小：0 — 6X）（1615 Standard for the flammability of children's sleepwear：Sizes 0 through 6X）和儿童睡衣燃烧性标准（尺码大小）（1616 Standard for the flammability of children's sleepwear：Sizes 7 through 14）。

纺织品和服装原产地规则(Title 19 Customs Duties,Chapter I—United States Customs Service, Department of The Treasury, Part 102 Rules of Origin：102. 21 Textile and Apparel Products)。

（三）欧盟纺织品服装法规

REACH 法规,即化学品注册、评估、许可和限制法(1907/2006),是欧盟对进入其市场的所有化学品进行预防性管理的法规,于 2007 年 6 月 1 日正式实施。

欧盟生物杀灭剂法规:该法规于 2013 年 9 月 1 日起正式实施,计划于 2015 年 9 月 1 日前完成评估和完善工作。该法规的适用范围包括原生物杀灭剂指令中具有生物杀灭用途的有效成分和生物杀灭剂制品本身,还增加了经生物杀灭剂处理的物品。

纤维名称法规(1007/2011/EU),于 2012 年 5 月 8 日起生效。它主要规定了纺织纤维名称、与纺织产品纤维成分相关标签标志(含有非纤维制品的动物源纺织产品的标签标志)以及纺织产品纤维成分的检测方法。

（四）日本纺织服装法规

日本没有针对纺织品和服装的法规，在日本法规中，纺织品和服装属于消费品。与纺织服装有关的法规有：《家用产品质量标签法》《家用产品中有害物质控制法规定》《关于日用品中有害物质含量法规》《产品责任法》《阻燃法》《制造物责任法》等。

四、各国的国家标准及检测机构

（一）各国的国家标准名称

中国标准，简称国标，字母缩写 GB。

美国标准，简称美标，英文缩写 AATCC/ASTM（American Association of Textile Chemists and Colorists/American Society for Testing and Materials）。

欧盟标准，简称欧标，英文缩写 EN（European Normal）。

日本工业标准，简称日标，英文缩写 JIS（Japanese Industrial Standards）。

澳大利亚国际标准公司，简称澳标，英文缩写 AS（Standards Australia International Limited）。

英国标准，简称英标，英文缩写 BS（British Standard）。

德国标准化学会，简称德标，英文缩写 DIN（Deutsches Institut für Normung e. V. ）。

加拿大通用标准局，简称加标，英文缩写 CGSB（Canadian General Standards Board）。

法国标准，简称法标，英文缩写 NF（Fran aise de Normalisation）。

国际标准，英文缩写 ISO（International Standard Organized）。

（二）第三方检测机构

第三方检测机构又称公正检验，指两个相互联系的主体之外的某个客体，我们把它叫作第三方。第三方可以是和两个主体有联系，也可以是独立于两个主体之外，是由处于买卖利益之外的第三方（如专职监督检验机构），以公正、权威的非当事人身份，根据有关法律、标准或合同所进行的商品检验活动。独立第三方检测企业的存在有其特别的意义，它既是政府监管的有效补充，帮助政府摆脱"信任危机"，又能为产业转型升级提供支持，为产业的发展提供强有力的服务平台等。

第三方检测机构我国起步的很晚，基本是 2000 年以后的事情，欧美在 15 世纪经济开始之初，为了保证产品品质，就有第三方检测机构介入，成熟的第三方检测机构介入商品检测在 19 世纪中叶已经很普遍了，并成为一种自觉的商业行为。国内现阶段检测现状是：内销产品由国家检测机构负责，如质监局、疾病预防中心等，出口主要由外国检测机构负责，国内第三方检测机构在夹缝中生存。在中国，国内第三方检测机构由于起点低，起步晚，并不受广大商家的欢迎。但是由于国内对外贸易的增长，需要更多专业的第三方检测机构，对国内的第三方检测机构拥有需求。

第三方检测机构的检验报告都会盖上公司的公章和 CMA（China Metrology Accreditation 中国计量认证）或者 CNAS（China National Accreditation Service for Conformity Assessment 中国合格评定国家认可委员会）章。CMA 章是中国计量认证，根据《中华人民共和国计量法》第二十二条的规定："为社会提供公证数据的产品质量检验机构，必须经省级以上人民政府计量行政部门对其计量检定、测试的能力和可靠性考核合格。"因此,所有对社会出具公正数据的产品质量监督检验机构及其他各类实验室必须取得中国计量认证,即 CMA 认证。只有取得计量认证合格证书的检测机构,才能够从事检测检验工作,并允许其在检验报告上使用 CMA 标记。有 CMA 标记的检验报告可用于产品质量评价、成果及司法鉴定,具有法律效力。CNAS 是由国家认证认可监督管理委员会批准设立并授权的国家认可机构,统一负责对认证机构、实验室和检查机构等相关机构的认可工作。

下面是一些有名的纺织品方面的第三方检测机构:

1. 天祥检验集团

天祥检验集团(Intertek Testing Services,ITS)作为世界上规模最大的消费品测试、检验和认证公司之一,以其公认的专业、质量和诚信享誉全球,总部在英国伦敦。依托遍布 100 多个国家的全球服务网络,Intertek 通过提供业界最高标准的公正、准确的高品质服务及创新性解决方案,成为备受全球客户信赖的合作伙伴。国内在深圳、上海、天津、广州、东莞、青岛、无锡、杭州、宁波、南京、张家港、厦门等地设有与纺织品检验分支机构和实验室网络。

2. 瑞士通用公证行

SGS 是全球领先的检验、鉴定、测试和认证机构,是全球公认的质量和诚信基准,总部设在瑞士日内瓦。SGS 通标标准技术服务有限公司是瑞士 SGS 集团和隶属于原国家质量技术监督局的中国标准技术开发公司共同建于 1991 年的合资公司,取"通用公证行"和"标准计量局"首字之意,拥有 12 000 多名训练有素的专业人员。国内在北京、上海、广州、杭州、大连、宁波等地设立了 50 多个分支机构和几十间实验室,拥有 12 000 多名训练有素的专业人员。

3. 必维国际检验集团

必维国际检验集团成立于 1828 年,法文为 Bureau Veritas,简称 BV,是全球知名的国际检验、认证集团,其服务领域集中在质量、健康、安全和环境管理以及社会责任评估领域。在中国大陆,必维国际检验集团拥有 10 000 多名员工,必维在北京、天津、大连、青岛、南京、上海、杭州、宁波、厦门、中山、广州、东莞、深圳等 50 多个城市拥有 100 家左右的办公室与实验室。

4. 中国纺织工业联合会检测中心

中国纺织工业联合会检测中心于 2005 年 6 月 13 日批准成立,是我国纺织领域中第三方权威的与国际接轨的商业化检验机构,总部设在北京,在石狮、佛山、虎门、上海、苏州等地设有检测中心。

第二节　纺织品的检验

纺织品的检验是指对纺织制品的质量与性能,用物理的和化学的方法,依照相关的标准进行定性或定量的检验测试,并作出检测报告。质量是指反映实体满足明确和隐含需要的能力的特性总和。针对纺织品在使用时最重要的性能和功能而言,它应当以充分满足用户和消费者的使用要求为最终目标。性能是指反映综合顾客和社会的需要及对产品所规定的功能,可分为使用性能和外观性能两个方面,指纺织品的规格和技术要求、美观性、适用性、可靠性、安全性、环境和使用寿命等。纺织品物理检验是指运用各种仪器、仪表、设备、量具等检测手段,测量或比较各种纺织产品的物理性质或物理量的数据,并进行系统整理、分析,以确定纺织品物理性质和品质优劣的一种检验方法。纺织品化学检验是指运用化学检验技术和仪器设备,通过对抽取的纺织品样品进行分析、测试,以确定纺织品的化学特性、化学组成及其含量的一种检验方法。

一、纺织品的质量评定

纺织品要进行质量的评定和考核,以符合国家和行业标准要求。它包括纺织品的风格评定、纺织品评等及外观疵点的考核。

(一)纺织品的风格评定

纺织品风格是指人们通过视觉和触觉对纺织品所作出的综合评价,它是纺织品外观特征和内在质量的反映。影响纺织品风格的因素很多,不仅与纺织品特性有关,还包含人的心理美学、风俗习惯、文化背景、爱好及流行等因素。因此,对纺织品风格的评定并非易事。目前,纺织品风格的评定方法可分为两大类:主观评定和客观评定。

1. 主观评定法

主观评定法也称感观评定,是通过人的手或肌肤对纺织品触摸所引起的感觉和对纺织品的外观视觉反应作出的评价。这种方法属定性评定,人为因素较多,评定结果往往因人、因地而异,有一定的局限性。

2. 客观评定法

客观评定法也称仪器测定,是通过仪器测定纺织品的物理机械性能而作出的评价。这种方法属于定量评定,利用各种不同的仪器,得到纺织品的弯曲、剪切、压缩、拉伸、表面摩擦等性能数据,从而对纺织品风格作出评判。当前风格测试仪器分为三种类型:单项指标仪器(如弯曲仪、扭转仪、拉伸仪等)、单台多指标仪器(如 SYG5501 型纺织品风格仪)及多机台分项测定专用仪器(如 KES 风格仪)。这些仪器的开发和研制,使风格评定的定量化取得了较大的进展。

(二)纺织品评等

各类纺织品在成品包装出厂前,应进行质量的检验和等级评定,对不合格产品严格把关,以免造成不必要的麻烦和损失。纺织品评等包括内容和等级的评定:评等内容有实物质量、物理指标、布面疵点和染色牢度等项目;等级分为一、二、三等品及等外品,以评等项目中质量最差者的等级定等。各类纺织品具体的评等标准可参阅有关国家标准和专业手册。

(三)纺织品外观疵点考核

纺织品外观疵点是考核服装材料质量好坏的重要内容,它的存在与分布状态对服装及其材料的使用价值产生直接影响,因此,考核纺织品外观疵点便成为品质管理中的重要环节。

纺织品在生产、染整加工及储藏过程中,不可避免地会形成各种疵点。这些疵点严重影响纺织品的外观和使用。这就要求在纺织品出厂前及使用前必须进行检验,及时发现和识别。纺织品在纺、织、染各个生产过程中,造成的损害纺织品外观质量的各种缺陷,都称为纺织品的外观疵点。纺织品的轻微疵点仅会影响纺织品外观,但严重的疵点会损害纺织品的耐用性。所以裁剪时应尽量避开疵点,若避不开,则应将其安排在隐蔽处或不易磨损的部位,尽量减少对成衣外观与质量的影响。

1. 常见纺织品疵点及识别

纺织品疵点可分为局部性疵点和散布性疵点,前者是指出现在一匹布的部分位置上的疵点,而后者是指散布面积很广的疵点。疵点的种类很多,原因和外观特征也不相同,识别时可参考表 5-1。

表 5-1　常见纺织品疵点及识别

疵点分类	疵点名称	疵点特征
原纱疵点	棉结杂质	棉纱上带有棉籽屑、飞花、回丝、棕毛和棉结杂物
	大肚纱	纱线呈枣核状
	竹节纱	布面上出现 2~3 cm、3~5 cm 的粗节纱段,其重量和粗细度比正常纱大 3~5 倍
	细节	细节的重量与粗均为正常纱的 0.8 倍左右,一般较长
	条干不匀	经纬纱粗细不匀,致使较大面积的布面上呈现不规则的粗细节,纺织品厚薄不均
	粗纱	包括经粗和纬粗,是指在布面上出现几根或几十根比正常纱线粗 2~3 倍的经纱或纬纱
经向疵点	断经	经纱断头未接上,布面上出现缺少 1 根或数根经纱的直条缝
	沉纱	纺织品的正面或反面,个别经纱脱离组织,有相当长的距离未与纬纱交织
	双经	双根经纱并列织入布内,布面局部有凸条状
	吊经纱	布面上呈现 1~2 根经纱张力较大而成吊紧状
	筘路	筘片过厚、弯曲、筘齿距离不匀或筘号使用不当,使布面出现经纱排列稀密不匀而呈现条纹疵
	筘穿错	由于穿错筘齿而造成经向有凸出不平的条纹
	经缩	经纱松弛织入布内,扭结在布面上成圈状
	色条	沿经向伸延,长短粗细不一的色绺
纬向疵点	纬斜	经纬纱非垂直交织,而发生纬纱歪斜
	双纬	一梭口内织入 2 根纬纱
	脱纬	一梭口内织入 3 根以上纬纱
	稀纬、稀弄	纬纱排列稀少,纬密小于规定者称稀纬。纺织品横向只见经纱而无纬纱呈空隙者称稀弄
	错纬	纬纱粗细用错,不符合规定
	百脚	斜纹纺织品缺少纬纱,布面呈百脚状
	横档	沿纬向伸延,深浅分明、宽窄不一的色绺
	密路、厚段	纬纱密度超过标准形成厚层,在棉纺织品中厚层沿经向长度在 3 cm 以内者称密路,超过 3 cm 者,则称厚段
	云织	纬纱密度一段稀或一段密而排列弯曲呈波浪形
	纬缩	纬纱松弛织入布内,扭结在布面上成圈状
	拆痕	拆除有疵点部分的纬纱,重新织造后,布面留有明显的短绒毛横条痕迹
破损性疵点	破洞	3 根或 3 根以上经纬纱共断或单断经纱、纬纱,布面上呈现窟窿
	跳花	3 根或 3 根以上经纱或纬纱相互脱离组织,形成规则或不规则的浮于布面的线条
	豁边	边组织内经纬纱共断或单断经纱 3 根及 3 根以上
	烂边	边组织内单断纬纱
	修整不良	布边被刮起毛、起皱不平,经纬纱交叉不匀,因操作不当,布面纱线受损等
密集性疵点	结头	布面呈现大小结头
	星跳	1 根经纱或纬纱连续跳过应与它交织的 2~4 根纱,形成星点状跳花疵点
	跳纱	1~2 根经纱或纬纱跳过 5 根及 5 根以上应与它交织的纱线。浮于布面形成线状疵点
	断疵	纱线断头、纱尾织入布内
	织入杂物	布面上织入飞花、回丝、棕毛、木屑等杂物

续表

疵点分类	疵点名称	疵点特征
不合规格	狭幅	布幅小于规定
	斜纹反向	布面斜向纹路与规定相反
	花纹不符	色经排列错误、各色纬纱织错,使成品花纹与设计不符
油污疵点	油经纬	经纬纱上有油污
	油渍	布面上有深、浅色油渍
	色渍	布面上有颜色印迹
	斑渍	布面上有锈斑、水斑、污斑
印染疵点	色差	布面色泽与标准色不符。一匹布两头色泽不一致,幅宽左右有差异,染色不匀有深浅
	色条	沿经向延伸的线状、条状或阔条状的疵点,包括皱纹、油经、拖纱、污纱造成的色条
	条纹	布面沿经向延伸或断续散布全匹的色泽有深浅的条状
	条痕	布面着色深浅不一,形成横向色差
	花纹不符	印花布的花纹与设计图样有差别,包括对花不准、花纹错刻、漏印、色晕、露底、变形等
	深浅细点	印染布表面散布着过多的深浅色细点。在浅色布上表现较明显
	歪斜	印花布的花纹图案或格线发生歪斜
	印偏	纺织品布幅间花纹颜色深浅不一
	拖浆	纺织品上有不规则的带状或块状的非花纹色浆
色织疵点	色花	由于纱线染色不匀,成布后形成花斑,布面有深浅色花
	沾色	纱线染色后,浮色未洗净或染料不佳,使与色纱相邻的白纱或浅色纱受到沾染,以致织品表面出现晕状花斑或色纹界限不清
	花纹不符	色经排列错误、各色纬纱织错,使织品花纹与设计图样不符

2. 四分制检验标准

服装用纺织品的检验方法常见的是"四分制评分法",也称美国四分制标准。在"四分制评分法"中,对于任何单一疵点的最高评分为 4 分。无论布匹存在多少疵点,对其进行的每直线码数(Linear yard)疵点评分都不得超过 4 分。

(1)扣分标准

对于经纬和其他方向的疵点,按以下标准评定疵点分数:

疵点长度为 3 英寸或低于 3 英寸,扣 1 分;

疵点长度大于 3 英寸小于 6 英寸,扣 2 分;

疵点长度大于 6 英寸小于 9 英寸,扣 3 分;

疵点长度大于 9 英寸,扣 4 分。

同时属于以下两种情形的,也扣 4 分:

第一,对于严重的疵点,每码疵点将被评为 4 分。例如:无论直径大小,所有的洞眼都被评为 4 分。

第二,对于连续出现的疵点,如横档、边至边色差、窄封或不规则布宽、折痕、染色不均匀等布匹,每码疵点应被评为 4 分。

(2)评分的计算

原则上每卷布经检查后,便可将所得的分数加起来,然后按接受水平来评定等级。但由于不同的布有不同的接受水平,所以,若用以下公式计算出每卷布匹在每 100 平方码的分

数,而只须制订 100 平方码以下的指定分数,便能对不同布匹作出等级的评定。计算公式如下:

(总分数×36×100)/(受检码数×可裁剪的布匹宽度英寸)=每 100 平方码的分数

超过指定分数的单卷布匹应被定为二等品。如果整批布匹的平均评分超过指定的分数水平,则该批布匹应被视为未通过检验。

(3)具体检验标准

任何重复或不断出现的疵点都将构成屡犯的疵点,对每码布匹出现的屡犯的疵点都必须处以 4 分。

无论疵点分数是多少,任何有 10 码以上布匹含有屡犯的疵点的卷,都应当被定为不合格。全幅宽度疵点。

每 100 平方码内含有多于 4 处全宽疵点的卷,不得被评定为一等品。

平均每 10 个直线码数内含有 1 个以上重大疵点的卷,将被定为不合格,无论 100 码内含多少疵点。

如果布匹在一条织边上出现明显的松线或紧线,或在布匹主体上出现波纹、皱纹、折痕或折缝,这些情况导致在按一般方式展开布匹时,布匹不平整,这样的卷都不能被评为一等品。

检验一卷布匹时,对其宽度至少要在开始、中间、和最后时检查三次。如果某卷布匹的宽度接近规定的最小宽度或布匹的宽度不均匀,那么就要增加对该卷宽度的检查次数。

如果某卷宽度少于规定的最低采购宽度,该卷将被定为不合格。

对梭织布而言,如果宽度比规定的采购宽度宽 1 英寸,该卷将被定为不合格。但是对于弹性的梭织布匹来说,即使比规定的宽度宽 2 英寸,也可以被定为合格。

布匹的总体宽度是指从一端外部织边到另一端外部织边的距离。

可剪裁的布匹宽度是指除去布匹织边和/或定型机针孔、布匹主体上未染印的、未上涂层的或其他未经过处理的表面部分而量度出的宽度。

色差评定:卷与卷及批与批的色差不得低于 AATCC 灰度表中的 4 级。

在布匹检验过程中,从每卷中取 6 英寸～10 英寸宽的色差布板,检验员将使用这些布匹来比较同卷内的色差或不同卷之间的色差。

同卷内,边对边、边至中或布头对布尾的色差不得低于 AATCC 灰度表中的 4 级。对于受检的卷,出现这类色差疵点的每码布将被评为 4 分。

如果接受检验的布料与事先提供的被认可样品不符,其色差必须低于灰度表中的 4—5 级,否则此批货物将被定为不合格。

卷长度:如果卷的实际长度与标签上注明的长度偏差 2%以上,该卷将被定为不合格。对于出现卷长度偏差的卷不再评定其疵点分数,但是须在检验报告上注明。

如果所有抽查样品的长度总和与标签注明的长度偏差 1%或以上,整批货物将被定为不合格。

接合部分:对梭织布匹而言,整卷布匹可以由多个部分连接而成,除非购买合同中另有规定。如果某卷布匹含有长度低于 40 码的接合部分,该卷将被定为不合格。

弓纬:对梭织和针织布匹而言,出现大于 2%弓纬和斜折的所有印花布匹或条纹布匹,和出现大于 3% 歪斜的所有灯芯布匹的卷,都不能被定为一等品。

歪斜:对于梭织布匹而言,出现大于 2% 歪斜的所有印花布和条纹布匹,和出现大于 3% 歪斜的所有灯芯布匹的卷,都不能被定为一等品。

对于针织布匹而言,出现大于 5% 歪斜的所有灯芯布匹、印花布匹,都不能被定为一等品。

布匹气味:所有散发出臭味的卷,都不能通过检验。

通过导致布匹破损的疵点,无论破损尺寸的大小,都应被评为 4 分。一个洞眼应包括 2 根或 2 根以上的断纱。

通过与参照样品进行对比检验布匹的手感。如果出现明显的差异,该卷布匹将被定为二等品,每码评为 4 分。如果所有卷的手感都达不到参照样品的程度,将暂停检验,暂不评定分数。

二、纺织品质量要求

纺织品一是要遮体御寒,二要美化生活,所以对纺织品的质量要求可以概括为服用性好、艺术性高、工艺性精、耐用性强。纺织品质量标准规定五个指标:原材料、纺织品结构、纺织品物理机械性能、外观疵点和染色牢度。

纺织品的原材料决定其织品的外观特征及基本性质,合理选择纺织品原材料,对提高纺织品服用性能和加强养护是很重要的,纺织品原材料决定了织品丰满度、光泽程度和手感柔软挺括程度。

纺织品结构指纺织品的织纹、重量与厚度、密度、紧度、幅宽与匹长等,在有关国家标准和行业标准中都做了相应规定。

纺织品的物理机械性能是指织品的透气性、透水性、吸湿性、缩水率、拉伸强度、抗裂强度、抗顶强度、抗磨强度、抗皱强度、抗疲劳强度等。

纺织品的外观疵点是指纺织品上存在的各种缺陷,如破损、斑渍、色条、破洞、缺经、染色不均、色差、纬斜等。这些缺陷除影响外观外,也严重影响纺织品的坚牢度和使用性能,因而对纺织品的外观疵点必须严格控制。

染色牢度是指纺织品在使用中常遇到摩擦、汗渍、洗涤、熨烫、日晒等使纺织品颜色发生的变化,能控制在一定范围之内。

三、纺织品质量认证标志

纺织品质量认证标志是作为说明纺织产品全部或部分项目符合规定标准的一种记号,它是对经过认证产品的一种表示方法。纺织品质量认证标志常常又是注册的商标,其使用必须获得特别许可。使用纺织品质量认证标志既维护了消费者的利益,又便于消费者选购纺织品。对于企业来说,获得纺织品质量认证标志,既是一种荣誉和信任,又可获得经济上的利益。世界上许多国家都实行了产品质量认证制度,下面就一些常见的纺织品质量认证标志做简要介绍:

(一)纯棉标志

"COTTON USA"认证标志是免费授予那些使用美国纯棉制造的高级产品。这一标志不仅用于推广美国棉花,同时也提高了美国纯棉产品的知名度,并为这些产品建立了高档品牌形象。"COTTON USA"标志于1988年由Landor Associates经过深入广泛的消费者调研设计而成。整个标志设计不仅融入了棉花在人们心目中的形象,以及棉花材料的优势,而且还反映了美国棉花高档的品牌形象。自1989年设计出来之后,COTTON USA每年在东亚和西欧地区进行宣传推广,这一推广活动迄今为止是在亚洲和欧洲最大的棉花制品的宣传活动。"COTTON USA"标志的推广旨在各种贸易与零售行业中迅速提升美国棉花的知名度。同时,COTTON USA还与那些获得其授权标志的"认证商"一起合作,满足不同客户的需求。

图 5-1　美国国际棉花协会和美国棉花公司纯棉标志

(二)麻纺标志

2003年3月,北京中纺联麻纺标志产品认证有限公司正式成立。推行麻纺标志,麻纺认证标志共有两个,一个是单色的纯麻标志(图5-2),另一个是双色混麻标志(图5-3)。麻纺标志即针对麻类纺织品、服装是否符合国家标准,麻纺织品、服装的麻纤维成分及含量是否达到要求,麻纺织品、服装生产企业是否建立了合格的质量保证体系进行检测和审核,并根据要求颁发的,可以附着在麻纺织品、服装上的认证标志。麻纺标志产品认证符合国内外市场对麻纺织品、服装质量和安全标准的要求,对规范麻纺织服装企业的产品质量,提高我国麻纺织品的国际竞争力,同时对规范我国麻纺织品、服装市场,保护和引导消费有着积极的作用。

图 5-2　纯麻标志　　　　图 5-3　双色混麻标志

（三）纯羊毛标志

高档毛纺织品一般具有纯羊毛标志。纯羊毛标记的拥有者——国际羊毛局成立于1937年，目前已发展成为一个国际性组织。国际羊毛局目前拥有的羊毛产品标记有"纯羊毛标记"（图5-4）、"高比例混纺标记"和"羊毛混纺标记"（图5-5）三种。上述三种标志的产品除了羊毛含量外，其产品的标准是一样的，只有质量完全达到国际羊毛局品质要求的产品才能使用国际羊毛局羊毛产品标记。各种羊毛标记的毛纤维含量是：使用纯羊毛标记要求纯新羊毛不少于93％；使用高比例混纺标记，羊毛含量不得少于50％；使用羊毛混纺标记要求羊毛含量介于30％～50％之间。

图 5-4　纯羊毛标记　　　　图 5-5　羊毛混纺标记

纯羊毛标志是优质和纤维含量的承诺。"纯"，象征着其原料采用100％的羊毛；"新"，指羊毛制品中不使用再生毛。纯新羊毛标志设计是为一组类似羊毛团按顺时针方向旋转，而羊毛混纺标志设计为两细一粗条形为一组，形似羊毛团按顺时针旋转。

（四）高档丝绸标志

2004年3—4月份，高档丝绸标志在全国开始推行，这一标志被广泛使用在高档真丝围巾、领带、丝绸服装等丝绸制品上（图5-6）。推广使用丝绸标志对我国乃至世界丝绸发展都具有重要意义，也是我国由"丝绸大国"向"丝绸强国"转变的重要举措。高档丝绸标志是经中华人民共和国国家工商行政管理总局商标局注册的证明商标，用以证明使用标志的丝绸产品所具有的特定品质。使用该标志的丝绸产品提供了质量、生态环保和信心的保证，能最大限度地满足消费者对产品质量、时尚、健康生活及良好售后服务的要求。高档丝绸是指采用特定品质的丝绸原料制作而成的、符合质量要求的、同时限定在特定场合销售的丝绸产品。高档的含意包括高质量、高品位、时效性、地域性。

图 5-6　高档丝绸标志

高质量，指使用本标志的丝绸产品的质量指标达到了相应产品的现行国家标准或行业标准的优等品指标,并符合生态环保要求,属于高质量的绿色产品。

高品位,指使用本标志的丝绸产品能体现我国的丝绸文化,具有精致、时尚、高贵、典雅的特色和风格。

时效性,不同用途的丝绸产品具有不同的时效性。对于极具流行特性的时装来说,其时效性比较短,当其流行趋势结束后,即使是同一个产品,其原有的高价值也随之失效;而对于蚕丝被和丝绸内衣等产品来说,则时效性相对较长。因此,本标志只能在产品的高价值有效的时间内适用。

地域性,经科学合理的公众消费调查,在一定地域有较高的品质认知度的丝绸产品方可使用此标志,且企业具备完善的销售渠道和品质保障措施。

使用高档丝绸标志产品的面料必须达到三个方面的特定品质:蚕丝含量为 100% 或 70% 及以上;内在质量达到现行国家标准或行业标准的优等品指标;生态环保达到国际环保纺织协会的《Oeko-Tex Standard 100》生态纺织品标准和我国的 GB/T 18885—2009《生态纺织品技术要求》国家标准中的直接接触皮肤类生态环保指标。

使用标志的产品,除面料外,其他产品的加工质量(如缝纫等)和辅料质量(如里料、拉链、纽扣、装饰物等)以及内外包装材料,应由申请企业确保达到相应产品现行国家或行业标准中的优等品指标以及相应的生态环保指标,并符合国际上现行的环保要求。

高档丝绸标志使用的产品范围包括:符合以上特定品质的直接面向消费者的丝绸面料;使用经以上特定品质检测认定后的面料制成的梭(针)织丝绸服装;使用经以上特定品质检测认定后的面料制成的围巾、领带和床上用品;使用经以上特定品质检测认定后的面料制成的其他丝绸制成品。

(五)生态纺织品标志

生态纺织品是指那些采用对周围环境无害或少害的原料制成的并对人体健康无害的纺织产品。它包括的内容体现在三个方面:生产生态性——从生产生态学的角度,控制包括从纤维种植、养殖、生产到产品加工的全过程对环境无污染、产品自身不受"污染";消费生态性——从人类生态学的角度,考察纺织品中残留有毒物质对人体健康的影响;处理生态性——从处理生态学的角度,控制纺织品可回收利用、自然降解、废物处理中释放的有毒物对环境无害。

1. Oeko-Tex Label

Oeko-Tex Label(纺织品生态标签)是由国际纺织品生态研究检验协会,依据其制定的 Oeko-Tex Standard 100、Oeko-Tex Standard 1000 标准实施的产品和/或生产的生态认证。该标签是自愿性的,标签分"Oeko-Tex 100""Oeko-Tex 1000""Oeko-Tex 100 +"3 种。Oeko-Tex Standard 100 是世界上最权威的、影响最广的纺织品生态标签(图 5-7)。悬挂有 Oeko-Tex Standard 100 标签的产品,都经由分布在世界范围内的 15 个国家的知名纺织检定机构(都隶属于国际环保纺织协会)的测试和认

图 5-7 Oeke-Tex Standard 100标签

证。Oeko-Tex Standard 100 标志产品提供了产品生态安全的保证，满足了消费者对健康生活的要求。Oeko-Tex Standard 100 禁止和限制使用纺织品上已知的可能存在的有害物质，它们包括：pH 值、甲醛、可萃取重金属、镍、杀虫剂/除草剂、含氯苯酚、可解理芳香胺染料、致敏染料、有机氯化导染剂、有机锡化物（TBT/DBT）、PVC 增塑剂、有机挥发气体、气味。

如果满足本标准的所有条件，经检测不能证明存在任何偏离申请人提供的细节，并且检测结果不超过所给的限制值，则应签发证书，授权申请人可在有效期内对其产品粘贴 Oeko-Tex Standard 100 标志。如遇限制值和/或检验规则改变，相关授权产品的符合性在这种过渡期间继续有效，直到授权期满为止。一旦期满，必须按照现行条件履行延期手续。粘贴 Oeko-Tex Standard 100 标志的最长授权期限为 1 年。在授权证书的有效期内，批准授权证书时的检测标准和相关限制值均为有效。经申请人要求，授权证书的起始时间可从检测报告的日期起最多顺延 3 个月。在 Oeko-Tex Standard 100 的授权期满后，证书持有者有权请求延长授权 1 年。授权被批准后，申请人有权向其产品粘贴一个或多个标志，标志必须声明证书编号和检测机构，并与相应证书上的一致。每次使用本标志，都必须明确指出是哪种产品。生态标准 Oeko-Tex Standard 100 属于自愿性的，并非必须要达到其考核指标才能在欧盟市场上销售。如果达到其考核指标，产品能进入比较高端的流通领域，产品的附加值就能得以提升；而达不到其考核指标的产品就不能挂该标准和标签，会进入比较低端的流通领域，产品的附加值会低得多，当然，这样的产品也必须达到买家的要求才能进入欧盟市场。

2. European Eco-Label

图 5-8 欧盟生态标志

欧盟生态标签又名"花朵标志""欧洲之花"。为鼓励在欧洲地区生产及消费"绿色产品"，欧盟于 1992 年出台了生态标签体系（图 5-8）。欧盟生态标签制度是一个自愿性制度。欧盟建立生态标签体系的初衷是希望把各类产品中在生态保护领域的佼佼者选出，予以肯定和鼓励，从而逐渐推动欧盟各类消费品的生产厂家进一步提高生态保护，使产品从设计、生产、销售到使用，直至最后处理的整个生命周期内都不会对生态环境带来危害。欧盟有些成员国使用不同于欧盟统一规定的本国"生态标签"，如德国使用"蓝天使"标志，北欧诸国使用"天鹅"标志。2000 年，欧盟在生态标签补充条例中规定，各成员国可以制定本国生态标签体系，但产品的选择标准、生态标准应与欧盟生态标签体系保持一致。欧盟的生态标签在这些国家内同样适用，但像德国等国家为了标榜自己在环保方面的先锋地位，其"蓝天使"标志所涵盖的产品种类要远远多于欧盟生态标签所涵盖的产品。从一个角度说，德国已经成为欧盟环保标准制定的先锋和试点。一种产品的环保标准一旦在德国制定并执行，极有可能在今后被欧盟所采纳并推广。

3. 中国环境标志

中国环境标志是一种官方的产品证明性商标，图形的中心结构表示人类赖以生存的环境，外围的 10 个环紧密结合、环环相扣，表示公众参与共同保护环境；同时 10 个环的"环"字与环境的"环"同字，其寓意为"全民联合起来，共同保护人类赖以生存的环境"（图 5-9）。获准使用标志的产品,不仅要质量合格,而且其生产、使用和处理过程均符合特定的环境保护要求,与同类产品相比,具有低毒少害、节约资源等优势。

中国环境标志计划诞生于 1993 年。1994 年 5 月 17 日中国环境标志产品认证委员会成立,与国际生态标签计划对接的中国环境标志计划开始实施。2003 年 9 月成立了国家环境保护总局环境认证中心(中环联合(北京)认证中心有限公司),承接了中国环境标志产品认证委员会秘书处的职能,成为国家授权的唯一环境认证机构。

图 5-9　中国生态标志

第三节　织物的分析与鉴别

随着科学技术的发展,织物新产品层出不穷,而织物的外观也更加漂亮,穿着更加舒适,功能更加多样,风格更加别致。尤其是天然纤维与化学纤维天然化的发展,使得织物原料的界限越来越模糊,加之各种新型纤维的问世,以及新技术、新结构的应用,使得织物的材料更加难以分辨。

设计制作服装时,准确地选择面辅料,正确地使用和保养,是非常重要的。这就要求我们必须掌握织物所采用的纤维原料、纱线结构、织物组织,从而来分析织物的风格特点及性能,这样才能保证对服装的面辅料能够进行准确的选择及正确的使用保养。

为了能获得比较准确的分析结果,并尽量节省布样用量,在分析前要设计好分析的项目以及分析的先后顺序。一般来说,首先确定织物的外观风格特征及织物品种,再确定织物正反面、经纬向、倒顺向,最后确定织物组织和所用原料。

一、织物的风格特征

(一)棉型织物风格特征

棉型织物是用纯植物棉纤维或加入适当比例的化纤,经纺纱、织制而成的织物,自然朴实,舒适保暖,透气吸湿,手感柔软,光泽柔和、质朴,有温暖感,不易产生静电,弹性较差不抗皱,色泽鲜艳,色谱齐全,但色牢度不好。由于近年来人们回归自然的思潮,棉型织物越来越受到人们的重视,在穿着上一般作内衣等贴身服装、夏季衣着、棉衣、夹克等较多。

(二)麻型织物风格特征

麻型织物是指以亚麻或苎麻为材料,或与适当比例的化纤混纺、交织而成的织物。天然麻纤维纺织品服装具有纯朴自然、吸湿透气、凉爽不贴身的特点,还具有抑菌防霉等保健功能,符合健康绿色潮流,是夏日里的最佳选择,但弹性差,易起皱,刚性大。用它所做的便服、西装挺括、粗犷,也往往是男人们追求的目标。

(三)毛型织物风格特征

毛型织物以各类动物毛或毛型纤维加工而成,手感柔糯有身骨,富有弹性,坚牢耐穿,不易变形,弹挺不皱,染色优良,色谱齐全,独有缩绒性,吸湿性强而无潮湿感,适用于春夏秋冬季各类西服、大衣、套装、制服等。

（四）丝型织物风格特征

丝型织物可分为以桑蚕丝、柞蚕丝、人造丝为材料的织物，轻盈滑爽，明亮悦目，华丽富贵，舒适柔和，弹性好，轻薄柔软，飘逸，属高档面料，主要用于夏季服装。

（五）其他纯化学纤维织物风格特征

涤纶织物：手感挺爽，强度大，弹性好，织物不易折皱，有"免烫纤维"美称。

锦纶织物：手感滑溜，坚牢耐磨，有蜡光，弹性比涤纶差，较易折皱，易起毛起球。

腈纶织物：手感蓬松，伸缩性好，保暖性好，类似毛织物，常用来与毛混纺或仿毛，故称"合成羊毛"，比毛织物更加轻盈保暖，但没有毛织物活络，且起毛起球严重。

维纶织物：手感柔软舒适，类似棉织物，故有"合成棉花"之称，但不及棉织物细柔，色泽不够鲜艳。

二、分析织物品种

针织物与梭织物由于在编织上方法各异，在加工工艺上、布面结构上、织物特性上、成品用途上，都有自己独特的特色，在此做一些比较（表5-2）。

表 5-2　机织物、针织物和非织布比较表

织物类别	机织物	针织物	非织造布
织物组织的构成	由两条或两组以上相互垂直的纱线，以90°角做经纬交织而成织物，纵向的纱线叫经纱，横向的纱线叫纬纱	由纱线顺序弯曲成线圈并相互串套而形成织物，而纱线形成线圈的过程，可以沿横向或纵向进行，横向编织称为纬编织物，而纵向编织称为经编织物	不经传统纺织工艺，而由纤维铺网加工处理而形成的薄片
织物组织基本单元	组织	线圈	无
织物组织特性	因经纱与纬纱交织的地方有些弯曲，其弯曲程度与经纬纱之间的相互张力和纱线刚度有关。当机织物受到外来张力，如以纵向拉伸时，经纱的张力增加，弯曲减少，纬纱的弯曲增加，如纵向拉伸不停，直至经纱完全伸直为止，同时织物呈横向收缩，反之则相反。而经、纬纱不会发生转换，与针织物不同	因线圈是纱线在空间弯曲而成，而每个线圈均由一根纱线组成，当针织物受外来张力，如纵向拉伸时，而线圈的高度亦增加，同时线圈的宽度却减少；如张力是横向拉伸，情况则相反。线圈的高度和宽度在不同张力条件下，可以互相转换，因此针织物的延伸性大	由于构成方式上的差别，多数情况下纵横向差异不大
织物组织的特征	因机织物经、纬纱延伸与收缩关系不大，亦不发生转换，因此织物一般比较紧密、挺硬	能在各个方向延伸，弹性好，因针织物是由孔状线圈形成，有较大的透气性能，手感松软	纤维组成的网状结构
织物规格表达	幅宽、长度、质量、厚度、密度、紧度	线圈长度、未充满系数、密度、质量、宽度、长度	质量
织物的物理性能	强度、刚度、弹性、延伸性能等	脱散性、卷边性、延伸性能、弹性、勾丝与起毛起球、工艺回缩性、纬斜性、抗剪性	强度、弹性、延伸性能

三、织物正反面的识别

(一)根据外观特征进行识别

织物正面光洁、织纹清晰、疵点少,光泽好,花纹图案清晰洁净,轮廓造型精致明显,色泽鲜艳,层次分明。凸条及凹凸织物,正面紧密而细腻,具有条状或图案凸纹;而反面较粗糙,有较长的浮长线。

(二)根据织物组织结构进行识别

斜纹织物:一般来说,斜纹织物中经纬纱线的结构种类决定织物正反面的斜纹方向。纱斜纹(经纬纱皆为单纱的斜纹织物)正面为左斜纹;半线斜纹(经纱为股线,纬纱为单纱的斜纹织物)右斜纹是正面;全线斜纹(经纬纱皆为股线的斜纹织物)右斜纹是正面。因右斜纹"↗"很像汉字笔划中的撇"丿",也称"撇斜纹",而左斜纹"↖"很像汉字笔划中的捺"\",也称"捺斜纹"。所以,可以把斜纹组织织物的这一特征简单概括为"线撇纱捺"。

缎纹织物:正面紧密、平整、光滑、有弹性,并富有光泽;反面织纹不明显,且不如正面平整光洁明亮。

(三)色织小提花、条格外观织物的正反面识别

具有条格外观的织品和配色花纹织物,其正面花纹明显,线条清晰,轮廓突出,浮线较少。

(四)起毛起绒织物的正反面识别

单面起毛的面料,起毛绒的一面为正面。双面起毛绒的面料,则以绒毛光洁、紧密、整齐的一面为织品的正面。双面起绒的,正面绒毛整齐,反面光泽差。

(五)毛巾织物的正反面识别

单面毛圈织物,起毛圈的一面为正面;双面毛圈织物,正面毛圈密度较大,反面稀;毛巾被、枕巾等正反面毛圈密度一致,但有提花花纹的一面为正面。

(六)烂花织物的正反面识别

正面花型明显,轮廓清晰,色泽鲜明,有层次感,个别织物不透明处花纹凸起;反面则花型模糊不清,缺乏立体感、层次感。

(七)根据卷装情况识别正反面

成匹包装的产品,在匹头处,朝外的一面为反面,卷在里面的为正面;若是双幅布,则折叠在里面的一面为正面,露在外边的为反面。

(八)根据布边识别正反面

○ 布边平整光洁的一面为正面;反面布边向上卷曲,边缘粗糙有毛丛,不太平整。

若有针孔,则针孔凹下的一面为正面。但由于各种面料的加工整理方式不尽相同,实际中针孔凸出的一面为正面的织物也很多,不能一概而论,所以最好不采用此法来判断织物正反面。

○ 有些高档织物布边上织有图形、数字或文字,图形或边字清晰、明显、光洁的一面为正面,反面图形模糊、字迹不清且呈反写状。

(九)根据出厂商标贴头和印章来识别织物正反面

一般成品布匹上都盖有商标、出厂日期和检验印章,内销产品商标贴在匹头反面,匹尾

反面盖有出厂日期和检验印章,外销产品则相反。

四、织物经纬向的识别

机织物是由经纬两个系统的纱线按照一定的规律交织而成的,因此织物有经、纬向之分:经纱方向称为经向,也称直丝缕方向,具有不易伸长变形、挺拔和自然垂直的特性,所以裤长、衣长一般都沿直丝缕方向裁剪;纬纱方向称为纬向,也称横丝缕方向,具有略有收缩、不易平复和较丰满的特性,如领子、上衣沿胸围方向即横丝缕方向。经纬纱之间成 45°方向称为斜向,也称斜丝缕方向,具有伸缩性大、富有弹性的特性,像部分裙摆,以及荡领等有自然悬褶的部位,都比较适合使用斜丝缕。

（一）根据布边识别

若是整幅的带有布边的面料,则与布边平行的纱线方向是经向,另一方是纬向。

（二）根据织物的伸缩性识别

一般织物经向伸缩性较小,手拉时紧而不易变形;纬向伸缩性较大,手拉时松而易变形;斜向伸缩性最大,极易变形。

（三）根据织物的密度识别

一般机织物密度大的是经向,密度小的是纬向。但麻纱纬密较大,横贡缎纬密远远大于经密;灯芯绒纬密甚至大于 3 倍经密。

（四）根据织物的筘路、筘痕识别

坯布、府绸等织物,筘路、筘痕明显,则沿筘路、筘痕方向为经向。

（五）根据纱线的上浆情况识别

有些织物（如棉织物）在织造前经纱需上浆,所以可根据纱线的上浆情况来进行识别。经纬各扯下一根纱线,在水中蘸一下,手摸感觉黏的有浆料为经向,另一方不上浆的为纬纱。

（六）根据纱线结构识别

半线织物,一个方向为股线,另一方为单纱,通常股线方向为经向,单纱方向为纬向。

（七）根据纱线粗细识别

若经纬纱粗细不同,则通常经纱较细,纬纱较粗。而若织品有一个系统的纱线具有多种不同的线密度时,这个方向则为经向。

（八）根据捻度、捻向识别

若织品的成纱捻度不同时,则捻度大的多数为经向,捻度小的为纬向。而若单纱织物的成纱捻向不同时,则 Z 捻向为经向,S 捻向为纬向。

（九）根据条干均匀度识别

若织品的经纬纱线密度、捻向、捻度都差异不大时,则纱线条干均匀、光泽较好的为经向。

（十）根据不同织物特点识别

条格织物,一般格子较平直、较长的为经向;起绒织物,起绒系统多为纬纱;起毛织物,顺毛方向为经向;毛巾类织物,其起毛圈的纱线方向为经向,不起毛圈者为纬向;纱罗织品,有扭绞的纱的方向为经向,无扭绞的纱的方向为纬向;色织物,色纱系统多者为经向,因国产织布机纬向最多有四种颜色,但经向可有无数种颜色。

11.根据交织物的不同原料识别

一般棉毛或棉麻交织的织品,棉为经纱;毛丝交织物中,丝为经纱;毛丝棉交织物中,则丝、棉为经纱;天然丝与绢丝交织物中,天然线为经纱;天然丝与人造丝交织物中,则天然丝为经纱。

由于织物用途极广,品种也很多,对织物原料和组织结构的要求也是多种多样,因此在判断时,还要根据织品的具体情况来定。

五、织物倒顺的识别

印花织物、格子织物、绒毛织物、闪光织物都有倒顺之分。在使用中,要保证毛绒、格子、图案等协调一致,否则会产生色差、反光不均、格子错位等效果不一致的感觉。

(一)绒毛类织物的倒顺毛

起绒组织、起绒加工和植绒的织物,其绒面有倒顺毛之分。因倒顺毛对光线的反射强弱不同,当面料以不同方向裁剪、穿着时,就会产生明暗差别。

立绒类的面料,绒毛直立无倒顺毛之分。平绒、金丝绒、乔其丝绒、灯芯绒、长毛绒和顺毛呢绒,倒顺明显。用手抚摸织物表面,绒毛倒伏、顺滑且阻力小的方向为顺毛;绒毛撑起、顶逆而阻力大的方向为倒毛。灯芯绒、平绒一般采用倒毛制作,而顺毛类呢绒、长毛绒织物则应采用顺毛制作。裁剪时,有倒顺毛的面料应单片裁剪,主副件及各衣片要倒顺一致,使服装整体光泽统一。也可利用倒顺毛反光效果不一致的特性,巧妙搭配,使服装形成明暗错落有致的特殊效果。

(二)闪光面料的倒顺

有些闪光面料有倒顺之别,各方向闪光效应不同,使用不当会影响服装效果。

(三)不对称格子和印花面料的倒顺

有些条子或格子面料是不对称的,具有方向性,称为阴阳条或阴阳格,排料时需按倒顺对条对格。印花面料的花型图案可分为两大类:一类是不规则、没有方向性的图案;另一类是有方向性、有规则、有一定排列形式的图案,如倒顺花、团花等。人物故事、山水虫鱼、动物植物、建筑等图案的面料,使用时应与人体垂直方向保持一致,顺向排列,不可全部颠倒,更不可一片顺、一片倒。如不考虑倒顺格、倒顺花的排列,在视觉上会产生不协调,影响服装档次。

六、组织分析

织物组织决定了面料的结构特性,也表现出面料的织纹效果,从而对面料的外观风格和内在性能起着至关重要的作用。准确分析织物的组织类型,有助于正确判断织物种类,对面辅料的正确运用有极大帮助。

织物组织的分析方法可分为不拆边法(照布镜法)和拆边法两种。

(一)不拆边法(照布镜)

有些组织结构较简单的织物,可取一块试样,用照布镜放大织纹组织,直接观察,并将经纬纱的交织情况绘制在意匠纸上进行分析。这种方法称为不拆边法,也叫照布镜法。图5-10、5-11分别是平纹织物、斜纹和缎纹织物的照布镜图。图5-12、5-13和5-14分别是平纹、斜纹及缎纹等简单组织的织物。

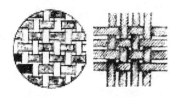
图 5-10 平纹织物照布镜图

图 5-11 斜纹和缎纹织物照布镜图

(二)拆边法

对于组织结构较为复杂的织物,可将布边的经纬纱拆掉一些,露出约 1 cm 的纱缨。然后用拆针,将最外缘的经纬纱慢慢拨开(不要拆出),逐根观察,若纱线较细,可借助于照布镜。并将交织规律逐根绘制在意匠纸上,直至达到一个完全组织(为了保证组织完整,可绘制出 2~3 个循环),通过分析对照即可得出结果。

图 5-12 平纹组织与织物

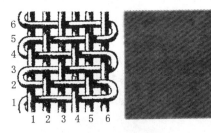
图 5-13 斜纹组织与织物

图 5-14 缎纹组织与织物

七、经纬纱原料种类鉴别

(一)感官鉴别法

也称手感目测法,根据原料纤维的外观形态、色泽、手感及强力等特点,通过人的感觉器官,以手摸、眼看的方法,凭经验来初步判断出纤维种类。这种方法简便,不需要任何仪器,但需要鉴别员有丰富的经验。对服装面料进行鉴别时,除对面料进行触摸和观察外,还可以从面料边缘拆下纱线进行鉴别。

1. 手感及强度

主要是在用手对试样进行触摸、抓捏、撕扯的动作过程中,体会试样的软硬或冷暖的触感,观察面料的折皱情况,试验试样抗拉或抗撕扯的强度。一般来说,用手触摸或抓捏的时候,麻手感较硬,棉、羊毛很柔软,蚕丝、黏胶纤维、锦纶则手感适中。这种软硬感之间是有很大区别的,比如棉和羊毛手感都很柔软,但在抓的时候,因为羊毛弹性较好,所以感觉比较柔糯、有身骨,松开手后,抖开试样后,棉织物上会有许多折痕,而毛织物则基本没有。用手拉断时,感到蚕丝、麻、棉、合成纤维的强度很高,毛、黏胶纤维、醋酯纤维则较弱,尤其是黏胶的湿强只有干强的 $40\%\sim50\%$,而棉、麻的湿强却远远大于干强,所以在鉴别非常容易混淆的棉与黏胶时,可以利用这一性能,抽取试样中大约 10 cm 以上长度的一根纱线,将其中部蘸湿,然后用手拉,若在蘸湿处断裂,则该试样为黏胶,否则为棉。

2. 伸长度

拉伸纤维时棉、麻的伸长度较小;毛、醋酯纤维的伸长度较长;蚕丝、黏胶纤维、大部分合成纤维伸长度适中;而氨纶在拉伸时伸长特别长,甚至可伸长至自身长度的 $6\sim8$ 倍,回复率 100%,这一性能可作为鉴别氨纶的有力依据;涤纶与锦纶外观十分相似,但锦纶纤维受力比涤纶纤维更易伸长变形。

3. 长度与整齐度

天然纤维长度、整齐度较差,化学纤维的长度、整齐度较好。棉纤维纤细柔软,长度很短。羊毛较长且有卷曲、柔软而富有弹性。蚕丝则长而纤细,且有特殊光泽。苎麻纤维较长,但因含胶质,纤维表面粗糙,细度不匀且手感较硬。表 5-3 列举了常见纤维及织物的感官特征。

表 5-3　常见纺织纤维及其织物的感官特征

纤维种类		感官特征
天然纤维	棉	纤维短而长短不一,细而柔软;织物具有天然光泽,柔软但不光滑,坯布布面有棉结杂质
	麻	纤维粗硬,手感硬爽,淡黄色,呈束状;织物硬挺而凉爽,不贴身,但有时有刺痒感
	丝	细长而均匀的长丝,手感柔软,光泽柔和,有丝鸣感;绸面明亮、柔和,光泽优雅,色泽鲜艳华丽,绸身细薄飘逸
	毛	纤维粗长,有自然卷曲,呈乳白色,手感丰满、富有弹性;精纺呢绒呢面光洁平整,织纹清晰,光泽柔和,手感柔糯,弹性好,有身骨;粗纺呢绒呢面丰厚,紧密柔软,有弹性,有膘光
化学纤维	黏胶	手感柔软,但缺乏身骨,比棉织物更易折皱,不及蚕丝清爽,湿强大大低于干强,有光人丝有刺眼的白色光泽
	涤纶	手感挺爽,强力大,弹性好,不易变形,不易起结,在阳光下有闪光
	锦纶	有蜡光,强力大,弹性好,手感比涤纶糯滑,但比涤纶易起皱变形
	腈纶	手感蓬松,伸缩性好,类似毛织物,比毛更轻盈温暖,但没有毛织物活络,易起毛起球
	维纶	类似棉织物,但不及棉织物细柔,色泽不鲜艳
	氨纶	具有非常大的弹力,在室温下拉伸至 5 倍以上,回弹率仍在 95% 以上

4. 重量

棉、麻、黏胶纤维比蚕丝重;锦纶、腈纶、丙纶比蚕丝轻;羊毛、涤纶、维纶、醋酯纤维与蚕丝重量相近。尤其是丙纶纤维,其密度只有 0.91 g/m^3,比水还轻。若试样置于水中充分浸湿后,仍浮于水面,则可认定为丙纶。

(二)燃烧鉴别法

利用各种纤维物理化学性能的不同,根据纤维燃烧时的特征可以区分纤维的品种大类。

首先从织物中抽取几根纱线,观察纤维在接近火焰时的状态,在火焰中燃烧的速度、火焰的颜色状态、发出的气味,离开火焰后能否续燃、续燃速度,及最后灰烬的颜色状态。根据纤维在燃烧时所发生的变化,可大致判断出燃烧的纤维试样的品种大类:纤维素纤维、蛋白质纤维、合成纤维。如有丰富的经验,结合手感目测法,便可基本确定常见纤维种类。表 5-4 列举了常见纤维燃烧时的特征。

表 5-4   常见纤维燃烧时的特征

纤维	近焰时现象	在焰中	离焰以后	嗅觉	灰烬形状
棉	近焰即燃	燃烧较快	有余辉	燃纸味	极少、柔软、黑色或灰色
毛	熔离火焰	熔并燃	难续燃,会自熄	烧羽毛味	易碎、脆,黑色
丝	熔离火焰	燃时有嘶嘶声,燃时飞溅	难续燃,会自熄	烧羽毛味	易碎、脆,黑色
麻	近焰即燃	燃时有爆裂声	续燃冒烟,有余辉	同棉	同棉
黏胶	近焰即燃	燃烧	续燃极快,无余辉	烧纸夹杂化学品味	除无光者外均无灰,间有少量黑色灰
锦纶	近焰即熔缩	熔燃,滴落并起泡	不直接续燃	似芹菜味	硬、圆、轻、棕到灰色,珠状
涤纶	近焰即熔缩	熔燃	能续燃,少数有烟	极弱的甜味	硬圆,黑或淡褐色
腈纶	熔,近焰即灼烧	熔并燃	速燃、飞溅	弱辛辣味	硬黑,不规则或珠状

(三)显微镜观察法

显微镜观察法是利用显微镜观察纤维的纵向和横截面形态特征来鉴别各种纤维。各种天然纤维与人造纤维的形态特征明显而独特,因此用生物显微镜放大后观察,容易鉴别,准确率高。而合成纤维大多纵向平滑,呈棒状,横截面为圆形,凭显微镜观察很难得出结果。尤其近年来异形化纤的品种增多,在显微镜下容易与某些天然纤维混淆,必须以准确率较高的方法为依据进行鉴别。所以显微镜观察法对棉、麻、丝、毛等天然纤维的鉴别准确率较高,而化学纤维的鉴别一般不采用此种方法。表 5-5 是常见各种纤维的纵横向形态。

表 5-5   常见各种纤维纵横向形态

纤维	纵向形态特征	横截面形态特征
棉	扁平带状,有天然转曲	腰圆形,有中腔
羊毛	纵向自然卷曲,表面有鳞片	圆形或接近圆形、有些有毛髓
桑蚕丝	平直	不规则三角形
苎麻	横节、竖纹	腰子形,有中腔及裂缝
亚麻	横节、竖纹	多角形,中腔小
黏胶纤维	纵向有沟槽	有锯齿,形成多页形边缘
醋酯	有 1～2 根沟槽	圆形或哑铃形
涤、锦、丙、氨	平滑	圆形或近圆形
腈纶	平滑或有 1～2 根沟槽	接近圆形或哑铃形
维纶	有 1～2 根沟槽	腰圆形,有皮芯结构

(四)化学溶解法

化学溶解法是根据各种纺织纤维的化学组成不同,利用各种纤维在不同的化学溶剂中的溶解性能不同来进行鉴别,适用于各种纯纺织物及混纺织物,并可定性、定量地分析出混纺面料中各纤维成分的混纺比,具有可靠、准确的优点。特别是对于合成纤维织物来说,使用以上几种方法很难准确识别,而通过化学溶解法可做出准确判断。

纤维的溶解性能不仅与溶剂的种类有关,而且还与溶剂的浓度、温度及作用时间、条件等因素有关。因此应严格控制实验条件,按规定操作,结果才能可靠无误。表 5-6 为常见纺织纤维的化学溶解性能。

表 5-6   常见纺织纤维的化学溶解性能

化学溶剂 （浓度、温度） 纤维种类	盐酸 37% 24 ℃	硫酸 60% 24 ℃	硫酸 98% 24 ℃	氢氧化钠 5% 煮沸	甲酸 85% 24 ℃	冰醋酸 24 ℃	间甲酚 (浓,室温)	二甲 基甲酰氨 24 ℃	二甲苯 24 ℃
棉	I	I	S	I	I	I	I	I	I
麻	I	I	S	I	I	I	I	I	I
羊毛	I	I	I	S	I	I	I	I	I
蚕丝	S	S	I	S	I	I	I	I	I
黏胶纤维	S	S	S	I	I	I	I	I	I
醋酯纤维	S	S	S	P	S	S	S	S	I
涤纶	I	I	S	SS	I	I	S(加热)	S	I
锦纶	S	S	S	I	S	I	S	I	I
腈纶	I	I	S	I	I	I	S	S	I
维纶	S	S	S	I	S	I	S	I	I
丙纶	I	I	I	I	I	I	I	I	S
氯纶	I	I	I	I	I	I	I	S	I
氨纶	I	SS	S	I	I	P	S	S(40~50 ℃)	I

注:S——溶解;I——不溶解;SS——微溶;P——部分溶解。

（五）试剂着色法

这种方法是根据各种纤维的化学组成不同,对某种化学药品有不同着色性能来鉴别的。只适用于没有染色或只染浅色的单一成分的纤维和产品。常用着色剂有碘-碘化钾溶液和锡莱着色剂 A。着色时,将纤维或纱线浸入上述着色剂中 30~60 s,取出,用清水充分冲洗干净,挤干水分,根据着色情况的不同可判断出纤维的品种。

（六）其他

除以上介绍的几种方法外,还有熔点法、密度法、双折射法、熔点法、X 射线衍射法和红外吸收光谱法等方法。

熔点法就是利用各种化学纤维的不同熔点来鉴别纤维,如锦纶 6 与锦纶 66 的熔点不同,前者为 216 ℃,后者为 224 ℃,但方法仅适用于鉴别有明显熔点的某些合成纤维。

密度法是利用各种纺织纤维的密度不同,例如涤纶密度为 1.38 g/cm³,锦纶密度为 1.14 g/cm³,来区分纤维品种,但该方法一般不单独应用,而是作为证实某一纤维的辅助方法。

双折射法是根据不同纺织纤维的折射率和双折射率在一个比较狭窄的范围内波动。各种合成纤维的外观形态十分相似,但其化学组成各不相同,双折射法适用于鉴别各种合成纤维。常用的测量纤维折射率和双折射率的方法是液体浸没法和补偿法,也可用干涉法。

X射线衍射法是指当X射线照射到纤维的结晶区时,由于各种纤维晶体的晶格大小不同,X射线的衍射图就具有特征性。拍摄未知纤维的衍射图,与标准的纤维衍射图相对照,可以鉴别未知纤维。

红外吸收光谱法是利用各种纤维具有不同的化学基团,当红外射线照射纤维时,在红外光谱中会出现这种纤维的特征吸收谱带。在鉴别纤维时,将未知纤维的红外吸收光谱与已知纤维的红外吸收光谱直接比较,就可以肯定这种纤维的种类。这种方法需要的试样少,一次试验即可定性,是纤维鉴别的可靠方法。

但以上这些方法使用起来较为不便,在生产实际中较少使用。

(七)综合鉴别法

纤维鉴别方法很多,实际鉴别中仅用一种方法很难准确快速地鉴别纤维,须用几种方法结合进行,综合分析鉴别结果,才能迅速得出可靠结论(图5-15)。一般来说,鉴别时先确定纤维品种大类,可利用燃烧法来完成,可确定为纤维素纤维、蛋白质纤维或合成纤维;然后再细分出纤维类别,纤维素纤维或蛋白质纤维可利用手感目测法或显微镜观察法,而合成纤维的鉴别需用溶解法(表5-6)才可得出准确结果。当然,若需定性定量地分析混纺织物的成分时,就必须采用化学溶解法。

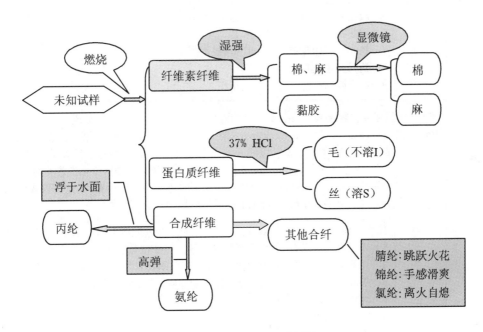

图 5-15　原料综合鉴别分析图

第四节 织物品号识别

一、品号的定义

纺织品种类繁多,品种丰富,为便于生产、管理和贸易经营,国家对各类织物要求进行统一的标准编号,以几位数字代表某一织物的品种类别,称为织物的品号。下面就棉、毛、丝、麻、化纤织物以及服装衬料的品号做一般介绍:

二、各种纺织品编号标识(表 5-7)

表 5-7　纺织品编号标识

织物品种	编号数字位数	第一位数字含义	第二位数字含义	其他数字含义
棉织物	4	代表印染加工类别 1—漂白布 2—卷染染色布 3—轧染染色布 4—精元染色布 5—硫化元染色布 6—印花布 7—精元底色印花布 8—精元花印花布 9—本光漂白布	代表本色棉布的品种类别 1—平布 2—府绸 3—斜纹 4—哔叽 5—华达呢 6—卡其 7—直贡、横贡 8—麻纱 9—绒布坯	第三、四位数字表示产品顺序号。其中 01～29 代表纱织物,30～49 代表半线织物,50～以上代表全线织物
苎麻织物		字母＋3 位或 4 位数字表示,3 位数字表示非印染布,4 位数字表示印染成品布。其中 R 是 Ramie 的缩写;混纺时 T 表示 Terylene,C 表示 Cotton。3 位数字时,第一位数字表示品种类别("1"表示单纱平纹,"2"表示股线平纹,"3"表示单纱提花织物,"4"表示股线提花织物),第二、三位两个数字代表顺序号。4 位数字时,第一位数字表示印染工艺类别("1"表示漂白,"2"表示染色,"3"表示印花),其余三位数字的意义同非印染布;不过为麻棉织物时,"3""4"代表的意义分别为单纱斜纹织物和股线斜纹织物		
亚麻织物	3—2	代表类别 1—纯亚麻酸洗平布 2—纯亚麻漂白平布 3—棉麻交织布 4—纯亚麻绿帆布 5—纯亚麻交织帆布 6—不经过染整加工的出厂亚麻原布 7—斜纹亚麻布 8—提花与变化组织亚麻布	第二、三位数字表示同一类别不同技术条件加工成的成品麻布的顺序号。后 2 位数字表示染整加工类别,"01"表示丝光布,"02"色织物,"03"表示染色布,"61"表示不同化学加工的帆布,"81"表示印花布	

织物品种	编号数字位数	第一位数字含义	第二位数字含义	其他数字含义
毛织物（精梳）	5	代表原料成分 2—纯毛 3—毛混纺 4—纯化纤	代表织物大类名称 1—哔叽、啥味呢类 2—华达呢类 3、4—中厚花呢 5—凡力丁、派力司 6—女衣呢 7—贡呢类 8—薄花呢 9—其他	第三、四、五位数字表示产品不同规格的顺序号
毛织物（粗梳）	5	代表原料成分 0—全毛 1—毛混 7—全化纤 8—特种动物毛或混纺 9—其他	代表织物品种名称 1—麦尔登 2—大衣呢 3—海军呢 4—制服呢 5—女式呢 6—法兰绒 7—粗花呢 8—学生呢	第三、四、五位数字表示产品生产序号代号
丝织物（外销）	5	代表绸缎的大类 1—桑蚕丝绸（包括桑蚕丝含量50%以上的桑柞交织品种） 2—合纤绸 3—绢丝绸 4—柞丝绸 5—人造丝绸 6—交织绸 7—被面	代表丝织物所属大类 0—绡类 1—纺类 2—绉类 3—绸类 40～47—缎类 48～49—锦类 50～54—绢类 55～59—绫类 60～64—罗类 65～69—纱类 70～74—葛类 75～79—绨类 8—绒类 9—呢类	第三、四、五位数字表示产品规格代号

织物品种	编号数字位数	第一位数字含义	第二位数字含义		其他数字含义			
丝织物（内销）	5	代表用途 8—服装用绸	代表原料属性		第三位表示组织结构，第四、五位表示规格代号（服装用 55～99，装饰用 01～99），第三位的含义如下：			
					平纹	变化	斜纹	缎纹
			4—黏胶丝纯织		0～2	3～5	6～7	8～9
			5—黏胶丝交织		0～2	3～5	6～7	8～9
			7—蚕丝	纯织	0	1～2	3	4
				交织	5	6～7	8	9
			9—合纤	纯织	0	1～2	3	4
				交织	5	6～7	8	9
		9—装饰用绸	1—被面		0～9			
			2—黏胶被面	纯织	0～5			
				交织	6～9			
			7—蚕丝	纯织	0～5			
				交织	6～9			
			9—装饰绸、广播绸		0～9			
			3—印花被面		0～9			
驼绒织物	5	代表原料 0—全毛 1—毛混纺 7—全化纤	代表花型 1—花素(夹花色) 4—美素(一种单色) 9—条形(一种单色条形，多种彩色条形)		第三位数字代表织造工艺： 1—纬编 2—经编 第四、五位数字表示产品规格代号			
长毛绒	5	用数字 5 代表长毛绒织物	代表织物用途 1—服装用 2—衣里用 3—工业用 4—装饰用 5—玩具用 6—其他		代表原料 0—纯毛 4—毛混纺 7—纯化纤 9—其他			

续表

织物品种	编号数字位数	第一位数字含义	第二位数字含义		其他数字含义
绒线	4	代表绒线产品类别 0—精梳编结绒线 1—粗梳编结绒线 2—精梳针织绒线 3—粗梳针织绒线 4—其他	代表使用原料类别		第三、四位数字表示成品的单纱支数;单纱支数为 10 以上的,第三位是十位,第四位是个位;单纱支数为 10 以下的,第三位是个位,第四位是小数。绒线的合股数应在品号后面加斜线表示(4 股编结线和 2 股针织绒线可以不注)
			精梳绒线 0-山羊绒及其混纺 1-异质毛纯纺 2-同质毛纯纺 3-同质毛与人造纤维混纺 4-同质毛与异质毛混纺 5-异质毛与人造纤维混纺 6-同质毛与合成纤维混纺 7-异质毛与合成纤维混纺 8-化学纤维混纺 9-其他动物纤维的纯纺或混纺	粗梳绒线 0-山羊绒及其混纺 1-羊仔毛及其混纺 2-兔毛及其混纺 3-雪兰毛及其混纺 4-牦牛绒及其混纺 5-骆驼绒及其混纺 6-其他	
化纤织物(中长纤维织物在其编号前加"C"字母来区别)	4	代表织物大类 6-涤纶与其他合纤混纺织物 6-化纤与棉纤维混纺织物 7-单一合纤纯纺织物或合纤与黏胶纤维混纺织物 8-人造棉织物	代表原料种类 1-涤纶 2-维纶 3-锦纶 4-腈纶 5-其他 6-丙纶 9-黏胶		第三位代表织物的品类 0-白布 1-色布 2-花布 3-色织布 4-帆布	第四位代表原料的使用方法 1-纯纺 2-混纺

第五节　皮革的质量与鉴别

一、毛皮的质量要求及质量鉴定

(一)毛皮的质量要求

评估毛皮材料的品质主要由毛的长度、毛的密度、柔软度、毛绒的粗细度和柔软度、毛的颜色与美观度、毛的弹性和成毡性能、皮板质量与面积、板质和伤残等方面来判断。

毛的长度:决定整个毛被的厚度,还关系到毛被的美观性、柔软性。毛的长度以冬季长绒达到成熟阶段的最大长度为标准。表 5-8 列举了各种兽别的毛皮毛长要求。

表 5-8　各种兽别的毛皮毛长要求（单位：cm）

兽别	针毛	绒毛	兽别	针毛	绒毛
水貂	1.8～2.2	1.3～1.5	海狸鼠	2.1～3.0	1.2～1.6
紫貂	3.8～4.2	2.6～2.8	麝鼠	2.0～4.0	2.0
银黑狐	5.0～7.0	3.0～4.0	旱獭	2.1～3.0	1.6～1.9
北极狐	4.0～4.5	2.5～2.6	毛丝鼠	—	1.8～2.5
貉	9.0～9.2	4.6～5.2	獭兔	—	1.3～2.2

毛的密度：指单位面积中毛的数量（根/cm²），它决定毛皮的保暖性，不同兽类、不同部位的毛的密度都不同。表 5-9 显示了各种兽别的毛皮毛的密度要求。

表 5-9　各种兽别的毛皮毛的密度要求

兽　类	密度（根/cm²）	兽　类	密度（根/cm²）
水貂	12 000	海狸鼠	11 420～14 200
紫貂	24 800	猞猁	5 050
水獭	31 150	旱獭	2 796

毛绒的粗细度和柔软度：指同一兽类的毛绒相比较有粗细之别。毛绒较粗的毛被弹性好，但美观性较差，毛绒较细的毛被，其毛被较灵活、柔软、美观。一般来说，毛细绒足的质量好，毛粗绒疏的质量差。毛被的柔软度，主要取决于毛干粗度对长度的比例以及针毛和绒毛数量（组成）比例，多半采用毛的细度（μm）与毛的长度（mm）之比作为柔软系数来表示（表 5-10）。实际操作时可用手指抚摸毛被，通过感觉来确定。大体分为柔软如棉的（细毛羊、毛丝鼠、獭兔等）、柔软的（紫貂、石貂）、半柔软的（水貂、水獭等）、粗硬的（旱獭、海狸鼠、獾等）4 种。不同毛皮动物的毛干细度和针、绒毛比例差别很大。水貂针、绒毛的比例为针毛 1.7%，绒毛 98.8%；银黑狐分别为 2.4%，97.6%；貉分别为 4.5%，95.5%；海狸鼠分别为 2%，98%。

表 5-10　各种兽别的毛皮毛的柔软系数要求

兽　别	针　毛	绒　毛	兽　别	针　毛	绒　毛
水　貂	120	10～20	银黑狐	50～80	20～27
河　狸	102	80	北极狐	54～55	—
紫　貂	26.6	9.5	貉	70～83	10～13
水　獭	10.0	—	麝　鼠	97～107	14
海狸鼠	150	70	毛丝鼠	30～50	9～28

毛的颜色与美观度：毛被的天然颜色，在鉴别毛皮品质时起重要作用。毛纤维的颜色是由皮质和髓质层中存在的色素决定的。黑色素和棕色素是基本色素，其他颜色是以这两种色素的含量和混合程度来调节。色素有颗粒状和扩散状两种状态，前者产生较暗的颜色，后者产生较淡的颜色。毛的光泽与毛表面鳞片排列疏密贴紧程度有关，一般来说，鳞片越稀，越紧贴在毛干上，表面就平滑，反光就越强，光泽就越亮，所以粗毛、针毛的光泽比较强。毛被的颜色、光泽关系着毛皮的美观程度。不同的毛皮有其独特的毛被色调，因此，对毛色的要求，在于毛色是否与动物形态特征相符，毛色正不正。凡是毛色一致的兽类，要求全皮的毛色纯正一致。尤其是背、腹部毛色一致。不允许带异色毛，不应有深有浅。如果毛色是由两种以上颜色组成的，应当搭配得协调，构成自然美丽的色调。带有斑纹和斑点的兽类，应当是斑纹、斑点清晰明显，分布均匀。具有独特花纹和斑点的兽，其形状、数量多少以及分布

状况就成为鉴定毛皮质量的重要指标之一。

毛的弹性和成毡性能：弹性好的毛被灵活、松散、成毡性也小，一般毛纤维越细越容易成毡。用化学药剂处理后的毛，则降低成毡性。

皮板重量与面积：皮板的重量与厚度、面积成正比关系。毛皮减重与增大面积的原因当然与皮板本身的结构和厚度有关，但新工艺的综合技术措施（外因）也是不可忽视的。加工前后皮重与面积变化规律可作为衡量鞣制效果的依据之一。各种兽别的毛皮皮板重量与面积要求见表5-11。

板质和伤残：板质的好坏取决于皮板的厚度、厚薄均匀程度、油性大小、板面的粗细程度和弹性强弱等。皮板和毛被伤残的多少、面积大小及分布状况，对制裘质量影响很大。因此，伤残也是衡量制裘原料皮质量的一个重要条件。

表 5-11　各种兽别的毛皮皮板重量与面积要求

兽　别	干皮重(g)	皮　重		皮　面　积		
		毛皮重(g)	减重率(%)	干皮面积(cm²)	毛皮面积(cm²)	面积增加(cm²)
紫貂皮	86.3	70	18.9	728	799	9.8
水貂皮	121	110	9.1	1120	1140	1.8
银狐皮	540	350	35.2	2400	2480	3.3
蓝狐皮	520	340	34.6	2400	2432	1.3
貉子皮	500	410	18.0	2190	2240	2.3
麝鼠皮	70	63	10.0	350	408	16.6

（二）毛皮的质量鉴定

毛的长度、细度、清晰度、密度、皮板厚度、伸长率、崩裂强度、撕裂强度等可通过仪器进行测定。但目前普遍用感官鉴定法，通过看、摸、吹、闻等方法，凭实践经验，按加工要求和等级规格标准进行质量鉴定。鉴定毛绒质量时，要一抖、二看、三摸、四吹。

抖皮：将毛皮放在检验台上，先用左手握住皮的后臀部，再用右手握住皮的吻鼻部，上下轻轻抖动，同时观察毛绒品质。

看：毛绒的丰厚、灵活程度及其颜色和光泽，毛峰是否平齐，背、腹毛色是否一致，有无伤残或缺损及尾巴的形状和大小等。

摸：用手触摸，了解皮板瘦弱程度和毛绒的疏密柔软程度。

吹：检查毛绒的分散或复原程度和绒毛生长情况及其色泽（白底绒或灰白底绒）。

闻：毛皮贮存不当，出现腐烂变质时，有一种腐烂的臭味。

毛绒品质的优劣，通常有如下三种表现：

毛足绒厚（毛绒丰足）：毛绒长密，蓬松灵活，轻抖即晃，口吹即散，并能迅速复原。毛峰平齐无塌陷，色泽光润，尾粗大，底绒足。

毛绒略空疏或略短薄：毛绒略短，轻抖时显平状，欠灵活，光泽较弱。中背线或颈部的毛绒略显塌陷。针毛长而手感略空疏，绒毛发黏。

毛绒空疏或短薄：针毛粗短或长而枯涩，颜深暗，光泽差，绒毛短稀或长而稀少，手感空疏，尾巴较细。

毛皮鉴定时，以毛绒和板质质量为主，结合伤残（或缺损）程度、尺码大小，全面衡量，综合定级。定皮价时应考虑四个比较：等级比差、尺码比差、公母比差、颜色比差，而野生皮比差视地区而定。

（三）选购皮草服装注意事项

第一，毛皮的质量。毛绒充足，洁白有光，毛色基本一致，用手抓毛丛，适当用力，无成撮掉毛现象，滩羊皮毛还要求花弯多，毛绺紧密；板质油润柔韧，富有弹性，无铲伤，厚薄均匀，无走油现象，用双手揉搓，手感柔软，轻轻拉一拉，皮板能稍许松开并缩回，如发现白板上有淡黄色的蜡光块状，即是走油现象。质量好的毛皮，是用甲醛等化学药剂鞣制而成，一般无臭味和白灰现象，不收缩，弹性好，经久耐用，市场上私人出售的毛皮，多用土法生产，鞣制过程中拉撑幅度过大，成品比生皮面积一般增大 50%～60%，使皮板薄，毛绒空疏，弹性下降，易受潮掉毛，遇水收缩发硬，不易修复，质量不能保证。

第二，缝制质量。应注意每块皮草的缝合处是否平滑而坚固，好的手工其接缝处往往不露痕迹。目前一般皮草都是采用"抽刀"方法缝制。抽刀的意思是把皮板切成 V 纹，然后再缝上，可以使毛皮更优雅、更柔顺、更舒适，并把毛皮伸展到适当的长度。"加革"方法是在毛皮与毛皮中间嵌上皮革或鹿皮。这种缝制方法不但直接影响用料的数量，也可以减轻皮草的份量感。另一种缝制方法是"原只裁剪"，没有利用切割的方法改变毛皮的长度或阔度，而是将毛皮与毛皮直接缝上，这种方法的工序较为简单。

第三，留意皮草服装的"SAGA"（北欧世家皮草）标签。"SAGA"为世界各地著名的高级时装商号提供北欧最佳质量的貂皮及狐皮，所有品质优良的挂有 SAGA MINK 和 SAGA FOX 标签的皮草大衣都是由北欧家庭式农场饲养出来的。SAGA MINK 和 SAGA FOX 代表着优良品质皮草的保证，这些优良品质的皮草分别通过丹麦哥本哈根毛皮拍卖中心和芬兰赫尔辛基的芬兰毛皮拍卖行出售。

第四，皮草的用量。皮草的用量越多，价格越贵，用量越少，价格越便宜。

第五，试穿各种款式的皮草，挑选与个人生活形式最相配的。

二、皮革的质量要求及质量鉴定

（一）皮革的质量要求

服装革总体分为光面革与绒面革。对光面革的质量要求为：革身柔软平整，轻而爽洁，丰满富于弹性，手抓后能自动还原，粒面细致，色泽一致，厚薄均匀，卫生性能、物理性能好，耐一般性日常动作的抗张力，不脱色，无露底，不起壳。

绒面革要求绒毛均匀、细致，色泽、顺逆长短一致，能耐一般日常动作的抗张力。

服装革的质量标准，根据部位不同，有不同的标准。比如领面要求皮面光洁、柔软，厚薄、粗细一致，无伤残。前身要求左右颜色、厚薄基本一致，无露底、掉浆，允许侧缝处可有 2～3 cm 的边肷部位差。后身允许有轻度伤残，但不能在显眼部位，无露底、掉浆。前后身应无明显的色泽、厚薄变化。侧缝可允许 2～3 cm 边肷部位差。袖面的色泽要求要与前身基本一致，袖底缝允许 3 cm 边肷部位差，可有轻微伤残，但伤残不应在显眼位置。袖底的色泽与袖面基本一致，可使用一些少量有疤痕、斑点、色花，但无大的明显伤残的残次皮。其他的一些次要部位，比如过面、里兜、小祥等可允许使用一些伤残皮，但应无破洞之类。

绒面革皮革服装的次要部位可允许使用不明显粗绒的绒面皮革，主要部位要保持绒毛细致均匀，皮革无油腻感，厚度、色泽、粗细一致。

（二）皮革的质量鉴定

真皮皮革质量鉴定主要包括内在质量及外观质量。内在质量主要指标有：含水量、含油量、含铬量、酸碱值、抗张强度、撕裂强度、缝裂强度、延伸率、透气性和耐磨性等。

外观质量主要依靠感官检验，包括：

○ 身骨

指皮革整体挺括的程度，手感丰满有弹性者称为身骨丰满；手感空松枯燥者称身骨干瘪。

○ 软硬度

指皮革软硬的程度。服装革以手感糯，即柔韧而不板硬为好。

○ 粒面粗细

指皮革粒面细致光亮程度。要求革面细洁光亮，能看到毛孔，不失天然革形象。

○ 皮面残疵及皮板缺陷

指原料皮留下的伤残（如剥伤、刀伤、虻眼等）及制革加工中的伤残（如裂面、掉浆、硬板、油板等）。缺陷的分布有聚集型和分散型，如果缺陷之间不超过 7 cm，即为聚集型；如果缺陷之间距离大于 7 cm，即为分散型，是质量和等级评定的重要因素之一。

（三）选购皮革服装注意事项

1.看皮革种类

用作皮革服装的皮革，主要是绵羊皮、山羊皮、牛皮、猪皮，另外还有一些稀有动物皮，如鹿皮、袋鼠皮等。绵羊皮粒纹细致，手感柔软，高档绵羊皮有丝绸一样的感觉；牛皮纤维紧密，强度高，通常压上荔枝花纹；猪皮花纹清晰，结实耐用。

2.看面料和辅料

天然皮革不同于纺织面料，它的均一性不是很强，每张皮革的厚薄、粗细程度、颜色或多或少会有一些差别。另外，有些皮革还会有不同程度的伤残，如刀伤、划伤、虻叮伤等。一件皮衣通常由几张皮革拼制而成，所以挑选皮革服装时，要注意整件衣服的颜色应一致或接近，粗细程度要基本一致，尽量选择伤残少的皮革服装。由于皮革边部位如肚囊皮等纤维松散，因此会有很多折皱，影响美观，另外它的强度也比其他部位差，所以应选择边用量少的皮革服装。衬里一般为化纤面料，总体上要求衬里应平整、光滑，颜色要均匀一致，不能有色差和色花，更不能跳丝。

3.看缝制质量

皮革服装缝制要精细，线道整齐，不歪斜，针码大小要均匀。不能有跳针、漏针和断线，接缝处要平整、不翘，衣服口袋对称，整件衣服要自然、平服。

4.看皮革质量

看是否掉色：可以用一小块白布或白纸，在皮革表面往返擦拭几次，如白布或白纸上出现较为明显的颜色，说明皮衣掉色，皮革质量可能存在问题。

看是否裂浆、裂面：用手指从里面顶起皮面，皮面若出现细小的裂纹或裂口，如果有则说明皮衣有质量问题。

三、人造皮革质量鉴定

人造皮革质量鉴定包括外观检测和物理性能检验。外观检验主要是目测及手摸。主要项目包括：

　　○ 弹性

手感如同海绵，则弹性好；若手感枯燥，则弹性差。

　　○ 硬度

要求硬中带有弹性，不能过硬。

　　○ 丰满、柔软

手感丰满，不偏薄。

　　○ 颜色

均匀、光泽好。

　　○ 疵点

根据疵点程度来确定皮革的利用率。

物理性能是利用测试仪器来检测，主要内容有厚度、密度、抗拉强度、伸长率、耐磨性、吸水性、透气性、透水性等。

四、真假毛皮与皮革的区分

（一）真假毛皮区分

毛皮轻便柔软，坚实耐用，加工成服装后以其透气、吸湿、保暖、耐穿、华丽等特点，成为人们喜爱的珍品，特别是珍稀动物毛——名贵毛皮服装，价格十分昂贵，成为高级消费品。近年，随着人们环境保护意识的增强和科技的进步，使得各种各样的仿毛皮（人造毛皮）服装能以其具有天然毛皮的外观和良好的服用性能及物美价廉，成为极好的毛皮代用品而更多地占据了毛皮市场。一般仿毛皮都是利用针织或梭织的方法生产，所以区别真假毛皮的最简单的方法就是看毛皮毛绒的根部（底布）形态如何。真毛皮的底布是皮板，而假毛皮（仿毛皮）的底布是针织布或梭织布，即能在仿毛皮的反面或正面毛绒的根部看到针织物的线圈或梭织物的经纬纱。

毛皮服装花样繁多，令人目不暇接，值得注意的是，检查毛皮是否有光泽，质地是否柔软，颜色是否协调。小心地触摸毛皮，感受底绒柔软绵密，针毛光滑柔软，不应粗糙发硬；接缝处应缝制紧密，折边应笔直；试穿感受一下服装的重量是否合适；服装完好对称的，双肩舒适自然下垂；在绷紧毛皮服装的革面时，革面应体现良好的弹性。

（二）真假皮革的区分

天然皮革和人造皮革虽然在外观及物理性能上日趋接近，但在服用性能上有很大差别。如天然皮革的含水量可达 28％～30％，人造皮革只能吸收 3％～4％ 的水分，所以人造皮革制品的舒适性不如天然皮革制品，价格也相差很多。在选购皮革制品时经常会遇到怎样识别真假皮革的问题，一般可以从以下 5 个方面识别：

1. 外观

天然皮革的革面光泽柔和、自然，有自己特殊的天然花纹，即相对不规则的粒面花纹，粒面涂饰有所不同，也有不均匀的地方，革面可能有小的伤残，当用手按或捏革面时，革面活络而细，无死皱或死褶，也无裂痕。人造革的革面虽仿制得很像天然革，但细看花纹均匀一致，不自然，光泽较天然革亮，颜色鲜艳。部分人造革表面光亮无花纹，这种更好识别。

2.断面和革里

天然革无论是哪一种兽皮,其切口处颜色应一致,纤维清晰可见且细密。天然革里与革面明显不同,其革面光滑平整,有毛孔和花纹,革里是明显的纤维束,虽内部纤维排列不规则但外部呈均匀的毛绒状。仿革制品的断面处无天然纤维感,或可见底布的纤维及树脂,从断面处还可看出底布与树脂胶成两个层次。从出售的商品看,真皮制品常常故意留出断面让消费者看,假皮制品往往把断面涂得严严实实。

3.手感

真皮手感舒适、丰满柔软、有温暖感;假皮死板、干瘪、冷冰冰的。

4.吸水鉴别

真皮吸水性良好(透气、透水等卫生性能好),假皮上面化工材料非常致密,水剂不容易穿过。检查时,可以滴点水,真皮吸收,擦后,该处颜色和其他处不同,人造革却毫无区别。

5.燃烧法

真皮燃烧时发出烧毛的气味,假皮则无此气味。市场上还有一种皮革制品,常用来冒充真皮出售,实际是一种再生革。它确实属于蛋白质制品,燃烧时也有烧毛气味,但它是用废革和其他各种配料压合而成。正面涂饰有皮革的光泽和花纹,反面也有似天然革的绒毛纤维束,断面也可见纤维。但仔细观察和分析就可得知,一是革面虽有花纹但没有毛孔眼,它不是天然革;二是革里面没有底布,它不是人造革。这种革经过来回曲折数十次后,便可见到革面上的死皱褶和出现涂饰掉色、裂痕等现象,弹性和柔软度都较差。这种革虽有一定的强力,但其性能不如天然革,多用于腰带和各种小物件,价格相对较低。

五、真皮标志

"真皮标志"是中国皮革工业协会以第三方的身份向社会承诺,保证真皮产品质量的一种认证标志。"真皮标志"于 1994 年 10 月 14 日正式启用。佩挂该标志的产品必须是由天然皮革制作而成,产品应符合有关行业标准和国家标准,并达到真皮标志技术手册的有关规定,而且产品还必须有良好的售后服务。每个佩挂真皮标志的产品生产企业有一个专用编号,编号为 8 位数,其中包括产品类型、生产企业、行政区域分布、商标、生产年度等参数,是真皮产品的凭证。

真皮标志是在国家工商行政管理局注册的证明商标,凡佩挂真皮标志的皮革产品都具有三种特性:第一,该产品是用优质真皮制作的;第二,该产品是做工精良的中高档产品;第三,消费者购买佩挂真皮标志的皮革产品可以享受良好的售后服务。

并不是用真皮制作的产品就能佩挂真皮标志。欲佩挂真皮标志,须经过中国皮革工业协会严格的审查,批准后,方可佩挂。中国皮革工业协会每年都要对其进行质量检测,以保证产品质量。目前我国已有 200 多家皮衣、皮鞋、皮包企业佩挂了真皮标志。为开拓国际市场,1998 年真皮标志已在 14 个国家注册。

真皮标志的注册商标是由一只全羊、一对牛角、一张皮形组成的艺术变形图案(图 5-16)。整体图案呈圆形鼓状,图案中央有"GLP"三个字母,是真皮产品的英文缩写,图案主体颜色为白底黑色,只有三个字母为红色。图案寓意为牛、羊、猪是皮革制品的三种主要天然皮革原料,图案呈圆形鼓状,一方面象征着制革工业的主要加工设备转鼓,另一方面象征着皮革工业滚滚向前发展。

真皮标志标牌分两种规格：A 型 3.5 cm×5 cm；B 型 7 cm×5 cm。皮鞋及小皮件采用 A 型，皮衣及大皮件(具)采用 B 型。两种规格的标牌正反面图案与颜色完全相同。

图 5-16 真皮标志

新版真皮标志由原来的一页两面，改为书页型两页四面，其封面仍为标牌的正面图案，尺寸、颜色、防伪措施均无变化，不会影响原标牌的形象和消费者的识别视觉；在封二和封三上，分别增加了辨别真伪真皮标志标牌的说明和如何用真皮标志标牌保护消费者合法权益的说明，使真皮标志更贴近消费者，使某些对真皮标志不太了解的消费者，也可以通过阅读上述说明掌握真皮标志的有关知识，来提高自己的辨别能力和保护意识；封四是向消费者介绍什么是真皮标志，新版真皮标志自 1999 年 10 月 15 日开始实施。总之，新版真皮标志标牌的推出旨在教会消费者如何认清及使用真皮标志，加大了社会对真皮标志产品的监督力度，更好地维护消费者的合法权益，从而也提高了真皮标志产品在国内外市场的竞争力。

现在无论是真假皮包都有可能挂着皮样小牌，许多消费者不知道该如何去辨别，更有消费者不清楚皮样小牌是否就是"真皮标志"。其实皮样小牌不等于"真皮标志"。中国皮革工业协会推出了书页型两页四面的新版真皮标志标牌，其封面印有真皮标志注册图形，封面和封底均有蓝色防伪底纹，封二、封三分别介绍真皮标志防伪技术，消费者如何用真皮标志保护自己的合法权益及真皮标志管理办公室的电话。

为了防伪，真皮标志标牌在印刷中采用了如下几项防伪措施：同时采用荧光、激光两种防伪技术印刷；标牌分别由两个厂印刷，再复合成为真品；在标牌正面、反面共有六个保密措施。最简单的鉴别办法是：用紫外线灯(票证识别器)照射标牌正面，将出现红色"真皮"和"HQ"字样。标牌反面下方的编号，在紫外线灯照射下由浅红色变成黄色，其他四个保密措施不对外宣布，将作为鉴别仲裁依据。

思考题

1. 纺织品的质量如何评定？纺织品的质量有哪些要求？
2. 对纺织品进行分析一般包括哪些项目？它们的顺序如何安排？
3. 棉、毛、丝、麻纺织品风格有何不同？
4. 如何识别纺织品的正反面？
5. 判别纺织品的经纬向的方法有哪些？
6. 纺织品的倒顺如何判别？
7. 纤维鉴别方法有哪几种？请举例说明鉴别纤维的一般步骤。
8. 燃烧法鉴别纤维可从哪几方面特征观察判断？确定哪种纤维较有效？
9. 毛皮和皮革的质量要求有哪些？
10. 如何识别真假皮革？

第六章　服装材料与服装工艺

为切实表现设计意图,服装加工工艺要符合服装材料的特性,如尺寸稳定性、悬垂性、弹性、剪切变形、厚度、重量等。

服装材料与缝纫工艺的关系。 根据服装材料的不同特性,决定缝纫加工的难易程度,因此选择合适的机械与加工技术条件是确保服装缝制质量的关键。在进行服装缝制加工之前,有必要对面料进行多方面的缝纫试验,根据服装材料诸如结构松紧、厚薄、滑脱性来确定合适的针、线、针距等缝纫条件,并调节合适的缝线张力和压脚压力,防止因缝线过紧或过松、针眼过大或过小等问题而引起缝迹外观歪斜、起皱等不良现象。同时缝纫线要与织物质料相匹配,至少其缩水率和坚牢程度要相称。缝纫吃势也与服装材料的关系较大,如天然纤维织物比合成纤维织物的吃势可多些,结构疏松的织物比结构紧密的织物的吃势可多些,质地厚实的织物比质地轻薄的织物的吃势可多些。

服装材料与裁剪工艺关系。 在服装生产中,裁剪工程是确保服装质量的重要环节。尤其是服装材料的性能及特征改变时,其工艺也应相应改变。如组织疏松、厚重型织物或有弹性的服装材料,剪切出来的布边往往精度太低,并易变形。因此在选择与服装材料相适应的裁剪设备的同时,在制作工业样板时要考虑适当的放松度和缝份。

服装材料与熨烫定型工艺的关系。 熨烫的基本工艺条件是温度、湿度、时间和压力。在一定范围内,温度越高,熨烫时间越长,压力越大,衣料的定型效果则越好。但由于各种纤维的耐热性和承受温度的极限有所不同,因而根据纤维的耐热性及衣料的厚度来设定熨烫温度、时间和压力是非常重要的,否则会因温度过高带来材料的变色、软化、炭化甚至熔化等不良现象。一般而言,材料的热塑性越大,其定型效果也越好。合成纤维的热塑性比天然纤维好,特别是羊毛织物,如不加一定的温度和湿度,则难以达到预期的造型效果。此外,在服装整烫过程中,湿度发挥了重要的作用,尤其是毛料的整烫,一般都需垫放湿垫布或喷洒蒸汽使衣料产生湿热渗透。然而喷汽时间过长也会对服装的定型产生不利,湿度也应控制在一定的范围之内。

服装材料与服装结构制图的关系。 服装是由不同的材料经过一定的工艺手段组合而成,不同的服装面料由于采用的原料、纱线、织物组织、加工手段等不同,而具有不同的性能,从而影响服装结构制图,主要表现在材料质地、缩率、横直丝缕三个方面。

不同的材料质地,其所具有的性能不同,如丝绸织物比较轻薄柔软,毛织物厚重挺括,所以在裁制丝绸织物时,斜丝缕处应适当进行减短和放宽,以适应斜丝缕的自然伸长和横缩;对于质地比较稀疏的面料,要加宽缝份量,以防止脱纱需要;对于有倒顺毛的面料,在服装结构制图时要在样板上注明,以免出现差错。

材料的缩率也影响服装结构制图。材料的缩率包括水洗缩率、熨烫缩率、热烫缩率,所以在服装结构制图时要进行相应的处理,对于裤装,只要在样板上加上水洗缩率、熨烫缩率即可;对于西装,在前衣片样板上加上熨烫缩率、热烫缩率即可。

织物大多由经、纬向纱线交织而成。经向被称为直丝缕方向,纬向被称为横丝缕方向,在经纬之间成45°方向的丝缕称为斜丝缕或斜向。材料的直丝缕具有自然垂直、挺拔、不易伸长变形、易回缩等特性。服装在穿着时,在长度方向上要承受较大的拉力和较多的摩擦,特别是在人体的某些部位,如肩、背、臀、膝等处活动幅度较大,要求织物变形小、牢固。而织物的直丝缕方向恰好具有这些优点。因此,衣片、裤片裁剪时,长度方向都应选用直丝缕。同时,凭借直丝缕方向不易伸长变形的特点,可使门襟处平服,后背造型挺拔,轮廓清晰,挺缝线处垂直挺括。其次,服装的某些零部件如挂面、裤腰面、袋嵌线裁剪时也应采用直丝缕。在制作毛呢服装时,还利用直丝缕不易伸长的特点做牵条,起牵制和固定位置的作用。

材料的横丝缕略有收缩,围成圆势,可表现里外圆顺、服贴、丰满的特性。根据横丝缕有里外圆顺、服贴、丰满的特点,服装的纬度常选用纬向,如胸围、臀围部分采用横丝缕。一些服装零部件如袋盖、领面(主要指西装领面)也应采用横丝缕。这样,既可使袋盖、领面和大身对格,又可达到圆顺贴身的造型。

材料的斜丝缕伸缩性大,富有弹性,易弯曲伸长,适宜做裙子的侧缝,童装、女装的滚条、镶条、嵌条等。服装设计师往往喜欢用横丝、斜丝面料(特别是条或格的面料)做前后育克、前后侧片、镶色,或采用分割工艺将直丝、横丝、斜丝的原料裁片巧妙配合,使服装造型更加美观。

在正确掌握使用横、直、斜丝缕特性的同时,要注意各种丝缕性能的反作用,不宜把不同丝缕的裁片或零部件,作上下层组合。如领面、袋盖面用横丝缕做,则领里和袋盖里也应选用横丝缕,否则,由于直、横、斜丝缕的伸缩不一致,使外观皱缩不平,从而影响服装质量。如果违背了织物的横、直丝缕和人体活动的客观规律,还会使服装穿着不合体,产生变形、牢度降低的后果。

从以上分析我们可看出,在绘制服装结构制图时并不是单纯地绘制服装结构图,而是把服装款式、服装材料、服装工艺三者进行融汇贯通,只有这样,才能使最后的成品服装既符合设计者的意图,又能保持服装制作的可行性。

第一节 服装辅料的选用

一、服装衬料的选用

(一)选用原则

1. 与面料性能相适应

一般说来,服装衬料与服装面料应在颜色、重量、厚度、悬垂性、缩率、弹性等方面相协调。如厚重类面料要用厚衬料;丝绸面料要用轻、柔、薄的丝绸衬;合纤面料用合纤衬;针织面料用针织衬料等;而起绒面料或经防油、防水整理的面料,以及热缩性很高的面料,由于对热和压力敏感,应采用非热熔衬;羊毛等湿热稳定性较差的面料,尤其要考虑湿热状态下收缩的一致性。而作固定用的衬料,如牵条、夹里衬等,其本身应该是无收缩性的材料。

2.与造型风格相适应

衬料是辅助面料完成服装造型的手段,它必须为服装造型服务,充分满足服装造型的需要。服装设计师也可以借助适当的衬料,完成服装造型的设计。如硬挺的衬料用于领、袖和腰部,而外衣的胸部可选用较厚的衬料。

3.与服装使用条件相适应

衬料要与服装的用途相适应,如经常水洗的服装,衬料应选用耐水洗型的;而需要干洗的服装,衬料应选用耐干洗型的。同时还应考虑面料与衬料在洗涤、熨烫过程中的尺寸稳定性等。

4.与成衣生产设备相适应

衬料与面料黏合的方式要考虑到黏合设备及其工艺条件,如适用幅宽、加热加压形式、加热温度、时间等。在选定黏合机的时候,对那些湿膨胀率变动较大的面料,要避免使用连续滚压式黏合机,以免发生黏衬部分与未黏衬部分的交接处发生皱纹现象。

5.与服装成本、价格相适应

在达到服装质量要求的条件下,一般以选择低廉的衬料为宜。

(二)不同部位用衬的性能要求及衬料类别

用于不同服装、不同部位的衣衬,其作用不同,对衬料的要求也不同。然而,共性的是服装衬料都应具有良好的物理化学性能,具有色牢度好、吸湿性、通透性强、牢度大、耐较高温度等性能。不同部位衬料的性能要求见表 6-1。

表 6-1　衬布的性能要求

使用部位	衬料类别	性能要求
领衬	黏合衬、树脂衬、领底呢、黑炭衬	能够充分变形、成形和具有必要的硬挺度
肩垫	棉肩垫、泡沫肩垫、针刺肩垫	适当的硬挺度和适当的压缩性及一定的厚度
胸衬	黏合衬、黑炭衬、马尾衬、麻衬、胸绒	经软纬硬,弹性好,保形性、尺寸稳定性、抗皱性好
前身大片衬	黏合衬、麻衬	经软纬硬,弹性好,保形性、尺寸稳定性、抗皱性好
贴边衬	黏合衬	经软纬硬,弹性好,保形性、尺寸稳定性、抗皱性好
衬衫衬	黏合衬	熨烫、洗涤尺寸稳定,具适当的硬挺度,洗可穿性、防皱性、白度好,易成形

(三)黏合衬的质量要求和选用

1.黏合衬的质量要求

(1)一定的剥离强度(Peeling Strength)

黏合衬与衣料的黏合要牢固,要达到一定的剥离强度。它是评价黏合衬和面料结合牢固程度的指标。黏合衬的不同、热熔胶的差异,以及热熔胶在底布上分布形式的不同,都会对剥离强度产生影响。剥离强度直接反映服装的整个使用过程中在使用黏合衬部位的外观和形态。

(2)耐久性(Durability)

服装需要经常洗涤,洗涤以后黏合强度的变化、黏合衬的收缩、热熔胶的溶解和渗透最终会影响服装外观,因此黏合衬需要有较好的耐洗涤性能。外衣衬需干洗 5 次以上不起泡脱胶,水洗(家用自动洗衣机,水温 40 ℃ 以下)5 次以上不起泡脱胶。衬衫要经常洗涤,故要求黏合衬有更好的耐洗涤性能,国际上最高的标准为水温 60 ℃ 以下,水洗 10～20 次不起泡脱胶;我国为 40 ℃ 以下,水洗 10～20 次不起泡脱胶。

(3)合适的收缩性(Shrinkage)

由于在服装中黏合衬与面料结合为一个整体,黏合衬的收缩与面料的收缩会相互产生影响。对于中厚型面料来说,因面料与黏合衬相比无论是厚度还是刚度均占主导地位,服装最终表现出来的收缩情况主要取决于面料的性能,黏合衬与面料收缩差异不容易在服装表面表现出来。而当面料比较轻薄,或与黏合衬的各方面条件比较接近的时候,面料与黏合衬的收缩不平衡就会对服装外观产生影响。黏合衬的水洗缩率和热收缩率较大,会影响服装的外观,产生皱痕和不平整,因此,黏合衬的缩率要小,并要和面料的缩率相一致。一般对于水洗缩率,机织黏合衬经向缩率不大于 1.5%～2.05%,纬向不大于 1.5%～2%;非织造衬经向不大于 1.3%,纬向不大于 1%。而对于压烫热收缩率,对非织造衬要求经纬向均不大于 1.5%,对机织衬要求不大于 1.0%～1.5%(其中纬向较小)。

(4)黏合温度(Bond/Adhesion Temperature)

服装面料与黏合衬的黏合温度决定着黏合的效果和质量。在压烫黏合机上,其压烫过程的温度控制可分为三个阶段:升温(温度升至熔胶的熔点)、黏合(使熔胶熔化并向面料渗透)和固着(使面料与黏合衬固着)。黏合衬上的胶随着温度的升高,由固态逐渐熔为液态渗入面料后,随着温度的降低而固着。如果压烫温度过低则不能达到黏合效果,如果温度过高则会出现渗胶现象,以致剥离强度降低。一般衬布要能在较低的温度下与面料压烫黏合,以保证压烫时不损伤面料和影响织物的手感。

(5)无渗胶与起泡现象(No Strike-Through And Blistering)

这是能对服装外观产生影响的两种现象。渗胶不仅会影响服装外观,还会由于大量渗胶而引起黏合强度下降。对于面料较薄的服装,所用黏合衬应根据面料的情况,选择涂胶颗粒较小的黏合衬;对于压烫温度过高、压力过大造成面料或黏合衬表面渗胶,应考虑降低黏合衬的压烫温度和压力。起泡是由于黏合衬面料各部分黏合不均匀或水洗后局部脱胶或没有黏合而造成的,会造成服装表面的不平整。织物表面状况、面料和黏合衬的缩率相差过大、热熔胶的分布以及热熔胶的耐久性均是引起服装中使用黏合衬的部位起泡的主要原因。对于由于黏合衬与面料受热的缩率相差太大而造成的剥离起泡,应选用受热缩率小的面料和黏合衬,或预先对面料进行预缩;对于由于黏合衬与面料在黏合后未能充分冷却就进行缝制,使面料与黏合衬移动、起泡,应待黏合衬黏合后充分冷却再进行缝制;对于由于面料与黏合衬之间有杂物而使黏合衬未能充分黏合,应做好面料的清洁工作。

(6)具有可缝性与剪切性(Sewability And Shear)

黏合衬须具有良好的可缝性和剪切性。有良好的缝纫性,在缝纫机上滑动自如,不会沾污针眼;有良好的可剪切性,裁剪时不会沾污刀片,衬布切边也不会相互粘贴。

(7)一定的抗老化性能(Aging Resistance)

热熔胶应具抗老化性能,在衬布贮存期和使用期内黏合强度不改变,无老化泛黄现象。

2.黏合衬的选用原则

选用黏合衬应从服装、面料、衬布及消费者的需求 4 个方面考虑。

（1）服装

衬布不仅能赋予服装优美的造型,还有保形并使服装有较好的耐穿性能,故选用衬布必须根据服装的款式、用衬部位、服用性能及洗涤条件来确定。

（2）面料

不同的面料对衬布有不同的要求,故要考虑面料与衬布的配伍性,要充分了解面料所用的纤维、组织结构、重量、厚度、密度、手感等方面的性能以及面料的后整理情况。

（3）衬布

必须对衬布的品种、规格、特性及主要质量指标(如热收缩率、水洗收缩率、水洗及干洗性能、剥离强度、回潮率等)、底布的组织结构及性能、涂布的热熔胶类别及衬布黏合压烫条件范围有充分的了解,有时还需对衬布的品牌及生产厂的信誉有所了解。

（4）消费者

黏合衬布直接影响服装的外观,特别是穿着洗涤以后的外观形态,这和消费者对服装的处理方式有关。所以在选用衬布时必须考虑服装的穿着年限和洗涤方式(水洗还是干洗),使消费者在穿着期限内能保持服装优美的外形。

3.选用程序

黏合衬的选用满足上述的选用原则,按照以下程序,并最终确定所需的衬布和最佳的压烫条件。

（1）预选黏合衬。在确定服装所需的各种功能后,根据面料的性能、服装的款式及用衬部位,预选1～2种黏合衬布。预选时必须对衬布的性能、压烫条件及配伍要求有充分的了解。

（2）压烫试验。确定压烫试验所用设备的型号(最好与大生产一致),经压烫试验后,测定黏合强力、外形尺寸变化、手感、外观变化等主要指标,如结果正常,进行下一程序;如出现异常,则需分析原因,重新调整压烫条件进行试验,或者重新预选衬布。

（3）整烫试验。包括中间熨烫和整烫试验,试验后测定外形、手感等指标,如结果正常进行下一程序;如出现异常,则要回复到上一步重做压烫试验,或重新预选衬布。

（4）耐洗试验。经干洗或水洗试验,测定黏合强力变化、外观及尺寸变化,如出现异常,则回复到第二步重做压烫试验或者重新预选衬布。

（5）选定衬布及确定压烫条件。以上试验都通过后,就可以选定衬布,并确定压烫条件。

4.黏合衬与服装面料配伍选择

（1）注意面料的纤维成分

黏合衬的选择要与面料所使用的原料性能相适应,特别是热熔胶的选择要符合面料的材质,表6-2是面料材质与衬布热熔胶品种的选择以及要注意的问题。

①天然纤维面料

天然纤维织物一般具有较高的含水率,含水率过大,在黏着过程中要大量吸热,并产生气泡,给黏着带来困难。在黏合前,要控制面料的含水率。

羊毛纤维织物吸水后尺寸会增大,导致服装尺寸的不稳定。在压烫前需要干燥,同时搭配与面料性能相似的衬料。

丝绸织物在加热和压力作用下,容易产生表面结构和风格的破坏,特别是缎类织物,所以在搭配时应选择熔点低、胶粒细微的黏合衬。

棉织物具有较高的耐热性,在蒸汽下有较好的回复能力。要注意棉织物的缩率。

麻织物除了要注意缩水率之外,还要注意选择黏合力较强的胶种,麻织物通常不太容易黏着。

②人造纤维面料

人造纤维织物对温度和压力较为敏感,配伍时应选择熔点较低的黏合衬布,以免破坏织物的外观和手感。

③合成纤维面料

涤纶和锦纶等合成纤维织物具有不吸水的特点,但具有热定型性,压烫的折皱不宜消除。因此,压烫温度应在定型温度之下,一般用黏合性较好的聚酯或聚酰胺热熔胶衬。

新合纤可分为超细纤维、异收缩混纺丝、复合加工丝和表面变化纤维4种。新合纤具有仿真效果,并有特殊的手感。新合纤要求衬布具有适度的收缩性、柔软性、折皱回复性、易黏合性等要求。

④皮革和裘皮面料

皮革和裘皮面料在高温下易产生质和色的改变,且不易回复,所以应采用低熔点的黏合衬。皮革和裘皮服装不经水洗,因此用EVA胶种的无纺黏合衬较为合适。

表6-2 面料材质与衬布热熔胶品种的选择

面料材质	特征与胶种的选择		
	面料特征	选用衬布与胶种	注意问题
毛织物类	易吸水变形、难整型,热传导性弱	PA胶,浸润性要好	面料缩水率
丝绸织物类	热敏性强	低熔点PA-PES胶	避免高温、高压蒸汽
棉织物类	吸水性强,缩率大,烫后回复性好	PE、PES胶	缩水率
麻织物类	不易黏合	PA、PES胶	缩水率、注意黏合条件
人造丝织物类	亮度高,热敏性强	PES、PA胶	避免高温,注意热缩
人造棉织物类	热敏,加热手感变硬	低熔点PA、PES胶	避免高温,注意手感
新合纤	防真效果强,手感特殊	PES、PA胶弹性好的衬布	衬布伸缩性、随动性面料风格
裘皮	热敏	EVA胶	避免高温高压
复合纤维	性能复杂,较单纤维的舒适性好	PES、PA胶	衬布伸缩性、随动性

(2)注意面料的质地

细薄和半透明的面料最容易产生渗胶现象或胶粒的反光——"云纹",造成色光的差异。因此,要注意选择纤细的底布和细微的胶粒。如遇有色面料时,最好采用有色胶粒衬布,以避免反光或闪光而造成的色差。

弹性面料应选择相同弹性的衬料,并注意经纬向弹性的不同。

表面光滑的面料,如绸缎和府绸等,比较难以黏合,且容易发生渗胶而使面料表面粗糙,一定要选用一些有细小胶粒而黏合力强的衬布。

表面有立体花纹的面料,如泡泡纱等,在高压黏合时很容易破坏面料的表面特征,应选用低压的黏合衬布。

针织物面料纵横向弹性较大,最好选用具有伸缩性的衬布,并注意纵横向的配合。

(3)注意面料的后整理工艺

面料经过不同的后整理,其黏合性能会有不同改变。比如,经过防水处理的面料,用有机酸树脂处理过的面料、防油处理过的面料等,都会产生难以黏合或黏合牢度低的问题。

(4)注意面料的手感、厚度和硬挺度

当衬布黏合后,热熔黏合部分有一个较硬的手感,必须考虑到衣服的不同部位所需要的硬挺程度的差别,来选择衬布的手感。在选择无纺底布时,特别要注意到会不会因加热黏合发生较硬的不适宜手感。

(5)注意面料的方向性

西服前身的衬布,需要上下方向(经向)保持一定柔软,悬垂性好,而横向(纬向)则需要相对竖挺,有一定的弹性。大部分的梭织、针织或无纺基布都有着不同经向或纬向的特征。因此在选择底布时,也必须考虑到它们能与面料保持方向一致性。

(四)树脂衬的性能和质量要求

1. 树脂衬布的手感和弹性

树脂衬布的手感和弹性主要由衬布的用途来决定,不同的服装,不同的用途对衬布的手感要求不同,所以树脂衬布通常有软、中、硬三种手感,而且每种手感弹性要好,并且有持久性和保持性,即在环境温度、湿度发生变化时或衬布经水洗后,手感和弹性不会发生较大变化。

树脂衬布手感和弹性的耐水洗性,是区分树脂衬布优劣的方法之一,质量好的衬布水洗后手感和弹性变化不大,质量差的衬布手感和弹性要发生很大变化。树脂衬布的手感用硬挺度表示,弹性用折痕回复角表示,有关测试方法参见国家标准。

2. 树脂衬布水洗尺寸变化

树脂衬布水洗尺寸变化主要由衬布洗涤时纤维和织物的润湿膨胀和松弛收缩而引起的。由于树脂衬布经过了树脂整理,其水洗尺寸变化较小。纯棉织物:水洗尺寸变化,经向不低于-1.5%,纬向不低于-1.5%,涤棉、涤纶织物:水洗尺寸变化,经向不低于-1.2%,纬向不低于-1.2%。

3. 断裂强力

断裂强力是树脂衬布的又一重要指标,是生产中的技术难点,因为衬布的手感、断裂强力是一对矛盾,衬布的手感越硬,其断裂强力降低越多,手感过硬,树脂量过大,往往会造成衬布的脆化。

4. 吸氯泛黄

吸氯泛黄是树脂衬布的主要缺点,它往往会对面料产生不良影响,因为生产树脂衬布的树脂整理剂中一般都含有氮,在洗涤过程中,如遇次氯酸钠或水中的有效氯,会产生泛黄物质,从而使树脂衬布出现泛黄现象。树脂衬布优等品吸氯泛黄要求在$3\sim4$级以上。

5. 树脂衬布游离甲醛含量

一般的树脂衬布都存在甲醛公害问题,随着服装卫生要求的不断提高,各国对纺织品甲醛含量的控制越来越严格,例如,日本规定了各类纺织品甲醛含量的控制标准,并颁布了相应的法律。

6. 什色树脂衬布的色牢度

随着服装厂向个性化、成衣化、时装化、高档化方向发展,对什色树脂衬布的需求逐渐增加。但在生产什色树脂衬布时,应注意牢度和染料选用。

7. 其他

树脂衬布还应具备良好的透气性;有良好的可剪切性,剪裁时不会沾污刀片;良好的缝纫性,能在缝纫机上自如缝纫,不会沾污针眼。

二、里料的选用

对于一般服装来说,只要遵循美观、大方、协调、经济的原则即可。而对于高档的服装用品或名牌产品,里料的选用就显得很重要,搭配得好,可以提高服装的质量和档次,增加企业的经济效益,还可以宣传品牌。里料选择要点是其性能、颜色、质量、价格等与面料配伍。里料和面料搭配的基本原则是:

(一)色彩搭配要协调(Coordinate Color)

里料的颜色应与面料的颜色相协调,并有好的色牢度。一般女装里料的颜色不能深于面料的颜色;男装则要求里料和面料的颜色尽可能相似。因此,搭配时还要考虑男女性别、年龄大小等。

(二)质料搭配要合理(Reasonable Material)

面料与里料的搭配,还要考虑两者材料的档次和厚薄的一致性和合理性。如中、高档的面料一般采用电力纺、斜纹绸、美丽绸、羽纱等;中、低档面料一般采用羽纱、富春纺等。

(三)性能搭配要恰当(Appropriate Property)

1. 缩率(Shrinkage)

面料和里料的缩率应尽可能相同,否则易产生底边、袖边不是内卷就是外翘,大身起皱或绷紧的现象。如果不知道里料和面料的缩率,可以做缩率试验,方法如下:

○ 自然缩率试验(Natural Shrinkage Test)

自然缩率试验即自然回缩率,具体试验方法是将面料原料包装件拆散,取出整匹原料,检测原料的长度和门幅,做好纪录,然后将整匹折叠的原料拆散抖松,放置 24 h 后进行复测,并计算出经、纬缩率。

○ 干烫缩率试验(Dry-Ironing Shrinkage Test)

干烫缩率试验是指面料不经水处理直接用熨烫的方法,使原料受热后测定经纬向收缩的程度。这种方法大多用于丝绸面料或喷水易产生水渍的面料。具体测法是在距原料端部 2 m 处剪取 50 cm 长、宽为门幅宽的试样一块。按原料所能承受的最高温度用熨斗来回烫 15 s 后,让其充分冷却,然后测量面料的长度和宽度。按缩率公式计算出经纬向缩率。

○ 喷水缩率试验(Water-Jet Shrinkage Test)

喷水缩率是指面料经喷水熨烫后经纬向产生收缩的程度。多数面料采用这种试验方法。取样方法与上述试验相同,将所取样品用清水均匀喷湿,然后将试样用手捏皱,再抚平、晾干,用熨斗烫平(千万不要用手拉),并测量长度和宽度,根据公式计算出经纬缩率。

○ 浸水缩率试验(Water-Logged Shrinkage Test)

浸水缩率试验是将面料在水中浸透,然后,测其经纬向缩水长度,计算出缩率。这种测量方法大多用于辅料。取样方法也与上述相同。将所取样品浸在 60 ℃左右的清水中,用手揉搓,使面料完全浸透,浸泡 15 min 后取出,压出水分(不能拧绞),抚平,晾干。测量出长和宽,根据公式算出缩率。

2. 熨烫温度

里、面料的熨烫温度要尽可能一致。

3. 色牢度

里、面料的色牢度都要好,否则会互相搭色,影响服装外观。

4. 光滑、轻软、耐用性

有蓬松感、易起毛起球、易产生静电和有弹性的织物都适宜做里料。

5. 弥补面料的缺点

如对易产生静电的面料,要选择易导电的里料,否则非但影响穿着,里料起皱,也会影响面料的平整。

三、缝纫线的选用

选择缝纫线应使服装面料、缝纫设备和缝纫线之间有很好的配伍,发挥其缝合、加固、连接和装饰服装的作用。缝纫线的选用应从下面 5 个方面进行考虑:

(一)缝纫设备

要使缝纫线迹良好,一方面缝纫设备应处于良好的状态,另一方面应注意缝纫设备对缝纫线的要求。如机针与缝线的配伍,设备与缝线的配伍。一般平缝机应选用 S 捻的纱线,双针平缝机的两针应选用捻向相反的两种缝线,这样线迹才能平整。

(二)面料性能

颜色:缝纫线的颜色应与面料的颜色一致,起装饰作用的缝纫线应与面料的颜色协调。

厚度:一般厚料用粗线,薄料用细线。

原料:不同的面料有不同牢度、缩率等,一般采用面料和缝纫线原料一致,能较易取得协调的配伍。

(三)缝纫部位

由于服装不同部位的受力情况不同,用于缝合的缝线也应有区别,否则会出现缝线绷断的现象。比如裤子的后裆缝、大腿缝,上衣的后背缝、后袖窿缝、后肩缝等部位,应选用较高强度的缝纫线来回加固缝纫。

(四)服装用途

对于一些特殊场合穿着的服装,缝线的选择也应有特殊的要求。比如,在需要阻燃、耐高温、防水等场合穿着的服装,所选的缝纫线也要有阻燃、耐高温、防水的性能。对于弹性变形较大的服装(紧身内衣、游泳衣),其缝线的弹性变形也要求较大。

（五）缝纫线标牌

在缝纫线的标牌上有一些标示，有利于我们选择不同的缝线，如缝纫线的长度、细度、生产厂家、原料等。

四、填料的选用

（一）保暖性好

服装填料的选择要与服装的功能联系起来考虑，一般使用填料的服装主要是为了保暖，因此选择导热系数小、保暖性好的纤维做服装填料。

（二）价格适中

填料的选择还应考虑价格因素，填料的价格尽可能与服装的档次相称。

（三）护理容易

填料护理的难易也是选择时应考虑的因素。有的填料需经常翻拆，对快节奏的现代人来说，就会感觉不方便；有的服装需经常机洗，选择的服装填料就要有耐机洗的性能。

（四）穿着轻松

使用填料的服装一般为冬季服装，冬季服装穿得多，为避免压重感，填料应具有轻巧柔软的性能，穿着才感觉轻松舒服。

（五）外形美观

具有填料的服装外形一般较大，注重外形灵巧的服装，填料一般不宜太厚及太蓬松。

（六）特殊功能

有的服装要有特殊的功能，那就可以选择具有特殊功能的填料。

五、拉链的选用

（一）拉链品质常用鉴别方法

布带：布带染色均匀，无沾污，无伤痕，且手感柔软。在垂直方向或水平方向，布带要呈波浪型。

牙齿：牙齿表面要平滑，拉启时手感柔畅，且杂音少。

拉头：自锁拉头拉启轻松自如，锁固而不滑落。

贴布：贴布紧扣布带，不易断裂、脱落。

方块、插鞘：穿插自如，紧固布带。

上止：上止要紧扣第一粒齿（金属、尼龙），但距离不能超过 1 mm，且结实完美。

下止：下止紧扣牙齿或钳在上面，且结实完美。

（二）选购拉链的选择

因拉链在不同环境有不同的适应性，因此选购拉链时应向厂家特别提出：第一，拉链应用在哪类产品上；第二，是否对拉链成分等有要求，如是否不含偶氮、不含镍，或可过检针器。

1. 按服装的不同部位选择

如裤门襟、领口、裙腰、袋口等部位，只需要拉链的一端能分开甚至两端都不必分开，应选用闭尾拉链；而服装两片分离衣片的闭合，如夹克衫、运动衫、滑雪衫门襟的闭合，应选用开尾拉链;隐蔽拉链一般用于旗袍、合体女装薄型时装等;有的服装部位拉链使用频繁,且受力较大,则应选用强度较好的拉链。

2.按服装穿着的需要选择

有的服装具有双面穿着功能,可选用拉头回转能正反两面使用的双面拉链。为便于人体站立、坐下活动方便,有的较长的服装拉链可选用上、下两头开启的拉链等。

3.按服装面料的性能选择

选择的拉链底带的材料性能应适应于面料的性能,另外拉链底带的色彩要尽量与服装的色彩相协调,做到总体的协调一致。

4.按服装的装饰需要选择

根据服装的装饰需要,选择颜色、材料、把柄、挂件与服装相匹配的拉链。

六、纽扣的选用

(一)协调

纽扣与服装的搭配、整体统一协调很重要。首先是色彩、图案的整体性、协调性,其次是纽扣的材质风格与服装风格相协调。

(二)衬托

纽扣还有衬托服装、装饰服装的作用,比如色彩单调的服装采用对比色的纽扣点缀,效果就会不同。

(三)对象

纽扣的搭配还要根据穿着对象的不同作不同的选择。比如男装和女装不同,男装以协调、庄重为搭配原则;女装则风格各异,强调个性与特色。

(四)经济

纽扣的选择,经济也是一条需要遵循的原则。纽扣的搭配要与面料的档次、服装的档次、纽扣的使用部位结合考虑。

第二节　服装材料与服装工艺

一、算料

选择面料时,既要注重面料的色泽、手感、质地、图案,也要考虑用量。因此在选购面料前一定要算料。用料多少主要取决于服装款式、规格尺寸及布料幅宽、使用方向和布料缩水率等因素,与排料利用率也有很大关系。款式愈复杂,尺寸愈大,用料愈多。布料的幅宽规格一般为 90~144 cm,窄幅面料较宽幅面料的利用率低,即费料。特别是丝绸中的杭罗、织锦缎等门幅只有 72 cm 左右。因此应掌握各类面料的幅宽范围和个别极窄幅面料的宽度,各类面料的幅宽范围见表 6-3。同时还要了解面料的经纬向差异程度,分析是否适合直裁、横裁或斜裁,以便算料和排料。

表6-3 各类面料的幅宽范围

织物种类		幅宽(cm)
棉织物	中幅	81.5～106.5
	宽幅	127～167.5
毛织物	精纺毛织物	144、149
	粗纺毛织物	143、145、150
丝织物		70、90、114、150
麻织物		80、90、98、107、120、140
化纤织物		144
长毛绒织物		124
驼绒织物		137

布料的缩水率各不相同,留出的预缩量也不等。一般天然纤维面料和人造纤维面料缩水,特别是真丝和人造丝面料的缩水较大。纯合成纤维面料一般不缩水,合成纤维与天然纤维或人造纤维的混纺面料,缩水率视混纺比而定。各类面料的缩水率见表6-4。此外,算料时还应注意面料的倒顺花、倒顺毛、倒顺格等情况,酌情增加用料量。

表6-4 织物缩水率参考表

织物品种				缩水率(%)	
				经向	纬向
印染棉布	丝光布		平布(粗号、中号、细号)	3.5	3.5
			斜纹、哔叽、贡呢	4	3
			府绸	4.5	2
			纱卡其、纱华达呢	5	2
			线卡其、线华达呢	5.5	2
	本光布		平布(粗号、中号、细号)	6	2.5
			纱卡其、纱华达呢、纱斜纹	6.5	2
	经纺缩整理		各类印染布	1～2	1～2
色织棉布	线呢			8	8
	府绸			5	2
	被单布			9	5
	元贡			11	5
	劳动布			5	5
呢绒	精纺呢绒	纯毛或羊毛含量70%以上		3.5	3
		毛涤织物、涤纶含量40%以上		2	1.5
		一般织物		4	3.5
	粗纺呢绒	呢面或紧密的露纹织物	羊毛含量在60%以上	3.5	3.5
			羊毛含量在60%以下	5	5
		绒面织物	羊毛含量在60%以上	4.5	4.5
			羊毛含量在60%以下	5	5
		组织结构比较稀松的织物		5以上	5以上

续表

织物品种			缩水率(%)	
			经向	纬向
丝绸	桑蚕丝织物(电力纺、素绉缎、真丝绸等)		5	2
	桑蚕丝与其他纤维交织(花软缎、素软缎等)		5	3
	人造丝与其他纤维交织(双色缎、朝阳葛等)		8	3
	绉线及绞纱织物(双绉、乔其纱等)		10	3
	醋酯丝织物		5	3
	纯人造丝织物及交织物		8	3
	纯涤纶丝织物		0.5	0.5
	纯锦纶丝织物		2	2
	合成纤维长丝交织物		2	2
化纤织物	黏胶纤维织物		10	8
	涤/棉混纺织物	平布、细纺、府绸	1	1
		卡其、华达呢	1.5	1.2
	涤/黏、涤纶混纺(涤纶含量65%)		2.5	2.5
	棉/维混纺织物(维纶含量50%)		3.5~5.5	2~3.5
	涤/腈混纺中长织物(涤纶含量50%)		1	1
	涤/黏混纺中长织物(涤纶含量65%)		3	3
	棉/丙混纺织物(丙纶含量50%)		3	3

关于面辅料用料计算一般有三种方法。第一种方法为排料计算法,其特点是比较准确,但也比较复杂,较多地用于梭织面料的用料计算;第二种面积计算法和第三种克重计算法比较简单,但准确度不高,一般用于针织面料的用料计算,其中面积计算法也适合于梭织面料的用料计算。

(一)排料计算法

按照排料来计算此款式的实际用料。可分为人工排料和电脑自动排料两种,人工排料是排料员根据经验,利用整套样板进行多个方案的套排,从中选择出最佳排料方案。人工排料的缺点是费工费时,而电脑自动排料系统能使样板排料划样自动化,不仅大大缩短排料时间,而且提高了面料的利用率,但投入成本高,目前国内成衣生产中仍主要使用人工排料的方法。

(二)面积计算法

面积计算法在针织面料和梭织面料的用料计算中都适用。它是一种比较简单、快捷的方法,但它的准确性不高,而且必须在有样衣的前提下才能计算。具体步骤如下:

第一步,把中间码样衣的各个裁片分解成方便计算的简单几何形;

第二步,分别计算各几何形的面积,再把各个几何形面积相加;

第三步,根据公式算出用料,核定用料=实际用料面积相加÷面料幅宽;

第四步,把计算的结果加上5%左右损耗即可。

(三)克重计算法

克重计算法一般用于针织面料的用料计算。它的优点是方便、快捷,缺点是准确性不高,必须有样衣才能计算。具体步骤如下:

第一步,把样衣直接放入天平称其重量,然后减去辅料的重量,即为此款服装所用面料的净重量;

第二步,在克重机上测此款式所用面料的克重;

第三步,净重量除去克重即为此款服装的用料,然后加上5%左右损耗即可(一般针织面料的幅宽可根据实际排料情况自定)。

二、排料

排料是服装工业生产中铺料裁剪前的准备工序之一,即把裁片样版合理地排列在布料上,力争提高利用率。

(一)排料的方法

1. 均码套排

是指同一尺码的样板进行反复套排。这种排料既便于估算用料,也可避免色差。

2. 混码套排

是指同一款式、不同尺码的样板进行混合套排。此法适用于多规格批量生产。

3. 品种套排

是指在同一幅面料上排列不同款式品种的样板。此法适用于套装或系列服装的批量生产。

(二)排料的原则

1. 先大后小

排料要先排大片的服装主件,尽可能占用布料纬向,然后再用小裁片的零部件把空隙填满。

2. 紧密套排

服装的主件和零部件的样板形状各有不同,可充分利用样板的不同角度、弯势进行套排,要弯弧相交,凹凸互套,尽量减少样板之间的空隙。

3. 节省用料巧安排

在排料时,占用面料经向越短越省料,同时,还要考虑将有凹状缺口的板样拼在一起,充分利用两片之间的空隙,填充小部件。

(三)排料的工艺要求

1. 经、纬纱向的垂直性

在排料时,除有特殊工艺要求(如斜裁)外,要确保样板经、纬纱向的垂直,不能为了节约面料而划偏面料纱向。

2. 面料纹理方向保持一致

对于顺毛、顺光和有方向性的花纹图案,样板各个裁片应向同一方向排列,以保证成品手感、光泽、花纹方向的一致。

3. 裁片的对称性

在排料时,必须根据实际生产情况决定面料是单一方向还是对合方向排料,如果用单一方向排,样板要用正反面各排一次,以保证裁片的对称性。

4.面料的留边

排料宽度不能与面料幅度相等,根据布边针孔宽度的不同,面料两侧要各留出 1～3 cm 左右。

(四)各种常用面料的排料

1.机织物排料

排料前必须确定面料的经纬向、正反面及用料方向,同时还要根据面料的特点进行排料,注意面料的丝绺顺直以及衣片的丝缕方向是否符合工艺要求。一般可按照以下原则进行标注:

前片:平行于前中线。

后片:平行于后中线。

袖片:在真正的袖中线上或者平行于袖中线。

驳头贴边:贴边部分应平行于驳头部分的边线。

贴袋:与其在前片的位置有关,其方向线要平行于前片的方向线。

插袋:一般与口袋片的长度线一致。

领面:平行于领中线。

领里:由于领里主要为黏合衬,它本身无方向性,所以经纱方向要求不需很精确。

其他:通常一个部位的纱线方向是按这个部位在服装中的位置决定的。

2.针织物排料

针织衣料习惯上采用“套料”排料法,利用针织坯布多为筒形、布幅规格较多和针织服装大多板型较为简单的特点,进行合理的紧密排料,降低裁耗。

3.绒毛面料的排料

对于起绒面料,不可倒顺排料,否则会影响服装颜色的深浅。一般面料都有绒毛走向的问题,根据实际应用可分为以下三类。

单方向:这种面料的显著特征是所有的绒毛都是一个方向的,像灯芯绒、丝绒、马海毛等织物,面料有明显的方向性,裁剪时要按照方向裁剪。

双方向:双方向面料是服装工业中应用最广泛的面料之一。它的绒毛走向使它比单方向绒毛面料有更高的使用率。排料时可以根据不同的绒毛走向来排。

无方向:是指这种面料的绒毛走向可以忽略不计,使用这种面料时可以按照不同的方向来排,男女衬衫和内衣广泛使用这种面料。

4.有图案的面料排料

指织物面料上的花纹、图案对排版的影响,一般也分为三种。

单方向图案:指构成服装的所有样板在排料图上必须按照一个方向排列。

双方向图案:指面料有一定的方向性,但没有明确哪个方向占支配性的位置,多数情况下可选定一个方向进行排列。

无方向图案:指面料图案没有一定的方向性,主要看绒毛方向的影响,可以按照任一个长度方向来排版。

织物的图案有格子、条子等花纹,排料时要注意各层中条格对准并定位,以保证服装上条格的连贯和对称。

三、铺料

不同类型的面料和不同造型的服装应采用不同的铺料方法。

（一）来回和合铺料法

简称"和合铺"。第一层布料铺到头后，折转回铺，每层到头可冲断也可不冲断，周而复始，铺至预定层数。主要适用于素色、不分倒顺的印花、色织面料或裁片要求对称的服装。

（二）冲断和合翻身铺料法

一层布料铺到头以后，冲断翻身铺第二层。如此一层不翻身，一层翻身，每两层布料的正面相对和合，使两层面料的绒毛方向或图案倒顺一致，依次循环铺至预定层数。需对条、对格、对花的服装，而采用条格不对称，花型、绒毛有倒顺的面料时，大多采用此铺料法。

（三）单层一个面向铺料法

又称"一顺铺"。一层布料铺到头后冲断，再进行第二层铺料，一层覆一层，直至预定层数。可用于有倒顺的面料、不对称条格的面料。服装款式左右造型有别时也可用此法。

（四）双幅对称铺料法

将双幅料摊开铺料。多用于幅宽 144～152 cm 的毛织物类。为方便划样，也可采用双对折，使正面朝里。一般适用于小批量对格布料、门幅中间有纬斜和门幅两边与中间略有色差的布料。

四、服装材料与服装裁剪

服装裁剪工艺是进入服装生产阶段的第一道工序，在成衣生产中占有很重要的地位，它是指将面料、里料、衬料和其他材料按照纸样要求裁剪成合格衣片，是缝制前要进行的预缩水、排料、铺料、裁剪以及对裁好的衣片做标记并进行分类编号，并对需要粘合的面、辅料等进行黏合的总称。

（一）裁剪方法

在服装进行裁剪时，一般要求先裁横线，后裁直线，从里向外；先裁小部件，后裁大部件；裁刀刀刃要锋利，裁程要尽可能长些；裁直线时要用剪刀刀刃的中间，剪弧线时要用剪刀刀刃的前端。织物在裁剪前应松开平摊 24 h，以使其充分松弛。织物平摊在裁台上，张力要小而匀，不止一层时，上下几层张力不要有差异，层次不要太多；用划粉或别针做记号时，划粉颜色需选择适应织物色泽而易于辨认者，别针需尖锐光滑。如果用纸样，可用重物压住或用别针别在缝线处，也可用胶带固定住。

（二）不同面料对裁剪的要求

1. 不同缩水性的面料

缩水性大的面料，裁剪前应先下水预缩，晾干后再裁剪。缩率小的面料，裁剪前不必下水预缩，也不必把尺寸留得很大。如羊毛织物或含毛量在 50% 以上的混纺织物、黏胶织物、棉织物等，在裁剪前宜先喷水预缩，再从反面烫干。

2. 合成纤维面料的裁剪

合成纤维面料裁剪时容易蠕动或纠缠，裁剪时要尽量少移动或用重物压住。用电刀多层裁剪时,要注意电刀摩擦发热而引起合成纤维局部熔融,尤其是丙纶、氯纶、维纶等熔点较低的合成纤维织物。

3. 松结构面料

对松结构面料,要注意避免因经纬纱散落造成的规格不符,裁剪时可适当加宽放缝。另外,在裁剪后,还可以沿裁片外缘上一层薄浆,待浆料干后,再分层使用。

4. 弹性面料

弹力面料裁剪时,应平摊松弛,恢复其自然状态,操作时不可用力过大,以免引起延伸。

5. 表面光滑的面料

表面光滑的面料如化纤长丝、蚕丝织物面料,在裁剪时特别容易滑动而造成衣片缝合时参差不齐。为了防止裁片移位走样,可用大头针将面料别在大小相当的牛皮纸上,别针时要注意丝缕的横平竖直,不要硬性拉拽,要尽量使面料自然舒展,别针的位置选择在面料的边缘和衣片空档处,以免在衣片上留下针眼。也可在案板上铺上一层薄毡子或粗厚布,铺料时经纬纱线要拉挺,互相垂直、平展。

五、服装材料与服装缝纫

缝制是服装制作中很重要的工序,是按照不同的材料、款式,采取合理的方法,将裁剪好的衣片缝合起来,组合成为服装。服装的缝制与成衣外观有很大关系,缝制的方法也因织物纤维不同而略有差异。

(一)缝纫线、缝针要与面料相匹配

具体内容参见表6-5。

表6-5　缝料、缝针、缝纫线的搭配表

衣料品种			缝纫线细度(^{S})	机针(#)	针距(3 cm)
棉麻类	薄	纱布、巴里纱、上等细布	棉丝光线 80～100 涤纶线 90	9	13～15
	普通	细布、中平布、府绸	棉丝光线 60、80 涤纶线 60	11	14～16
	厚	厚型牛仔布、帆布、坚固呢	棉丝光线 60、80 涤纶线 60	11、14	14～16
丝绸类	薄	绡、乔其纱、薄纺	丝机缝线 60、100 涤纶线 80	7,9	13～15
	普通	双绉、素绉缎、双宫绸、绢纺	丝机缝线 60、100 涤纶线 80	7,9	14～16
	厚	重绉、织锦缎	丝机缝线 60 涤纶线 60	9,11	14～16
毛	薄	派力司、凡立丁、高支毛料	丝机缝线 60 涤纶线 60	11	13～15
	普通	华达呢、哔叽、薄花呢、中花呢	丝机缝线 60 涤纶线 60	11	14～16
	厚	粗花呢、麦尔登、大衣呢	丝机缝线 50 涤纶线 50	11、14	14～16

续表

衣料品种			缝纫线细度(s)	机针(#)	针距(3 cm)
化纤交织混纺	仿真丝	涤丝雪纺、涤丝双绉	丝机缝线 60 涤纶线 60、80	9	14～16
	仿棉	人造棉	棉丝光线 60、80 涤纶线 60、80	11	14～16
	仿毛	仿毛华达呢、仿毛花呢、粗纺腈纶呢	丝机缝线 50 涤纶线 50、80	11	14～16
针织	薄	真丝针织	针织用弹力线	7、9	14～16
	普通	棉针织绒布、棉珠地网纹	针织用弹力线	9、11	14～16
	厚	棉针织绒布、针织提花布	针织用弹力线	11	14～16
皮革		天然皮革、人造皮革	丝机缝线 50 皮革专用强捻线	14～16	11～12

(二)缝线张力要适当

缝纫机缝线张力要适中,尤其是合纤织物,对缝线张力的敏感性较强,不恰当的张力会引起皱纹。缝纫前,在缝线下垂方向悬挂 50 g 的重物,逐渐放松夹线螺丝,直到刚好缝线开始被拉下来时,这样的张力对合纤织物最合适,压布的压脚应稍轻。

合纤织物比其他纤维织物容易在缝制时起皱。同样,合纤织物中,机织物比针织物易皱;经向比纬向易皱,斜向缝纫最不易生皱;轻薄织物比厚重织物易皱;长丝制品比短纤制品易皱;组织紧密者比疏松者易皱。纯合纤制品中,如果组织规格等其他条件相似,缝制时容易起皱的顺序是:锦纶＞丙纶＞涤纶＞维纶＞腈纶＞醋纤。缝制细薄合纤织物时,在压脚下衬薄纸,并用双手协助平整送布,可减少起皱。缝线张力过大,缝脚过密,缝速过快,都易起皱。

六、服装材料与整烫

(一)熨烫的目的和作用

服装是穿在人体上的,为使服装在人体穿着后能保持平整、挺括,恰当地体现人体曲线,除了通过结构设计进行收省、分割外,还可通过熨烫定型进行工艺处理。熨烫就是利用熨烫工具、设备,通过热(湿热)的作用使织物或服装平整、定型的过程。在服装裁剪前、成衣中、成衣后及洗涤后,都需经过熨烫。作为服装工艺的一项重要内容,熨烫的主要作用有三个方面:裁剪前进行预缩去皱;工艺制作中进行工序熨烫,如黏衬、分缝熨烫、归拔熨烫、部件熨烫等;成品进行熨烫,分为手工与机械熨烫,对缝制完成后的服装做最后的定型与保型处理,修正缝制工艺过程中的个别不合要求的部位,以适应人体体型与活动状况的要求,达到外形合体、美观、穿着舒适之目的。

(二)熨烫定型的基本条件

熨烫效果取决于以下 5 个方面,并且这些因素交织在一起,构成熨烫的整个过程:

1. 温度

不同的织物在不同的温度作用下,纤维分子产生运动,织物变得柔软,这时如果及时地按设计的要求进行热处理使其变形,织物很容易变成新的形态并通过冷却固定下来。一般来说,熨烫效果与温度成正比,即温度越高,定型效果越好。温度过低,水分不能汽化,无法使纤维中的分子产生运动,达不到熨烫的目的;但温度过高,会引起织物熔化、炭化或燃烧。因此熨烫的关键是要掌握适宜的温度。各种面料的温度掌握具体见表6-6。但同时要注意,同类原料的织物,厚型比薄型的熨烫温度高,纹面类比绒面类的熨烫温度高,湿烫比干烫温度高,服装的省、缝部位比一般部位的熨烫温度高。对于混纺或交织织物,熨烫温度应根据其中耐温性较低的一种纤维来定。

表6-6　各种衣料的熨烫要求

原料	适宜熨烫温度(℃)	熨烫注意事项
棉	180～200	易熨烫,不易伸缩或产生极光,但形状保持性较差。喷水后用高温熨烫,深色服装宜反面熨烫
麻	140～200	与棉类服装相仿。熨斗推得长,可生光泽;若不要光泽,可在衣物反面熨烫。褶裥处不宜重压熨烫,以免致脆
丝	120～160	熨烫前将衣物拉平到原状,在半干状态下反面熨烫,如正面熨烫则需垫衬布。去皱纹可覆盖湿布,并用熨斗压平。不能用水喷,尤其是柞丝衣物,以免产生水渍。过高的温度会使面料泛黄
毛	120～150	宜在半干时在衣物反面衬湿布熨烫,以免发生极光或烫焦,台面宜垫羊毛织物,使烫出的衣服外观柔和,最好用蒸汽熨烫
黏胶或铜氨	120～160	粗厚类衣物同棉类衣物,松薄类衣物需在反面衬棉布熨烫,温度可稍低。领口和袖口务必衬布后再熨烫,以免产生极光。最好用蒸汽熨烫,否则,可喷水或在半干状态下熨烫
醋酯	120～130	可在衣物略带潮湿时或晾干后反面轻烫,温度务必要低。领口、袖口处须衬布后再烫,以免产生极光。其短纤类或针织类衣物宜边熨烫边整形
锦纶	120～150	一般不必熨烫,特别是白色衣物,多烫易发黄。必须熨烫时,应在反面衬湿布低温操作
涤纶	140～160	一般不必熨烫或仅需稍加熨烫,因涤纶本身保形性好,挺括。熨烫时,应注意保持衣物平整,若压烫成皱则较难去除。深色衣物宜烫反面
腈纶	130～150	必须熨烫时,宜衬湿布,熨烫温度不宜过高,时间不宜过久,以免引起收缩或极光
维纶	120～150	因维纶不耐湿热,必须在衣物晾干后熨烫,并垫干布。熨烫时不得带湿或喷水或垫湿布,以防引起收缩或发生水渍(水渍可重新落水去除)。熨烫温度切忌过高
丙纶	90～110	因丙纶不耐干热,所以,纯丙纶类衣物不宜熨烫。其混纺类衣物熨烫时,必须采用低温,且垫湿布,切忌直接用熨斗在衣物正面熨烫

2.湿度

水分可使纤维润湿、膨胀、伸展,这时在热的作用下易于定型。因此织物含有一定的水分进行熨烫,定型效果好,特别是毛织物、化纤织物以及折皱较多的织物,适当地加湿,快速明显。给湿的方法有直接喷水、垫湿布、使用蒸汽熨斗,前两者的给湿均匀性不如蒸汽熨斗,可以根据实际情况进行选择。

3. 压力

除了适当的温度和湿度外,加上一定的压力,也可使定型效果明显。熨斗的压力来自于熨斗的自身压力和人附加的压力和推力。压力也不是越大越好,要根据织物的具体特点和服装部位来确定。如需要平整光亮的织物就要压力大一些,易产生极光的织物压力要小一些,厚重织物需要压力大一些,细薄的丝绸面料压力小一些,旧折痕明显的压力大一些,绒面织物需要压力小一些,尽量采用蒸汽熨斗,等等。服装的领、肩、兜、前襟、贴边、袖口、裤线、褶裥、拼缝等较普通的部位压力大一些。

4. 时间

熨烫时间指的是熨烫时熨斗停留在同一熨烫部位的时间长短。时间过短,织物未充分定型;时间过长,织物局部受损。因此熨烫时间的掌握也很关键。一般来说,熨斗在熨烫部位的熨烫时间为 3～5 s,同时应不停地摩擦移动,停留时间掌握在 0.2～0.3 s。同时要根据面料品种和服装的具体部位灵活。如耐热性好、含湿量大、织物较厚的熨烫时间可长一些,耐热性差、含湿量小、织物较薄的熨烫时间可短一些。

5. 冷却

熨烫是手段,定型是目的,而定型是在熨烫加热过程后通过合适的冷却方法得以实现的。熨烫后的冷却方式一般分为:自然冷却、抽湿冷却和冷压冷却。采用哪种冷却方法,一方面要根据服装面、辅料的性能确定,另一方面也要根据设备条件。目前一般采用的冷却方法是前两者。

第三节　特殊服装材料与服装工艺

一、毛皮和皮革材料与服装工艺

(一)毛皮材料与服装工艺

毛皮是防寒服装的理想材料,其皮板密不透风,毛绒间的静止空气可以保存热量,并具有相当的耐久性。毛皮服装不仅具有独特的实用价值,而且由于毛皮光亮的色泽、华丽的自然纹路,以及通过挖、补、镶、拼等缝制工艺所形成的丰富多彩的花色,具有很高的观赏价值。毛皮服装的制作,通常以手工为主。

1. 排料与裁剪

在排料和裁剪前,若皮板不够平整或不够大时(差的不太多),可以先将温水喷在皮板的底板上,然后放在木板上,按所需的形状用小钉子在边缘处钉好,待晾干后即平整了,也伸大定型了。

裁剪毛皮服装时应注意皮毛的厚度。如一件小羊羔皮袄的胸围需加放 25 cm,一件厚的老羊皮大衣则应加放 38 cm。同时也应注意毛的长度。毛长的毛皮外衣面料的底边应放长些,毛短的则应少放些,以毛绒不露出服装外部为准。但有时毛皮不够长,应把面料底边贴边做宽些,以掩饰皮板短的不足。

裁剪毛皮时,应用刀子从皮板的底板上划。为了美观,可将皮毛好的部位放在底边处,前后肩部及距袖口 12 cm 左右的地方要用顺向的毛皮料(否则身子和里子都要往上窜);门襟的皮子要裁到前中线,以扣好纽扣两侧皮板恰好对齐为标准。

2.缝制方法

毛皮服装的缝制可以采用手缝或机缝。手缝多用于制装时的绷缝;而衣片的缝合、饰线、面与里料的缝合等,都以机缝效果为好,可以得到平整的外观。适用于皮革缝纫的针的前部横截面呈三棱形,因而起针后不损伤革面,拆去缝线后不留针眼。缝合宜采用 14 号针,50 tex 线,线迹密度为 3~4 针/cm,缉装饰线 2~3 针/cm。缝合处经过熨烫压平可获得整齐的外观。在皮革入型、裁剪后需要进行整烫定型,可以在革的反面用熨斗干熨,熨斗温度在90~100 ℃较为适宜。

(二)皮革材料与服装工艺

1.排料与裁剪

在进行排料和裁剪之前,首先要仔细观察革面的纹路,用 90~110 ℃的低温,按革料的自然纹路,沿背部纹路呈放射状进行干熨整理,熨平原有的折痕、皱纹及波纹。皮革遇水容易使皮质发硬,应避免使用蒸汽熨斗。通常皮革整理以反面熨烫为宜,对于难以熨平的部位,必要时可在正面熨烫,但一定要垫布。接下来要仔细观察革面的颜色、光泽以及革料的厚度、损伤等。排料时尽可能将高质量的革料安排在服装的主要部位(如前胸片、外袖、外领部),而侧缝、内袖等不显眼的部位则可以用腹部等较劣质的革料。裁剪时将样板置于革料的反面,对准纹路,然后沿样板划样。皮革面料的裁剪工具一般用划刀或剪刀,裁片的切面应尽量保持直角。

2.缝制方法

皮革缝合宜采用 14 号针,线迹密度为 11~12 针/3 cm,明缉线为 8~9 针/3 cm。一般在缝线的始末不回针,将线头穿入反面底线中,并打结。皮革的分缝或翻边的折叠处理,通常是将衣片搁置在木板上,然后在缝处涂上胶水,并用榔头轻轻敲打使之平服,或用低温干熨。

二、针织服装的工艺制作

(一)验布

由于坯布的质量直接关系到成品的质量和产量,因此裁剪前,必须根据裁剪用布配料单,核对匹数、尺寸、密度、批号、线密度是否符合要求,在验布时对坯布按标准逐一进行检验,对影响成品质量的各类疵点,例如色花、漏针、破洞、油污等,须做好标记及质量记录。同时在进入裁剪工艺以前,有必要进行相应的面料预整理(整形、预缩等),较为有效的是蒸汽整理。在整理过程中,通常要避免熨斗直接压在衣料上,以免发生极光和破坏衣料蓬松性的现象。针织服装一般以低温整理为佳,常规的温度为 100~130 ℃。布面整理后,要待布料完全冷却后方能进入裁剪工程。

针织衣料裁剪之前要确认其丝缕的方向,避免线圈歪斜。有的针织衣料为纵向延伸度大,容易发生横向幅宽收缩的现象,这种情况下要适当放宽缝。又如针织衣料在斜向缝合过程中容易产生拉伸现象,故应采取加牵条等措施。对于需要黏合衬的针织服装,应考虑选择伸缩性良好的衬料,并以不破坏针织物风格为宜。针织衣料容易发生毛边或卷边现象,因而常在袋口、锁眼等部位使用黏合衬。

（二）裁剪

针织服装裁剪的主要工艺过程：断料→借疵→划样→裁剪→捆扎。

借疵是提高产品质量、节省用料的重要一环，断料过程中尽可能将坯布上的疵点借到裁耗部位或缝合处。针织面料按经向辅料裁剪，裁剪一般采用套裁方式，常用的有平套、互套、镶套、拼接套、剖缝套等。针织面料在裁剪中应注意，不要将有折叠痕迹处和有印花的边缘处使用在服装的明显部位；剪裁中不要使用锥孔标记，以免影响成衣的外观。

（三）缝制

我国针织工业现有缝制工艺及设备是以中高速平缝机、中高速包缝机、绷缝车等缝纫机机型为主。由于针织织物由线圈串套组成，裁剪后的衣片边缘容易发生脱散，故应先将衣片边缘包缝后再用平缝机等进行缝制加工。在缝制过程中要注意掌握以下要点：

1. 缝迹

由于针织面料的织物具有纵向和横向的延伸性的特点及边缘线圈易脱散的缺点，故缝制针织时装的缝迹应满足：缝迹应具有与针织织物相适应的拉伸性和强力；缝迹应能防止织物线圈的脱散；适当控制缝迹的密度。如厚型织物的平缝机缝迹密度控制在 9～10 针/2 cm，包缝机缝迹密度为 6～7 针/2 cm，薄型织物的平缝机缝迹密度控制在 10～11 针/2 cm，包缝机缝迹密度为 7～8 针/2 cm。

经常受拉伸的部位要选用弹性好的缝迹。常用于针织服装的缝迹种类较多，有链式缝迹、锁式缝迹、包缝缝迹、绷缝缝迹等。针织服装与机织服装在缝制上的最大区别是采用的缝迹类型不同。机织服装应用锁式缝迹较多，而针织服装以应用链式缝迹为主。但缝制工艺的设计要根据不同的面料和不同的服装部位而选用不同的缝迹和不同的线迹密度以满足针织服装的伸缩性和缝合线迹的牢度。例如：衣片之间的缝合、下摆、袖口的卷边等拉伸较多的部位都采用链式缝迹或包缝缝迹；滚边、滚领、折边、绷缝拼接和饰边等采用绷缝缝迹，既有很高的强力和弹性，又能使缝迹平整；只有在衣服不易拉伸的部位，像袖口、兜边、钉商标等才使用弹性小的锁式缝迹。所以针织服装的缝制设备比机织服装复杂得多。

2. 缝线

一般纯棉针织面料采用 9.8 tex×4 或 7.4 tex×3 的纯棉及涤棉混纺线，化纤针织面料采用 7.8 tex×2 的弹力锦纶丝和 5 tex×6 的锦纶线。

缝线要达到下列质量要求：缝纫机用纯棉线（缝线）应采用精梳棉线，它具有较高的强度和均匀度；线应具有一定的弹性，可防止在缝纫过程中不会由于线的曲折或压挤发生断线现象；缝线必须具有柔软性；缝线必须条干均匀光滑，减少缝线在线槽和针孔中受阻或摩擦，避免造成断线和线迹张力不匀等疵点。

3. 缝针

缝纫机针又称缝针、机针。为了达到缝针与缝料、缝线的理想配合，必须选择合适的缝针。

4. 缝边处理

针织服装的缝边通常采用拷边工艺。为防止拷边线脱散，通常在拷边线的始末留 3～4 cm 的线头，待服装完成后再将其剪去。缝合高弹针织服装曲线弧度较强部位（如袖窿底弧线、裤裆弧线、领弧线等）时，可适当将这些部位拉伸成直线，同时适当调小针距，或在此处加拉伸牵带。在曲线弧度特别强的部位,可适当减少缝宽度。针织衣料的衣摆或裙摆通常为 4 cm 左右的缝份加拷边,相对窄的缝一般用弹力线车缝,宽缝则可用手工缲边方式。由于针织衣料伸缩性大,其服装易产生下摆不平、起波浪等问题。为防止布边拉伸,也可用布边滚边加缲边的方式。

（四）整烫

针织服装通过整烫使其外观平整、尺寸准足。熨烫时在衣内套入衬板使产品保持一定的形状和规格,衬板的尺寸比成衣所要求的略大些,以防回缩后规格过小。

（五）成品检验

成品检验是产品出厂前的一次综合性检验,包括外观质量和内在质量两大项目,外观检验内容有尺寸公差、外观疵点、缝迹牢度等,内在检测项目有面料面密度、色牢度、缩水率等。

三、绒毛织物工艺制作

绒毛织物包括平绒、灯芯绒、天鹅绒、长毛绒、立绒、丝绒等多种面料。这类面料有一个共同的特点,就是表面的绒毛有倒顺向,顺毛时表面较滑顺,倒毛时粗糙。不同倒向的绒毛有不同的折光率,表面看上去,顺毛时颜色显浅,倒毛时颜色显深。面料的特点决定了绒毛织物在剪裁和制作方面有别于其他面料。

（一）排料与裁剪

绒毛织物在裁剪时要注意毛向一致,即一件服装的毛向应倒向一个方向。除长毛绒面料必须按顺毛方向制作外,一般短绒毛面料可以倒毛向制作,这样在套排设计时还可以节省面料,降低成本。但要格外注意单件服装毛向要一致。倒毛向制作的服装穿在身上,显得颜色深沉,但也有两大缺点:一是细微灰尘落下时,容易黏在绒毛上;二是穿在下装外面的合体毛衫等服装容易顺着毛向上移,使衣摆堆积在腰部,显得不利落。在裁剪时要根据面料的绒毛长短来决定是单层还是双层裁剪。裁剪时,为了避免挤压绒毛,可用大头针或针线将纸样固定在面料上,然后进行裁剪。对于立绒、平绒或毛较耸的面料,正面相对时绒毛相吸,不容易理平,可单面裁剪,方法是在反面排料裁剪单片,在将裁剪好的单片放于面料上,反面相对,注意毛向一定正确,核准后按裁片裁剪下一片。

（二）缝制

在缝制时应正确选择机针与针码密度。一般绒毛织物织纹较细腻,天鹅绒、丝绒等面料应选用较细型的机针,线迹密度稍大些,缝纫线也应选择与面料相匹配的丝线。缝制时要格外小心,拉紧面料,防止出现褶皱。尽量避免返工,因拆过部位会留下针眼痕迹,影响成衣质量。一般天鹅绒、丝绒等面料选用 11 号针,线迹密度为 16～20 针/3 cm,平绒、灯芯绒等选用 11、14 号针,线迹密度为 15～18 针/3 cm。

绒毛织物在缝纫时,夹在中间的绒毛会相互挤压,使压脚走偏,影响质量。为保证缝纫顺利进行,可在缝头上抹少量水,便于缝纫。也可事先用熨斗将缝头上的绒毛烫倒,但烫迹不超过缝头,以免被压倒的绒毛露出面。另外,为了防止压脚压倒绒毛,可把压力适当调小些。

（三）熨烫

熨烫技术要得当。绒毛织物在熨烫时要格外小心,防止把绒烫倒。熨烫前应先取一小块布样做试验,调节好熨斗的温度,将面料放于案板上,绒毛向下,在反面轻轻熨烫,压力千万不能过大,因为有些面料绒毛一旦被烫就很难扶正。如必须在正面熨烫时,可用棉布将熨斗包起来再进行熨烫。一旦发现绒毛被压倒,可在织物上覆盖一块含水量较多的湿棉布,再用熨斗轻烫,但不能压,让蒸汽渗入织物,并辅之以擦动,使绒毛耸起。

思考题

1. 如何选用服装辅料?
2. 服装算料有哪些方法? 它们各自的应用范围有哪些?
3. 服装排料的方法有哪些? 机织物和针织物排料有哪些要点?
4. 服装铺料方法有哪些? 这些方法的应用服装有哪些?
5. 不同面料对服装裁剪有哪些要求?
6. 服装缝纫要考虑哪些因素?
7. 服装材料的熨烫要考虑哪些因素?

第七章　服装材料与服装设计

　　服装设计思想是通过服装材料来体现的，就像雕刻家用木头、黏土、石膏、大理石等材料做成各种精湛的工艺品、艺术品一样，服装材料在设计师的眼中就好像那些木头、黏土一样。选料是服装设计很重要的一环，选择得好，搭配得当，服装的风格、意韵、情感才得以真切的表现；选择搭配得不好，非但设计构思不能准确再现，设计出的服装还会让人感到别扭、怪异、不是滋味。

　　面料的外观包括色彩、原料、组织及后整理。首先面料的色彩给人以不同的生理或心理感受。如红色热情，蓝色安静，黄色富贵，绿色青春等，与面料的质地、风格结合在一起，给人以更深刻的感染力。其次面料的组成原料在外观上也有明显不同的性格特点。天然纤维和化学纤维都能反映出不同的风格。特别是化学纤维，随着品种日新月异的不断翻新，以及纱线粗细、捻向不同等，都可组成各种性格的面料。非纺织成型的面料如皮革、塑料也会反映出不同的面料特征。不同的织物组织给人的感觉不同，适宜制作的服装也不同。同类纤维常因组织方式不同而反映出不同的性格。平纹结构朴实，缎纹华丽，斜纹厚重。同是平纹组织，由于纱线的粗细不同，捻度、捻向不同，也会产生不同的特性。如高支纱的府绸能显示丝绸柔软光滑的风格，粗支纱的线呢能显示呢绒的温暖厚重风格。不同整理工艺的面料，外观有更大的不同，整理工艺直接造就了面料的不同外观风格。织物处理工艺的不同，也能使面料产生不同的性格。如当前流行的"雪洗"牛仔布就是经过磨白处理，而使这种服装具有 20世纪 90 年代青年的浪漫特性。

　　任何一款服装或面料，都有各自的性格和特点，选择、搭配得好，互相映衬，相得益彰，设计的主题、服装的效果才能被真正表现出来。厚重的面料，制成服装后会显示出粗犷、稳重的性格；轻薄的面料，会显示出轻盈活泼的性格。挺括和柔软的面料所表现出的服装性格则恰恰相反。用挺括的面料制作出的服装能使穿着者仪态稳重；柔软的面料会使穿着者潇洒自如。面料的性格还会随着色彩、花纹、结构、整理等工艺不同显示出不同的风格。要显示女性文雅恬静的性格，采用浅淡、柔软而富有弹性的面料为好，如女衣呢、女式呢、法兰绒等；要显示富贵、华丽的特征，以色彩鲜艳的丝绸面料为好；要显示欧派女性美，冬季以裘皮面料为好。总之，有多少面料就有多少种性格。这种性格主要受织物的外观和性能影响。面料与服装的搭配，要了解面料的特点，抓住面料的特点，与设计的服装款式有机结合，借助面料的特点，突出设计主题，表现服装风格。所以一个良好的设计师首先应该是一个良好的面料师，只有在充分了解面料的这些特性的基础上，才有可能达到最佳的设计效果。

　　在服装设计中，服装材料必须和人们的年龄、经济条件、品性、文化修养、职业、居住环境和气候条件等相适应。服装材料的多样性以及科技手段的日趋完善和丰富，赋予了服装设计更多的选择资源和创造空间。如传统的毛纺加工商开发了塑料涂层的新型毛织物,为传统产品增添了一种技术外观和新的功能性价值;具有粗糙感和原始感毡化的毛织物,仿麂皮手感、毛绒绒的仿裘皮织物和一簇簇蓬松的绒毛使织物具有粗犷的风格,但加入合成纤维或金属丝时,又不失精致;精练毛和丝的混纺织物能产生令人难以置信的粗朴且时髦的效果;羊毛丝绒及顺毛羊驼绒的混纺织物带来浓厚的异国情调;在滑爽的微纤维织物上印上具有乡土气息的图案,使其产生加捻纱织物的效果。穿着舒适、活动便利、外观新颖已日益成为人们的购衣理念,于是弹性面料、针织面料以及面料斜裁等充斥于市。在新的美学研究中,光也成为审美对象。一些能反射或漫反射的织物,在光的作用下能产生丝光、闪光、擦光甚至变色的效果,配以运用高科技的多种纤维混纺织物,极具现代感。这些织物包括经树脂整理产生挺爽感的棉织物、上光的亚麻织物、高光泽织物、表面轧光织物和珠光效果涂层织物。材料的特殊组合还会使织物具有超凡的色彩,如铝丝与羊毛混纺的织物、以铜丝做经纱的棉织物和喷镀的、不锈钢效果涂层的织物,独具外观光泽,风格突出,功能实用性增强。另外,通过纱线结构变化、织纹组织和后整理来产生有立体感的织物,以及别具一格的木制服饰,都赋予了面料全新的视觉外观。

第一节　服装材料的性能与服装设计

服装材料的性能不像外观那样直截了当,但它对服装设计的影响同样是不能忽视的。不同性能的材料适合于不同的服装,如果不能恰当地选料,同样达不到设计的目的,因此了解服装材料的性能,对于服装设计也是非常重要的。服装在穿着和使用过程中,其材料会反映出特有的性能:舒适性、保形性、收缩性、坚牢度、色牢度、洗涤性、熨烫性等。这些都是服装材料服用性能的具体表现。决定和影响材料服用性能因素很多,但主要受纤维、纱线和织物的结构和性能影响。服装面料的服用性能又称织物的服用性能,是服装面料在穿着和使用过程中,为满足人体穿着所具备的性能。人们在选择衣料和服装时,都希望服装面料的服用性能全面而良好,以满足人的穿着需要。如对冬季服装材料,要求保暖性好,美观入时,且轻便易洗涤;对夏季服装材料,要求吸汗透气,凉爽舒适又易洗快干,无需熨烫;对内衣材料,要求柔软、无刺激、吸湿、弹性好、静电小;对外衣材料要求挺括、悬垂、不易变形、不褪色,又耐磨、坚牢,最好便于洗涤、整烫。这就是人们对构成服装的面料及服用性能提出的具体要求。特别是当今社会,人们不仅注重服装的款式和色彩,同时也十分注重服装材料的服用性能,它关系到人体着装的舒适程度及对服装加工、穿着、洗烫的处理。每种服装材料的服用性能都不尽相同,各有所长,也各有所短。绝对理想的服装面料可谓极少,关键在于了解和掌握材料的性能,才能合理巧妙地进行运用,避免问题的出现,使一件服装的设计从款式、色彩到面料等都能满足人们在装饰和实用上的需求。服装面料的服用性能包括舒适性、耐用性和外观性。

一、舒适性(Comfortability)

舒适性是服用特性中最为主要的方面,是服装材料为满足人体生理卫生需要所必须具备的性能。舒适性可细分为触觉、视觉和生理感觉等方面。触觉方面,如干爽、滑爽、柔软、蓬松、弹性、轻质等;生理方面,如吸湿、放湿、透气、保暖、轻质等;视觉方面,如光泽、悬垂性、形态稳定性等。主要舒适性指标如下:

(一)通透性(Penetrating Property)

织物的透气、透湿及透水性通称为通透性。不同服装其通透性要求也不一样。

1.透气性(Air Permeability)

当织物两侧空气存在压力差时,空气从一侧通向另一侧的性能称为透气性。一般用透气率表示,即在织物两侧维持一定压力差的条件下,单位时间内通过织物单位面积的空气量。透气率愈大,织物透气性愈好。从卫生学角度要求,透气性对服装用织物十分重要。夏季衣料应有较好的透气性,使人感觉凉爽舒适。冬季外衣料则透气性要小,防止人体热量散失,提高保暖能力。

大多数异形截面纤维的织物透气性比圆形截面纤维的织物要好。压缩弹性好的纤维,其织物透气性也好。吸湿性强的纤维,吸湿后纤维直径明显膨胀,织物紧度增加,透气性下降。若织物密度不变,减小经纬纱细度,增加纱线捻度,有助于提高透气性。若经纬纱细度不变,织物密度增大,则透气性下降。在相同条件下,浮线长的织物透气性好,平纹织物交织点最多,浮长线最短,纱线束缚紧密,透气物经水洗。砂洗、磨毛等后整理,透气性减小。一般针织物比机织物透气性要好,皮革、裘皮制品透气性较小。橡胶、塑料等制品则不具备透气性,多用于劳保和特殊服装。

2.透湿性(Water Vapor Permeability)

织物通过水汽的性能称为透湿性,又称透透汽性。即人体出汗时,织物两侧有一定相对湿度差,汗液蒸发从靠皮肤一侧转移到另一侧的性能,一般用透湿率表示。它是在织物两侧维持一定相对湿度差条件下,单位时间内透过织物单位面积的水汽质量,透汽率愈大,织物透汽性愈好。

水汽透过织物的方式有两种。一种是与高温空气接触面的纤维,从高温空气中吸收湿汽,由纤维传递至织物另一面,并向低湿空气中放湿。另一种方式是水汽直接通过织物内纱线间和纤维间的空隙,向织物另一面扩散。织物的透湿性与纤维吸湿性密切相关。吸湿性好的天然纤维和人造纤维织物,都有较好的透湿或透气性。特别是苎麻纤维吸湿高,而且吸、放湿速度快,所以苎麻织物透湿性优良,贴身穿着时无黏身感,是较好的夏季衣料。羊毛纤维虽然吸湿性好,但放湿速度慢,透湿性不如其他天然纤维织物。合成纤维吸湿性能都较差,有的几乎不吸湿,故合成纤维织物的透湿性一般都较差,若与天然纤维混纺,可得以改善。纱线结构疏松或纱线径向分布中吸湿性好的纤维向外层转移的织物透湿性较好。如涤棉包芯纱,由于棉纤维包覆于纱线外层,有利于吸湿,故织物透湿性比普通涤棉混纺织物要好。改变织物组织结构,降低纱线细度,降低织物密度,可提高透湿性。织物经整理后对透湿性有影响。棉黏织物经树脂整理后,透湿性下降;织物表面涂以吸湿层后,透湿性明显改善。

3.透水性(Water Permeability)、防水性(Water Repellency)

织物渗透水分的性能称为透水性,即水分子从织物一面渗透到另一面的性能。织物防止水分渗透的性能称为防水性。透水性与防水性是两种相反的性能,不同用途的织物各有不同的要求。工业滤布等要求有一定的透水性。服装面料如不具备防水性,则会过量吸湿,热传导增大,导致体热散发,引起身体不舒适。雨衣、雨伞、帐篷等要求织物具备极好的防水性。

吸湿性较好的纤维织物,一般都具有较好的透水性,如普通真丝、纯棉织物。而纤维表面存在的蜡质、油脂等可产生一定的防水性。织物组织紧密者,防水性好,如卡其、华达呢密度较大,防水防风,可制作风雨衣。经过防水整理的织物,防水性能优越,但透气、透湿性下降。

(二)吸湿性(Hydroscopic Property)

服装面料在空气中吸收或放出汽态水的能力称为吸湿性。吸湿性强的服装面料能及时吸收人体排出的汗液,起到散热和调节体温的作用,使人体感觉舒适。吸湿性对服装面料的形态尺寸、机械性能、染色性能、静电性能等也有一定影响。纤维品种不同,其吸湿性也不同。吸湿能力还与织物的组织结构有关。组织较稀疏的织物,水分能从组织间隙中透过,也能起到一定的吸湿作用。若纤维属疏水性,组织又过于紧密,水分既不被纤维吸附,又很难从组织间隙中透过,这类织物吸湿性较差,不宜制作内衣和夏装。如高密度的涤纶、腈纶和锦纶织物。

(三)保暖性(Thermal Property)

服装面料能保持人的体温,防止体热向外界散失的性能称作保暖性。服装最原始的用途就是为了保暖,在寒冷季节或低温环境中,如果服装材料保暖性较差,会使体热大量散失,一旦超过人体自身调节热平衡的极限,就会严重损害人体健康,甚至危及生命。因此,冬季服装及低湿环境工作服、运动服的保暖性能十分重要。织物的保暖性包括三个方面。

1. 导热性(Heat Conductivity)

织物两面在有温度差的情况下,热量从温度较高的一面向温度较低的一面传递的性能称为导热性;反之,热量不传递则为绝热性。影响织物导热性的因素有如下几个:

(1)纤维的导热系数(Heat Conductivity Coefficient)。导热系数(热导率)是衡量纤维导热性的指标之一。导热系数愈大,热传递性愈好,保暖性愈差。从保暖角度看,导热系数愈小的纤维,其织物保暖性愈好。

(2)含气量(Air Content)。静止空气的导热系数最小,是热的最好绝缘体。因此,当空气不流动时,织物内含气量越大,保暖性越好;较细的纤维,体表面积大,静止空气层的表面积也大,故绝热性好,如羽绒、某些超细纤维;中空纤维内部含有较多静止空气,导热性小,如棉、中空腈纶、中空涤纶纤维;具有卷曲形态的纤维,纤维间空隙多,含气量大,如羊毛、羊绒织物;起绒、起毛、双层、蓬松的织物,含气量大,保暖性较好。

(3)织物结构(Cloth Construction)。密度较大的织物,热量不易散失。厚织物比薄织物绝热性好,利于保暖。因此,冬季衣料应紧密厚实。

2. 冷感性(Cold)

织物刚与人体皮肤接触时,对人体产生的一种冷热知觉反应称为冷感性。冷感性实质上是在温度不平衡条件下产生的,即织物与皮肤刚刚接触时,若皮肤温度较高,就会有冷的感觉。当织物温度与皮肤温度渐趋平衡时,冷感消失。一般来说,接触面积大、表面光滑的织物,冷感性大。如长丝织物,阴凉感强;起绒、毛圈、毛型织物,冷感性不明显。导热性大的织物,冷感性大,如亚麻织物。织物色调在人心理上的反应对冷暖性有一定影响。蓝色、黑色等冷色调织物,往往会增加冷感性。而黄色、红色等暖色调织物则给人一种暖意或热感。冷感性与内衣和夏装用料有一定关系。

3. 防寒性(Coldproof)

大气条件突然变寒时,织物减少外界环境变化对人体影响的特性称为防寒性。防寒性好的织物,能明显减少气候变化对人体的影响,以免受寒。吸湿放热量大且吸湿、放湿速率慢的纤维,防寒性好,如羊毛织物多用作冬季防寒衣料。此外,颜色较深、光泽较暗淡的织物,易于吸收阳光热量,利于保温,宜用作冬季外衣面料。颜色较浅,光泽较明亮的织物,对阳光的反射性强,夏季穿着较凉快。

（四）刚柔性(Stiffness And Softness)

织物的硬挺和柔软程度称为刚柔性。织物刚柔性对于服装的制作,服装款式的体现及穿着舒适感都有影响。纤维愈细,其织物的柔软性愈好;纤维愈粗,其织物刚性愈大。如细羊毛与粗羊毛的织物刚柔性差异就极为明显。刚柔性与纤维截面形态有一定关系,异形纤维织物的刚性较圆形纤维织物大。相同纤维原料的纱线,细度粗时,织物较硬挺。反之,织物较柔软。

纱线捻度的增大,会使织物变得硬挺。柔软蓬松的织物,大多数捻度较低。织物组织也影响刚柔性的大小。机织物中,交织点愈多,浮长愈短,经纬纱间相对移动的可能性就愈少,愈易滑动,织物就愈柔软。织物经后整理可改善其刚柔度,如棉、黏胶织物经硬挺整理,其刚柔性可由绵软变得挺括。有些织物则需进行柔软整理,采用机械揉搓和添加柔软剂,使织物提高柔软度。

（五）静电性(Static Property)

纺织纤维是电的不良导体,当人体活动时,皮肤与衣料间,衣料与衣料间相互摩擦,电荷积聚,产生静电的性能称为静电性。如果在黑暗中穿脱静电性较大的衣服. 能听到"叭、叭"声,并看到闪光,这就是衣服上积聚电荷、引起静电的现象。

各种纤维的静电性不同。棉、麻、毛、丝、黏胶等纤维吸湿性好,导电性较强,不易产生带电现象。而合成纤维吸湿性差,特别是涤纶、腈纶、丙纶,几乎不导电,带电现象严重。静电较大的服装穿着很不舒适,当人体活动时,衣料会包缠某一部位,污染度较大,对健康不利。而静电过大时,会产生静电火花,在易燃环境中,可能造成火灾及爆炸,危害生命财产安全。因此对于一些合成纤维织物要进行抗静电整理。

二、耐用性(Endurance)

服装在穿着过程中,要受到拉伸、撕裂、顶破、磨损、燃烧、化学品、日晒等破坏,这些指标直接关系到服装材料的使用性能和使用寿命。

（一）强力(Strength)

织物的强力包括拉伸强力、撕裂强力和顶破强力。

1. 拉伸强力(Tensile Strength)

指织物在规定的条件下沿经向或纬向拉伸至断裂时所能承受的外力。衡量指标有断裂强度和断裂伸长率,用于考核织物对拉伸外力的承受性能,但并不能完全代表织物的使用寿命长短。实验证明,高强高伸的织物耐用性好,如锦纶、涤纶织物。低强高伸比高强低伸的织物耐穿,如涤纶耐用性好于维纶,羊毛耐用性好于苎麻。氨纶属低强高伸纤维,其织物比较耐穿。黏胶纤维是低强低伸,其织物耐用性较差。

此外,拉伸性与织物组织密度有关。组织相同时,在一定范围内适当增大密度,可提高拉伸强度。在其他条件相同的情况下,平纹组织拉伸性优于斜纹和缎纹组织,非提花组织比提花组织织物耐用。

2. 撕裂强力(Tearing Strength)

在规定条件下,从经向或纬向撕裂织物所需的外力称撕裂强力。服装在穿着中,由于织物局部受到集中负荷而撕裂,撕裂是纱线依次逐根断裂的过程。纱线强力大者,织物耐撕裂,故合成纤维织物这方面优于天然纤维和人造纤维织物。合成纤维与天然纤维混纺,可提高撕裂强力。织物组织中,交织点愈多,经纬纱愈不易滑动,撕裂强力愈小。因此,平纹织物撕裂强力较小,缎纹织物最大,斜纹织物居中,树脂整理的棉、黏织物,撕裂强力下降。

3. 顶破强力(Bursting Strength)

织物在与其平面相垂直的外力作用下,鼓起扩张而破裂的现象称为顶破或顶裂。服装肘部、膝部、手套、袜子、鞋面等受力方式,均属顶破形式。织物随厚度增加,顶破强力明显提高。当经纬密度相差较大时,在强度较弱处易顶破。经纬纱断裂伸长率较大的织物,顶破强力也较大。

(二)耐磨性(Wear Resistance)

织物抵抗与物体摩擦逐渐引起损坏的性能称为耐磨性。一般以试样反复受磨至破损的摩擦次数表示,或以受磨一定次数后的外观、强力、厚度、重量的变化程度表示。

织物的磨损方式有平磨、曲磨、折边磨、动态磨和翻动磨。如衣服的袖肘、裤子的臀部与接触平面的摩擦;袜底、床单、沙发织物、地毯等摩擦均属平面磨;衣服的肘部、裤子膝部与人体的屈曲状摩擦为曲磨;衣服的袖口、领口及裤口与人体皮肤摩擦属折边磨;人体活动过程中与服装的摩擦为动态磨;翻动磨则是洗涤时,织物和水或织物相互间的摩擦。

厚型织物,耐平磨性能较好;薄型织物耐曲磨及折边磨性能好;当经、纬密度较低时,平纹织物较为耐磨,当经、纬密度较高时,缎纹织物较为耐磨,当经、纬密度适中时,斜纹织物较为耐磨;织物表面光滑度影响耐磨性,毛羽和毛圈织物磨损不像平滑织物那样显著;棉、黏织物经树脂整理后,耐磨性有所改善。

(三)耐热性(Heat Resistance)

织物在热的作用下,性能不发生变化,所能承受的最高温度称耐热性,即对热作用的承受能力。通常用纤维受短时间高温作用,回到常温后,强度能基本或大部分恢复的程度。或以纤维强度随温度升高而降低的程度来表示纤维的耐热性。用在一定温度下强度随时间增长而降低的程度来表示纤维的热稳定性。耐热性和热稳定性差的纤维,其织物在洗涤和熨烫时的温度受到一定限制。

(四)阻燃性和抗熔性(Flame Retardance And Melt Resistance)

织物阻止燃烧的性能称为阻燃性。棉、麻、黏胶和腈纶属易燃纤维,燃烧迅速;羊毛、蚕丝、锦纶、涤纶等是可燃纤维,但燃烧速度较慢;氯纶难燃,与火焰接触时燃烧,离开火焰则自行熄灭;石棉、玻璃纤维是不燃纤维,与火焰接触也不燃烧。织物的阻燃性愈来愈为人们所关注,特别是防火工作服和装饰织物等。

织物接触火星时,抵抗破坏的性能称为抗熔性。天然纤维和黏胶纤维吸湿性好,且分解时所需热量较大,抗熔性较好。涤纶、锦纶吸湿性较差,且熔融时所需热量较小,抗熔性差。若不注意,火星不仅损伤服装,还会伤害皮肤。采用与天然纤维和黏胶纤维混纺可改善抗熔性。也可对织物进行抗熔、防熔整理。

（五）耐晒性（Light Fastness）

在阳光照射下,织物会发生裂解。氧化、强度损失、变色、耐用性降低等性质变化。耐晒性就是织物能够抵抗因日光照射而性质发生变化的性能。织物日晒后氧化裂解,其强度损失与光照强度、时间、纤维种类等有关。

（六）色牢度（Color Fastness）

织物的色牢度是指染料与织物结合的坚牢程度,以及染料发色基因的化学稳定程度。即在各种外界因素作用下,若织物能保持原印染色泽或改变程度较轻,则染色牢度较好。

织物的颜色变化分为落色、剥色和变色三种。落色又称褪色,指织物上的染料与纤维分离,使颜色浓度降低。剥色又称消色,是指染色分子的发色团受到破坏而不再反映颜色的现象。变色指发色团破坏后,产生新的发色团,引起颜色改变的现象。

织物在印染过程中,要经受化学处理,在穿着过程中要受到日晒、水洗、摩擦、汗渍、熨烫等各种作用的影响,使不同染料及不同方法印染的各种织物色泽产生不同程度的破坏。故染色牢度需用多方面指标来衡量,主要有日晒牢度、摩擦牢度(分干摩和湿摩)、汗渍牢度、皂洗牢度、干洗牢度、熨烫牢度及耐酸碱牢度等。各种颜色牢度的强弱,分别根据规定条件下受上述因素作用而引起颜色变化的程度分级。一级最差,表示织物的颜色完全改变或被破坏,级数越高表示染色牢度越好。织物染色牢度的好坏,主要取决于染料性质、染色条件、印染方法、染后处理及织物组织结构等因素。

不同用途的织物,对各项染色牢度指标具有不同要求。内衣织物要求有较好的皂洗和汗渍牢度。外衣织物的日晒、摩擦、皂洗牢度都应较好。里子织物的摩擦牢度应较好,而日晒牢度则不要求十分高。

（七）收缩性（Shrinkage）

织物在湿、热、洗涤情况下,尺寸收缩的现象称为收缩性,它影响织物的尺寸稳定性和外观,降低耐用性。收缩性分缩水性和热收缩性。

1. 缩水性（Water Shrinkage）

织物在常温的水中尺寸收缩称为缩水性。缩水程度以织物缩水率表示。缩水率＝(缩水前尺寸－缩水后尺寸)/缩水前尺寸。织物的经、纬向缩水分别引起长度和幅宽尺寸的改变,有的厚度增加。根据经、纬向缩水率,要预计衣料尺寸,预留缩水量,以保证服装尺寸的合适与稳定。

2. 热收缩性（Heat Shrinkage）

织物受热发生不可逆的收缩现象称热收缩性。用热收缩率表示。根据加热介质不同,有沸水收缩、热空气和饱和蒸汽收缩及熨烫收缩。合成纤维及以合成纤维为主的混纺织物均有热收缩性,故洗涤和熨烫时要掌握适当温度。热收缩性过大会影响织物的尺寸稳定,织物最好没有热收缩性,即使收缩,也要尽可能小而均匀。

三、外观性（Appearance）

织物的外观性能决定其挺括感、悬垂感、保型性、免烫性等，影响穿着的外观效果。

（一）抗皱褶性（Wrinkle Resistance）

织物经受折皱变形，当外力去除后能回复原状态至一定程度的性能称为折皱弹性。即织物抵抗折皱变形的能力，它直接影响织物抗皱褶性的好坏。

织物并非完全弹性，产生折皱变形后，其中弹性变形可以回复，而塑性变形不能回复。因此，弹性回复率高的纤维，折皱弹性好，其织物不易皱褶，即使起皱，也可以在短时间内急速回复。涤纶纤维折皱弹性好，与黏胶及棉、麻纤维混纺可改善织物的抗皱性。锦纶纤维弹性回复率虽较大，但折皱回复时间长，织物不挺括，不适宜做外衣面料。羊毛织物具有良好的折皱弹性，抗皱性较好，穿着挺括。棉和黏胶纤维折皱弹性回复差，织物易起皱且不易回复，常通过树脂整理予以改善。麻织物虽挺括，但刚性太大，形成折皱后，较难回复。各种纤维织物中，涤纶、丙纶、羊毛织物抗皱性优良；醋酯、腈纶织物抗皱性一般；黏胶、棉、麻、维纶、氯纶织物抗皱性较差。缎纹组织的抗皱优于平纹组织；纱线捻度适中的织物，抗皱性较好。混纺织物的抗皱性取决于各种纤维所占的比例。

（二）洗可穿性（Wash-Wear or Iron-free Property）

洗可穿性又称免烫性，是指织物洗涤后，不经熨烫整理（或稍加熨烫）而保持平整状态，且形态稳定的性能。洗可穿性直接影响织物洗后的外观性。涤纶织物的洗可穿性最好，其原因是纤维吸湿性小，织物在湿态下的折皱弹性好，缩水率小。合成纤维基本都具备这些特点，洗可穿性都比较好。锦纶和维纶织物的吸湿性在合成纤维中较大，故洗可穿性比涤纶、腈纶织物要差些。天然纤维和人造纤维吸湿性较大，下水收缩明显，且干燥缓慢，织物形态稳定性不良，因而洗后表面不平整，皱痕明显，必须经熨烫整理后，才能恢复洗涤前的平挺外观。树脂整理对棉、黏织物的洗可穿性有所改善。天然纤维与合成纤维混纺将有助于提高洗可穿性，织物稍加熨烫即可恢复平整挺括的外观。

（三）悬垂性（Draping Property）

悬垂性是织物在自然悬挂状态下，受自身重量及刚柔程度等影响而表现的下垂特性。某些服装要求具有较好的悬垂性，如裙装、风衣、西服等。织物的悬垂性对服装的造型十分重要。悬垂性好的织物能充分显示出曲线和曲面的美感，特别是外衣类和礼服类面料。

悬垂性与纤维刚柔性关系很大。麻纤维刚性大，悬垂性不佳；蚕丝、羊毛柔性好，织物悬垂感强。纤维和纱线细度低者，有助于织物悬垂，如蚕丝织物、高支精梳棉织物、精纺羊毛织物。织物厚度增加则悬垂性下降。针织物的线圈结构使其悬垂性优于机织物。对于大多数服装面料用织物，要求纬向悬垂性优于经向，这有利于服装造型。

（四）抗起毛起球性（Anti-pilling Tendency）

织物在穿着和洗涤过程中，不断受到摩擦和揉搓等外力作用，使纤维端露出织物表面，呈现毛茸，这一过程称为"起毛"。若这些毛茸不及时脱落，继续摩擦，则互相纠缠在一起形成球形小粒，称为"起球"。织物起毛起球会影响织物外观和耐磨性，降低服用性能，导致无法穿着。织物起毛起球与纤维性质、纱线性状、织物结构、染整加工及服用条件等有关。

随着社会、经济、科技发展，特别是数字化、经济全球化，不但大大推动了经济各领域的一场空前革命，人们的生活方式也发生了巨大的变化。服装作为人类生活的必需品，也必将随着人们生活方式的改变,人们对服装材料的需求日益科学化、人性化,对服装材料的性能要求也越来越高。目前服装面料在服用特性方面逐渐向舒适性、健康性和安全性等方面发展。

第二节　服装材料风格与服装设计

一、风格的基本概念和内容

(一)风格的基本概念

服装材料的风格是指人的感觉器官对材料所作的综合评价,它是织物所固有的物理机械性能作用于人的感觉器官所产生的综合效应,是一种受物理、生理和心理因素共同作用而得到的评价结果。当依靠人的触觉、视觉以及听觉等方面对材料做风格评价时称为广义风格;仅以触觉即手感来评价时则为狭义风格。人们在选购衣料时,常以手感摸织物所产生的感觉来评定材料的品质,通过判断材料的狭义风格,分析是否符合穿着和使用要求。

(二)风格的内容

服装材料千姿百态、变化微妙,其风格特征的内容也极为丰富,包括视觉风格、触觉风格、听觉风格、嗅觉风格方面的内容。

1. 视觉风格(Visual Style)

服装材料的外观所产生的感知是服装材料的视觉风格,它是人体通过视觉器官对服装材料品质的综合评价,是一种心理感知。这种视觉感知不仅与印染形成的布面印花图形和色彩有关,同时也与材料的光泽、布纹和悬垂性有关。以人的视觉器官——眼睛对材料外观所做的评价,即用眼观看材料得到的印象,在某种程度上而言是材料给人的第一印象。视觉描述的是形象,通常说服装设计是一门视觉艺术,即它的造型、色彩都是通过"形"来体现的,因而视觉是观察理解服装材料的质感与美感的首要途径。

(1)静止状态下材料视觉风格的影响因素

对于色彩,人们常说"远看颜色近看花",可见色彩是视觉最重要的感受之一。色彩感不仅使人由于物体的颜色区别而感觉物体的存在,而且会影响人的审美情绪,使人产生兴奋、雅致、肃穆、恐怖的感觉。关于色彩问题,不论是在物理、生理、心理还是在美学方面,都有较深入的研究,这些规律同样适合服装材料的视觉风格问题。关于色彩的描述有纯正、匀净、鲜艳、单一、夹花、悦目、呆板、流行、过时等。

光泽,光泽感是视觉的明度对比感受性。它取决于物体的反射光分布。一般表面越光滑的物体,方向性反射光越强,光泽感也越强。根据材料光泽的强弱可将材料分为强光泽织物和弱光泽材料或无光泽材料。服装材料表面比较复杂,一般都属于弱光泽。根据材料光泽感的好坏也可对其进行区分,称为光泽的质。强光泽织物不一定光泽感好,光泽的质这一概念与心理因素有很大关系,不仅局限于织物的光泽,而且织物整体的视觉风格应符合视觉美学的规律,并受许多其他因素的影响。对于织物的光泽描述有自然与生硬、柔和与刺眼、明亮与暗淡、强烈与微弱等。

品种与规格,服装材料的品种与规格虽然是人主观对面料的一种分类,但它反映的是材料的客观属性。依据感觉经验，人通过视觉往往会感知服装材料的品种与规格，而材料的品种与规格又对材料的用途有极大影响。对于不同用途的服装材料，人们对其视觉风格的要求时常又是不一样。由于经验与习惯的原因，服装材料的品种与规格在很大程度上影响着材料视觉风格的评价标准。

图形与织纹，服装材料的图形可以通过印花与织物织造实现，一般比较大而清晰的织纹是由于织物纱线交织而形成的，它与织物组织结构及所用纱线的粗细等有关。通过图形与线条表达创作者的思想、感情，进而去影响观察者，这在视觉美学方面有深入的研究，并且有一些一般性的规律，如比例、平衡、旋律、加强统一协调等形式美组合规律。通常采用纹路清晰与模糊等来描述。

质地，它是材料的表面特性以及从此产生的感觉，是服装设计的基本元素之一，对服装造型设计具有较大的影响，在设计时怎样表现织物的质地是设计成功的关键。在视觉中产生的质感有着十分重要的地位，质感包括织物手感的粗、细、厚、薄、滑、糯、弹、挺等，也包括织物外观的细腻、粗犷、平面感、立体感及光滑、起绉等织纹效应。质感取决于纤维的性质，如蚕丝织物大多柔软、滑爽；麻织物则刚性、粗犷。织物组织的纹路影响织物的质感，提花组织、绉组织立体感强；缎纹组织则光滑感强；起绒、起毛、水洗、仿丝等整理均可改变织物的质感特征。所以质地对服装面料视觉风格也有着极大的影响。

新颖性，人们追求服装材料的新颖性就是不断感觉到社会环境的变化，从而调整其消费观念以适应时代变化的过程。这一特性也表现在服装材料视觉风格的评价中，要求服装材料富于变化、创新等具有时代气息。

(2)立体状态下材料视觉风格的影响因素

服装材料多数是在立体状态下使用的，所以其立体状态下的视觉风格就显得更为实际和重要。对服装材料立体状态下视觉风格的影响因素主要有以下两方面：

悬垂性，服装材料的悬垂性是指在自然垂落的情况下能形成平滑而曲率均匀的曲面的特性。表示指标通常用悬垂系数，悬垂系数越小，材料悬垂性能越好。悬垂系数仅反映材料垂落程度的物理的一面。实际上服装材料的悬垂性还包含在立体状态下所形成曲面的审美的一面，这也正是服装材料视觉风格所反映的内容。

刚柔性，服装材料的刚柔性是指材料的柔软程度。材料的柔软程度除了对材料的手感有影响外，对材料在立体状态下的形状也有较大的影响。它直接影响到材料的造型性或保形性。从物理角度可很好地评价材料的柔软程度，但从视觉风格的角度，服装材料的各种曲面形状对人的心理的影响目前还难以进行测量，也只能用"缺乏身骨、硬挺、呆板"等名词来定性地表示这种感受。

除了以上讨论的影响因素外，服装材料在动态下变化的曲面、跳动的状态也会对材料的视觉风格产生影响，毕竟服装在穿着时都处于动态之中，现在已有这方面的研究报导。

(3)人的主观因素

服装材料的视觉风格是人对材料的视觉感知。除了与材料本身这一客体有关外，与人这一主体也有关系。从专业角度讲，服装材料包括许多专业知识，从各种纤维与纱线的性能，到织物的编织方法、影响织物性能的各种结构参数与各种后整理方法等。专业人士与非专业人士在这方面的知识积累有很大的差距。这种差距主要体现在专业人士对被观察的服装材料的认识更全面、更深刻,也就是处于认识过程的更高级阶段。而非专业人士的认识多处于感知等认识的初级阶段。这种认识水平的差距显然会影响到服装材料的视觉风格的评价,所以一般在评比材料的视觉风格时,多请专家来进行评判。

2.触觉风格(Touch Style)

由人的触觉判断材料性能称作触觉风格,因为多数情况都是用人的手触摸织物进而判断其触觉风格的优劣,触觉风格也被简称为手感,在有些国家(如日本)触觉风格也被简称为风格。过去人们曾经用强力、耐磨性等耐久方面作为评价材料的品质性能,而现在视觉风格、触觉风格、成形性和穿着舒适性被并列为服装面料的主要品质内容,手感已经成为确定面料档次或价位的决定性因素,所以手感评价受到越来越多的重视。

触觉一般是通过手在平行于材料平面方向上的抚摸,垂直于材料平面方向上的按压及握持、抓捏材料获得触觉效果。主要有:

表面特征:光滑、爽洁、滑糯、平挺、粗糙、黏涩;

软硬度:柔软、生硬、软烂、有身骨、板结;

冷暖感:温暖、阴凉;

疏密感:致密、疏松;

体积感:丰满、丰厚、蓬松、轻薄、厚重;

重量感:轻飘、重垂、沉重、轻快;

弹挺性:强性丰富、挺括、柔弹、不板不烂、活络、疲软。

3.听觉风格(Auditory Style)

以人的听觉器官耳朵对织物摩擦、飘动时发出的声响做出评价。不同材料与不同物体摩擦会发出不同声响。在穿着过程中,由于身体运动,衣料会发出声响,当风吹拂时,织物飘动亦有声响。声响有大与小、柔和与刺激、悦耳与烦躁、清亮与沉闷等之分。长丝织物较短纤维织物声响清亮、悦耳,如真丝绸具有悦耳的丝鸣声。相同材料的织物,致密、硬挺、光滑者声响明显。织物声响有时对服装整体起一定的烘托作用。如婚纱、礼服等与灯光、音乐、背景相辉映;帷幕、窗帘、旗帜飘动时,声响效果使环境增添一种流畅感。

二、风格的影响因素

(一)材料

不同的服装材料具有不同的风格特征,同时人们对不同类型材料有不同的风格要求。

1.天然纤维织物风格

棉、麻、丝、毛各类织物及皮革等材料风格分明,各具特色。如毛织物手感柔和、弹性丰富、挺括抗皱,其刚柔性良好、丰满滑糯、不板不烂、呢面匀净、光泽自然而有膘光。毛织物由于类型不同,风格特征也不尽相同,光面精纺毛织物注重表现滑爽、挺括、纹理清晰的特点;毛面精纺毛织物则滑糯、温和、朦胧感强些。粗纺呢面织物丰满平整,质地紧密;绒面织物柔软丰厚,突出绒毛特色。

2.化学纤维织物风格

天然纤维织物的风格多为自然、质朴、单一,而化学纤维织物则表现出复杂、多样的风格特征。如黏胶纤维织物光亮、重垂;涤纶织物硬挺、坚实;腈纶织物丰满、蓬松;锦纶织物暗淡、呆板。一般化纤织物缺乏自然感与柔和感,但通过生产加工可使其表现出短纤维织物、长丝织物或中长纤维织物的各种风格,有温暖柔和,也有光滑凉爽,以及各种中间层次的风格效果。

人们一直希望化学纤维能够完全取代天然纤维,实际上差距较大,主要是纤维的性能与结构的不同。随着化学纤维天然化的深入研究,通过对纤维、纱线、织物和后整理等各项加工进行"仿真"设计,化纤织物可表现出棉型、毛型、麻型、丝型织物及天然皮革的风格特征。从物质属性上讲,化纤织物永远不可能成为真正的天然纤维织物。所谓仿真,实际上只是风格模仿,追求以假乱真的天然效果。仿真丝、仿毛、仿麻织物和仿裘皮、仿革皮是当前最流行的化纤仿真织物。

(二)用途

不同用途的材料对风格特征有不同要求。外衣类材料要有挺括柔弹的毛型感,内衣类材料要有柔软温和的棉型感,夏季衣物应具轻薄光滑的丝绸感或挺爽清凉的麻型感,冬季衣物则应富有丰满蓬松的温暖感。表演装比生活装的面料更注重风格特征,材料的光感、色感、形感和质感甚至声感对表演效果影响重大。

(三)环境

不同地域、气候、环境造就了不同的材料风格。南方的夏季闷热、多雨,"滑、挺、爽"的巴厘纱、柔姿纱、麦司林、涤麻细布带给人清爽舒适之感;北方的冬季寒冷干燥,"丰、柔、糯"的毛面啥味呢、法兰绒、火姆斯本、顺毛大衣呢、裘皮等使人感觉温暖舒适。军队制服以实用为主,对织物的形感与质感不必过分追求,但光感与色感要与作战环境相吻合。

(四)人

对材料风格特征的感受和评价,随人的年龄、性别、个性、爱好、文化、修养、感觉等方面因素而异,并受时间、地区、流行等因素的影响。女性温柔细腻对丝绸的华丽飘逸十分钟爱,对绒毛型、立体浮雕型、色彩变幻型风格的衣料也饶有兴趣。男性刚强豪放,则偏爱精、粗纺呢绒、涤棉、涤麻织物的刚挺庄重风格。即使用同一风格的织物,在不同人的眼里自有不同的描述,这就是人与人的感觉差异所在。当流行粗犷质朴风格的面料时,粗花呢、麻织物、结子纱织物尽显"粗"的味道,缎类、绸类织物则更显"细"的感觉。

三、材料风格的审美特征

材料风格在服装审美意义上的一般特征可以概括为四个方面。

(一)含蓄性

尽管面料与造型、色彩并同构成了服装审美的主体,但是相对于造型、色彩给人以明确的直接的视觉意义而言,面料风格的感觉是较间接的和滞后的。有时它甚至不能凭视觉就能感知,而须与触觉、听觉综合起来才行。

(二)不确定性

服装材料在服装造型上的处理方式是多样的,因而其审美意义也是变幻的。同样的一块丝绸面料,可以处理成高贵的晚装,也可以"做旧"处理成休闲的便装,甚至可以通过抽、剪、磨的方式处理成乞丐服。

（三）抽象性

面料是具体的物质,但在审美经验上却是抽象的。与现代主义的美术思潮相呼应,现代服装的面料的服饰内容以无机的构成因素代替了以往比较写实的图案因素。抽象的点、线、面、体与抽象的色彩与肌理,成为现代服装面料构成的主体。

（四）简约性

简约是 20 世纪以来现代服装设计与审美的重要特征与重要趋势。这在面料上的体现就是其风格越来越趋向于单纯,其与造型的关系越来越趋向于紧密,尽量减少与主题无关的审美内客。

四、材料风格在服装设计中运用方式

材料风格来在服装设计运用方式可以就主动和被动两方面去考虑。

（一）主动

主动就是可以完全不考虑面料因素,使面料风格适应设计。这样做具有冒险性,成功率小,但如处理当则效果也会好。这种方法常常为高级时装设计师所采用。这就牵涉到面料风格的改变。若寻找不到符合设计构思的面料,设计师就会想尽方法采用各种手法来改变面料的风格效应。如利用打褶、镶拼(即不同风格面料的多种组合)等手法,使普通面料亦有非凡的效果,给人以耳目一新之感;如面料的后整理,将改善面料的外观、手感,还能创造出新鲜独特的风格效应,如"桃皮"整理能使生硬刺眼的涤纶织物拥有真丝砂洗织物柔糯、丰满的手感和柔和的光泽,但却比真丝砂洗织物易定型且牢度强;另外褪色、磨毛、水洗、折皱、仿毛、仿丝、仿麻、仿棉、仿皮处理带来面料新风貌,可说是对面料进行再创造,是面料风格的创新,以符合设计者构想的造型效果。

（二）被动

被动是以掌握面料为前提,而根据面料进行构思,这种设计的可行性(成功率)是很高的。一旦设计者必须以面料为制约,主题选择有一定的局限性,对设计者的思想和创新有一定制约作用,因此个性较差。这就要求设计者充分利用现有的面料,使设计能充分体现面料的风格。

由于面料受到技术及制作工艺的限制,并不能完全符合设计者的构想,因此,从原料、纱线、织物再到款式,都融汇了技术性与艺术性的统一因素。设计师将把面料与服装作为一个紧密的整体来认识。设计师对于材料的认识,要具备科学与艺术的双重材料意识。从科学的角度来讲,对于服饰材料的纤维形态、性能分类、成分及面辅料的原料特性、组织结构、染整处理、分类标准、图案、布局等等作系统的、理性的分析。从艺术的角度要强调美学中形式美的基本法则,利用材料的外观色彩、肌理状态、美感的比较、比例配置及应用的可变形式等等来感受、强调、提炼和创造材料的新奇独特的美感。

五、织物材质与服装设计

服装设计不只是在画布上或设计图中表现出服装的效果,而是通过各种不同的服装材料,通过织物组织结构、织物的质感、织物的色感、织物厚薄形式来体现款式造型设计。有人把服装设计喻为衣料的雕塑,服装的外型是用服装材料来体现的,用厚重的布料能产生粗重的线条,轻薄的布料又能流露出轻盈的线条,挺硬或柔软的布料所表现的轮廓线又各不相同。现代的服装越来越注重舒适、美观、实用的原则。以衣料作为素材、人体作为对象的服装设计,必须是设计师能掌握和运用服装材料,才能创造出尽善尽美的作品来。

(一)有光泽的材料

有光泽的布料包括棉织物中的丝光织物、蜡光布,毛织物中的贡缎、驼丝锦,丝织物中的纺、绸、缎等,以及含有金银丝、各类光泽整理的织物。有光泽的布具有反射光线的作用,使体型有膨胀的感觉,且会强调其轮廓线,若胖者或体型瘦弱者穿着,有强调缺点的感觉。其适宜体型窈窕且均匀者穿用。

有光泽的材料在款式上适合于晚礼服、社交服装,在灯光的辉映下更加灿烂夺目,美不胜收。其在造型上要注意运用材料色泽方向来强调外形,同时注意材料的组织结构。

(二)无光泽的材料

无光泽的布有棉织物、丝织物中的绵绸、绉类,或经磨绒等各类后整理织物。无光泽的布,反射光线作用小,吸收光线并使体积有收缩感,轮廓线不明显,适应各种体型。但厚而凹凸的粗织纹料子则有一定的膨胀感,不宜胖人穿用。无光泽布料在服装设计中运用十分广泛,适宜一般生活便装、外套装。各类衣裙适宜用绉组织材料。

(三)挺括的材料

挺括的材料有棉织物中的帆布,麻织物,丝织物中的纺、塔夫,精纺毛织物等,是服装设计中运用最多的材料之一。胖者采用挺括的料子设计合身的款式,有整齐、端庄的高雅感,瘦体型使用挺括的面料以及衬料可增添丰富感,比如胸平而臀大者,用硬质的面料使塌陷部分得以补充,能起到一定的调节作用。挺括的布料在服装设计中,适合用于制服套装、西服等款式,是体现人物身份的重要表现材料之一,同时也是人们服装转向礼仪化的重要标志之一。

(四)厚重材料

厚重材料包括棉织物中的灯芯绒,丝织物中的呢、绒类,毛织物中的粗纺织物,针织物中的双面提花等织物,以及含有填料的织物,具有增大体型的感觉,有良好的保暖作用,适用于冬季、春秋季服装。这类材料在设计造型时要注意运用外型与内结构的统一,必须与面料质地相配合,发挥其材料厚重的特点。运用此类材料时,对于体型肥胖者要慎用,因有夸张之效果,而对于过瘦的体型此厚重料子会产生累赘,并强调其缺点作用,厚重材料宜用于体态匀称者。

(五)悬垂材料

悬垂性的材料有精纺毛织物,丝织物中的纺、绉、绸、缎、绒等,以及化学纤维中的长丝织物等。悬垂性的材料适宜于体型胖及匀称者,不适宜于瘦体型者,因为它有显瘦的效果。悬垂性好的材料宜用于长裙、大衣、风衣、裙套装类服装,给人们舒展、潇洒的感觉。

(六)薄而透明的材料

薄透类衣料具有轻薄、透明、飘逸的材质风格,故作为夏季服装面料的主流。若施以各种织造、印染及后整理加工,可使其更具魅力。以前,薄透类衣料主要用于室内服装中,而作为外出服只限于特殊的社交场合。随着时代的变迁及人们对服装穿着观念的更新,薄透类衣料的用途及设计领域亦不断扩大。

薄而透明的材料有棉织物中的巴厘纱,麻织物中的爽丽纱,丝织物中的纱、罗、绡、雪纺织物,针织物中的蕾丝、网孔织物、花边等,以及经过后整理的烂花织物等等。薄而透明的料子,会表露穿着者的实际体态,在设计时,须考虑在内衣中加衬衣、衬裙,或是加衬里布而制作。服装是社会群体中的一个组成部分,薄而透明的料子在设计时如果不注意内衣或衬里的运用,就会显得不雅和庸俗。体型胖者与过瘦者不宜设计紧身式样,易暴露不足之处。这类材料在设计西方结婚礼服时运用较多,我国传统手工的抽纱绣衣、绣裙也用这类材料。随着化纤的开发和进展,运用尼龙长丝织造的各种薄而透明的织物越来越多地用于生活服装之中,利用这类材料设计更多更美的款式正是现代时装的需求。

第三节　针织服装设计

针织服装设计与机织服装设计虽然在许多方面有异曲同工之处,如关于服装设计基础、造型美的原则、形体和色彩等,但也存在较大的差异,这是因为针织物和机织物的构成方式不同,最大的区别是纱线在织物内的形态不同,在组织结构、外观风格特征、织物性能和服装的设计、制作等方面有所区别。如果服装设计人员不进行针织服装有关内容的研究,在进行针织服装设计和制作过程中一味按机织服装进行,那么不但达不到设计效果,还会产生很多问题。

例如,虽然在样板设计中针织服装和机织服装都应用平面构成和立体构成两种方法,可传统的机织服装从平面的面料到立体的服装,一般要通过收省道或推、归、拔、烫等方法来实现。特别在设计合体服装的时候,由于机织物在伸缩性上较针织物差很多,必须将平面布料依据人体的体面关系,分割成若干裁片,再通过曲线的连接,构成三维的立体空间造型。如果针织服装也照搬上面的方法就有可能破坏面料的肌理效果,有些面料还可造成线圈脱散,而影响服装的外观和牢度,以致形成废品。针织服装设计在这种情况下,应充分考虑其材料中独特的线圈结构,更多地利用针织物性能上相对于机织物具有的独到之处,而在松量的设计及收省、吃纵、褶裥、归拔和衬垫等手段的运用上有所不同,因而它在设计中也有着自己的特点和风格。

一、针织服装的款式造型设计

针织面料因其内部的线圈结构使其具有良好的伸缩性、柔软性、多孔性、防皱性,使得针织物被穿着时没有勒紧的感觉,有些还可以形成符合体形的轮廓,即具有合体性和舒适感。又由于针织物的防皱和多孔松软性质,衣物轻柔便于携带。而且针织面料运用不同的组织可以形成各种肌理效应,平坦的、凹凸的、纵、横条纹、网孔等丰富多彩。服装设计中应突出其面料特有的质感和优良的性能,要采用流畅的线条和简洁的造型来强调针织服装特有的舒适自然性,款式变化不宜太复杂,因为任何过分夸张的设计构思及复杂繁琐的结构手法,不但在以线圈为结构的针织面料上不容易表现,难有出人意料的效果,而且还会喧宾夺主,失去针织面料应有的质感性能优势,所以针织服装的款式造型设计应以简洁、高雅为主格调。同时为了避免和弥补因造型简单而产生的平淡呆板感,设计时可在面料组织、色彩、图案、装饰上多加考虑,力争出奇制胜。

二、针织服装的色彩设计

人们的色彩感觉与商品价值有着密切的直接关系。例如,凡是具有"流行色彩"的漂亮服装,都能以其产生的美感魅力对消费者增加吸引力和说服力,调动消费者的购买欲望。从这一点可见"流行色彩"运用得当能转化为经济价值。我们可以从目前市场销售中看到,那种不符合人们需求的过时色彩,即便在销售价格上折了又折,也难以引起消费者的兴趣。针织服装的一个主要优点是柔软舒适,随意自然。但必须强调服装的实用效果与艺术效果的统一,增强针织服装的外观舒适性和艺术性。除了注意应用"流行色彩"外,针织服装因织物线圈的肌理效应,可以进行服装色彩的组合设计,或是大块色面的分割使之强烈醒目,或使色彩协调自然(如浅粉、淡绿的分割,或一种颜色由浅到深的过渡——如绿三色等),也可小处色彩对比,使之具有浪漫趣味。

另外,色彩设计与服装的服用机能的结合也不可忽视。如体育运动服常用强烈饱和的对比色,以达到相互衬托、易于辨认的目的。其中体操、跳水等运动员还要求轻盈绚丽的配色,并十分注意运用色彩的扩张感和收缩感来体现运动员的身体,使艺术造型更加完美。使服装的实用效果与艺术效果得到更好的体现,满足人们生理上和心理上的舒适感。家居服中,因居室是休息的场所,它所需要的应是柔和色调,所以服装的色彩和线条也要相应的柔和。总之,只有使服装色彩和人的活动整体协调,才能增强服装的舒适性,吸引消费者,提高服装的使用价值和经济价值。

三、针织服装设计中的面料选择

首先面料的选择应根据不同的服装种类,选择不同原料和组织的针织物以体现款式的特点。如普通内衣应选择吸汗、透湿,柔软舒适的天然纤维纱线编织的平针组织或罗纹组织针织面料;装饰内衣除要选择舒适面料,更重要的是考虑面料的审美特征,如花边或经编衬纬花色组织的织物;制作外衣,就应选择尺寸稳定性好,比较挺括的经、纬编提花织物或复合织物等。此外还可以开展各种不同质地和风格的针织或其他面料的混合设计,满足消费者个性化的需要。

实际上,针织面料可以应用形形色色的纱线在各种不同的针织设备上编织,可以采用各种不同的组织结构,并可以进行多种多样的后整理,所以能形成多种多样的肌理效应,如平坦的、凹凸的、网孔的、波纹的、轧花的、彩色的,具有闪光感的、丝绒感的、呢绒感的,仿麂皮、皮革的,厚重的、轻薄的,等等,可谓丰富多彩、变化万千,再加上面料本身的舒适性,如果把这些与要表现的服装时尚结合在一起,必定能增添针织服装的艺术魅力。

四、针织服装设计中应充分利用面料的特性

(一)利用针织物的伸缩特性

针织面料因其良好的伸缩性,在样板设计时还可最大限度地减少为造型而设计的接缝、收褶、拼接等,而且一般也不宜运用推归、拔烫的技巧造型,可以利用面料本身的弹性或适当运用褶皱手法的处理来适合人体曲线。那么面料伸缩性的大小就成为在样板设计制作时的

一个重要的依据。机织服装的样板最终与包裹人体所需要的面积相比一般都大一些,即相对于人体有一定的松量。而针织服装根据采用的面料结构的不同,若弹性特别大的面料(与采用的纱线和组织结构有关)设计样板时不但不留松量,它的样板尺寸既可以和人的围度尺寸相同,也可以考虑弹性系数而缩小其尺寸。

(二)利用针织物的卷边性

针织物的卷边性是由于织物边缘线圈内应力的消失而造成的边缘织物包卷现象。卷边性是针织物的不足之处。它可以造成衣片的接缝处不平整或服装边缘的尺寸变化,最终影响到服装的整体造型效果和服装的规格尺寸。但并不是所有的针织物都具有卷边性,而是如纬平针织物等个别组织结构的织物才有,对于这种织物,在样板设计时可以通过加放尺寸进行挽边、镶接罗纹或滚边及在服装边缘部位镶嵌黏合衬条的办法解决。有些针织物的卷边性在织物进行后整理的过程中已经消除,避免了样板设计时的麻烦。需要指出的是,很多聪明的设计师,在了解面料性能的基础上可以反弊为利。他们利用织物的卷边性,将其设计在样板的领口、袖口处,从而使服装得到特殊的外观风格,令人耳目一新。特别是在成型服装的编织中,还可以利用其卷边性来形成独特的花纹或分割线。

(三)注意针织物的脱散性

针织面料在风格和特性上与机织面料不同,其服装的风格不但要强调发挥面料的优点更要克服其缺点。由于个别针织面料具有脱散性,样板设计与制作时要注意有些针织面料不要运用太多的夸张手法,尽可能不设计省道、切割线,拼接缝也不宜过多,以防止发生针织线圈的脱散而影响服装的服用性,应运用简洁柔和的线条与针织品的柔软适体风格协调一致。

(四)注意针织物的保型性

尺寸不稳定是某些针织物的缺点。它除了与织物的组织结构、织物密度有关外,还与使用原料的性质有关。如棉针织面料有较大的收缩率,纵、横向都有,其收缩时间也很长。所以设计样板时要考虑适当增加一定的回缩率来避免这一缺点对服装规格的影响。此外,针织服装的袖笼吃纵量不宜过多,袖山处需用嵌条来增加袖子的立体感、尺寸稳定和牢度。

五、针织服装设计中应适当运用装饰手段

针织服装设计中装饰手段的运用也很重要。可以将镶嵌贴滚的工艺手段运用于针织服装的裁片接缝处,如领口、袖口、裤口、下摆、门襟等边缘处来增加装饰效果;可以用水钻、珠片等小的装饰品对简洁的针织服装进行增色。如在素色的针织服装上加一条装饰拉链,这条拉链不仅起到连接衣片的作用,更对服装起到画龙点睛的效果。

应用印、织或刺绣各种图案与字母的面料,尤其是应用形象简洁、节奏明快的几何条型图纹面料进行灵活接拼搭配,也形成一种装饰手段,可以使服装别具一格、典雅高贵。

六、针织服装设计中应考虑运用针织良好的生产性和成形性

针织物因其良好的生产性,可以在不同的针织机上,通过工艺变化生产各式各样组织的面料。机织面料上的竖条花纹织物可以被设计人员设计成拼接的波浪型,而在针织服装上可以选用波纹组织的面料来表现同样的外观效果。这样既可以丰富面料的外观又可以节省

多道工序,从而提高工作效率。

针织独有的成形性是针织服装的一个很大的优势。它是利用针织机在编织的过程中通过改变针床的针数来改变织物的幅宽,也可以利用密度的调节和织物组织的变化来实现造型,节省机织服装运用切割线或省道造型的复杂工艺。这些都可以在工艺上减少裁剪和缝制的细节,从而减少加工工序,节省制作时间和原材料,最终降低成本,提高经济效益。

针织具有的成形性还使其产品的满足性比机织物强,如一些特殊的板型,像帽子、袜子、柔软舒适的内衣,以及在工业、农业、医疗卫生、国防等方面的功能服装及用品,针织都能够很容易成型,而机织物在这方面则要麻烦得多。特别是随着新材料的出现、编织技术的发展,成型服装变化手段的增多,针织成型服装可以在款式、色彩、原料上流行变化快,能使紧随流行进行产品更新变得简单快捷,这就赋予针织成型服装以极强的时代感和生命力,而在国际市场上针织成型服装已成为服装中经久不衰、附加值较高的品种之一。针织成型服装的这种优越性是机织服装无法比拟的。

由此可见,针织面料与服装设计关系密切,设计中必须重视针织面料对服装设计的影响,只有在保证对针织面料性能的扬长避短的情况下,才能使服装设计充分表现设计者的设计构思。这里一定要注意根据其面料的优缺点来运用各种设计手段和根据不同的服装种类选用不同的针织面料。如汗布质地轻盈,具有吸汗、透气、滑爽的性能,适宜设计成各种直线型T恤,若在领、袖、兜、襟等部位通过色彩或质料加以变化,则更显新颖别致,穿着轻松自如,能适应多种场合。而针织绒布和棉毛布的质地柔软,富有弹性,可设计成简洁的运动便装型,再采用镶嵌拼接等工艺,便能体现这类服装在造型、色彩、比例及线条上的节奏感,具有潇洒精干的服用效果。针织毛衫质感丰糯轻柔,伸缩性较大,显得轻松自然、舒适随意、富有个性,可在服装上作些色彩和图案的精美设计或在领、袖等局部进行变化,时代感和高品味便会油然而生。当然若忽视针织面料的特性,单纯追求复杂的结构造型,势必事与愿违,使实际服用效果和设计之间出现很大偏差。所以针织服装设计的重点在于把握面料的性能,根据面料的特点做出款式、结构、工艺的设计选择。

第四节　毛皮和皮革材料服装设计

一、毛皮和皮革服装设计特点

从远古到现在,皮草一直深受人们的喜爱。现在的皮草已经从保暖的单一功能转变为彰显个性的高档面料,除服装、包、袋、鞋、帽外普及到生活用品、家居用品等更多的领域。皮草已不再是人们头脑中的臃肿形象,时尚的皮草可采用较薄的毛皮,如貂皮、海狮皮等。这些皮毛轻薄柔软,甚至有绸缎的感觉;这些皮草设计简洁、流畅,一些服装甚至将扣子省略了。此外还流行将毛皮的革面进行特别处理,营造出原始感、陈旧感。随着现代人的审美观念不断提高,皮草服饰时装化、个性化的发展,已打破以往一成不变的风格,开始与羊绒、鳄鱼皮、蛇皮、丝绸等其他高档面料相结合,辅以丰富的色彩,给人以强烈的视觉冲击力。

很多服装设计师和品牌都喜欢选用皮草作原料或者装饰,就是因为皮草本身既是一种昂贵的原料,也是一种高级的面料,所以设计时要根据材料的特点以及市场的需要来进行。

皮革服装在设计原理上和普通服装没有什么特别区别,属于服装中的一种,只是由于材料的不同而导致设计的形式、风格及表现手法不同。因此皮革服装要根据材料的特点进行设计。

(1)毛皮和皮革材料来源于动物身体,动物的体型大小、形状以及动物皮毛的色泽、粗细、厚薄等均不尽相同,每张皮也就不一样,不像普通服装面料那样具有长、宽、色泽、粗细等基本一致性,因此在裁制时,不能像普通面料那样多叠层的裁剪,必须经过合理的挑选分配,裁制成一件件服装。

(2)每张原皮的质量、形状均不等,在裁剪时只能一块块取料,同时在排料时要尽可能避开并合理地利用原皮上的伤残,提高皮革的使用率,这是皮革材料不同于其他材料的关键地方。

(3)每张原皮各个部位的质量不等,有时差别较为明显,故选材料时要根据服装的主次部分选配皮张相应的主次部位,这是皮革服装质量好坏的关键。

(4)在裁剪时,必须先制作每一块样板,任何小的分割都要有。根据纸样在皮张上一块块取样,裁剪过程比普通面料复杂得多。

(5)毛皮和皮革服装的设计不像普通服装那样自由,任意表现设计意图,设计的选型、风格、结构等必须根据皮张的形状、大小、外观肌理、材料质感来确定。有的皮张开张很小,制成服装后分割线较多,这就需要分割既合理又充分地表达艺术的美感,克服皮革原材料的局限性,巧妙使用分割,使款式增加新意,变被动为主动。这需要设计师具备一定的经验和较深的艺术造诣。

(6)毛皮和皮革服装因材料特殊,制作工艺也有不同于普通服装的技巧和方法。这些工艺上处理的不同决定了皮革服装特有的风格。

(7)毛皮和皮革服装属于高档服装,在款式设计及工艺制作上,都要考虑使其流行的时间长一些,工艺制作精致讲究一些,让皮革服装从质上真正达到高水平。

(8)毛皮和皮革服装与普通服装相比,流行的频率变化相对要慢一些,在设计时,要掌握服装流行的动态趋势,以把握皮服流行的分寸感。

(9)毛皮和皮革服装因材料厚而柔软,是冬季理想的外用服装。

(10)因毛皮表面有很长的动物毛,任何分割区的拼接线都会被掩盖,故可以利用多种拼接使之表面花纹更理想。

二、毛皮和皮革材料的服装设计

材料是构成服装的基本要素之一,要充分了解材料的性能特点以及风格,根据材料进行设计是皮革服设计的重要前提。毛皮和皮革材料的设计主要规律是利用材料的天然肌理效果,充分理解和把握材料的美,进行科学的造型和设计,并进行科学有序的搭配和组构。

(一)毛皮和皮革的造型设计方法

在毛皮的造型中,常采用以下方法进行艺术处理:

○ 抽刀法

抽刀法是将皮板对角线切割成若干长条,然后错开一定的量进行重新缝合,其主要的作用是可以将毛皮伸展到所需的长度,使裘皮的结构和造型更加优雅、柔顺和修长。

○ 间皮法

间皮法是在毛皮与毛皮之间嵌上其他皮革。这种方法既可以节省材料,减轻裘皮的重量,又不影响毛皮的自然形态,使裘皮的外观呈现出一种起伏凹凸的律动感。

○ 原只切割法

这种方法是根据裘皮的造型和结构的设计需要,将不同规格的毛皮整整齐齐地切割成不同大小或不同形状,然后直接缝合成型。原只切割法工艺比较简单,是裘皮造型结构最基础的处理手法。

○ 拼接法

拼接法是将毛皮按设计构想切割成各种花纹图案,然后与另外的毛皮相拼接,其装饰手段如同玻璃镶嵌般绚丽多彩,是一般印花或补花效果所无法相比的。这种方法一般选用同类色或邻近色的两种同质的毛皮,既有丰富的视觉效果,又能形成统一感。

○ 裁编法

将毛皮裁成条状,后编成各种边饰或花纹,装饰在裘皮的下摆、袖口、领子等部位,以丰富和强化裘皮的造型风格。

(二)毛皮和皮革的搭配设计

目前,皮革服装设计不仅注重款式的设计,同时也注重材料本身的设计,这就牵涉到材料的肌理、材料的不同工艺处理以及材质的搭配。皮革服装的材料主要以皮革为主料,以普通面料为辅料搭配。皮服材料的搭配分以下几种情况:

1. 同种材料因鞣制工艺不同而出现材料肌理的变化

利用这种肌理差异搭配形成浑然一体、复杂、深沉、含蓄、自由多变的风格,这种风格正符合当前服装的多元化、多样化的发展,如牛皮正面革与牛皮反绒革或牛皮正绒革与牛皮正面革、牛皮轻磨革、牛皮磨砂革相配,猪皮正面革与猪皮反绒革、猪皮压花印花革与猪皮正面革相搭配。同种材料之间的搭配一般容易统一,可利用不同的色泽、色彩以及外表的肌理做不同的变化搭配,比如亮光皮与乌光皮配,表面凹凸不平的皮与光洁的皮相配,不同色彩的深浅、色相的变化配制都能丰富皮革服装的外观,表现错综复杂、新奇的感情。

2. 不同材料的互相搭配

近年来皮草时装或皮草与其他面料混合设计的服装系列都朝着皮草与时装融为一体的方向发展,设计师利用材料的不同特点风格进行搭配,主要形式有:

○ 皮革与针织面料

针织面料特有的舒适、粗犷、随意的风格与皮革搭配后更显出皮革服装的潇洒、休闲的风格。

○ 皮革与普通面料

皮革与普通面料的搭配常见有与毛呢类、粗仿类,配制后增强了皮革服装厚重、温暖的感觉。搭配部分一般在肩部、袖部、前胸等处。

○ 皮革与毛皮

与毛皮搭配常见有蓝狐、水貂、羊羔毛等,使皮革服装更具雍容华贵的风格,是众多人追求高贵品位的高档服装,更是社会整体经济水平提高的反映。搭配的部位一般在领子、袖口、下摆、门襟,以及其他部分。总的来讲,不同材料的配制要注意材料之间的风格通融性,色彩互为统一,厚度接近一致,在搭配的过程中,还要注意搭配面积的大小、部位,要有一个主体材料,其余为辅料,作为陪衬或点缀,做到整体协调,并在搭配设计中要有新意。

思考题

1. 服装材料的服用性能有哪些?
2. 服装材料的风格包括什么内容? 影响风格的因素有哪些?
3. 针织面料服装设计要注意哪些内容?
4. 毛皮和皮革的搭配设计要注意哪些?

第八章　服装面辅料的采购

在服装行业,服装面辅料的采购是整个生产过程中的重要环节之一,除了控制成本外,采购的原料将直接影响服装成品的品质,影响产品的市场销售及企业品牌效益,故大型、高级服装生产企业相当重视服装面辅料的采购工作。随着我国服装出口贸易增加以及内销形势继续向好,对服装面辅料采购员的市场需求必然大增。服装面辅料采购员承担着采购的计划与需求确认、供应商的选择与管理、采购数量的控制、采购品质的控制、采购价格的控制、交货期的控制、采购成本的控制、采购合同的管理、采购记录的管理等方面的职责。

由于服装面辅料采购专业特性比较强,没有长时间的专业知识积累会难于胜任工作,所以在该职位招聘信息中,所有的企业对求职者都提出了"专业对口"的要求。相当的工作经验决定了熟悉面料、辅料质量及市场价格的程度,在大型、高级服装生产企业,对工作经验的要求被提高到了3~5年。求职者拥有的供应商网络则是企业较为看重的资源,能提供质优价廉的原料,且供货稳定的供应商,对企业的品牌建设和赢利增长起着关键性作用,皆于此,供应商网络资源能弥补一定专业知识及工作经验上的不足。除此之外,一定的审美素养,深谙品牌的理念,了解目标消费群的特点,也是成功的必要因素。

服装面辅料采购的职位晋升通道为:面料辅料采购员-面料辅料采购主管-面料辅料采购经理。要能够在这个岗位上有更好地发展机会,应该具备以下四个方面的品质:

1. 良好的品德

在采购过程中往往会有供货商提出给采购人员好处,合谋签订高单价的采购定单。而高价的原料会增加产品的生产成本,造成企业资产损失,失去行业竞争力,并最终导致企业的灭亡。因此,企业最忌讳"坑公司,肥自己"的行为。采购人员良好的职业操守已成为被录用和提拔的基本评定标准。

2. 较佳的判断力

为了节约时间,并保证货源的质量,一般采用定点供货。除此之外,选择供货商还应考虑原材料成本及物流成本。根据这些条件的综合考虑,判断出性价比最高且货源稳定的供货商,并使其作为供货网络中的一部分。此外,正确判断设计师的创作意图和每季流行趋势,才能采购到符合品牌设计要求的面料。

3. 良好的谈判技巧

谈判仅在为降低采购成本。目前大部分企业都对常用物品制订了采购单价,要求采购员在设定的价格内签订合同,且保证货源质量。通常这些价格没有很大的向下浮动空间甚至低于市场价格。此时,要完成任务必须精于谈判技术。

4. 较高等的信誉度

企业为防止流动资金周转不畅,通常与供货商实行月结或更长的结算方式,这就是说,采购人员必须用个人信誉去换取实质的物资。在企业面临现金流危机的时候,良好的信誉度甚至可能帮助企业度过困难。

服装面辅料的采购流程一般包括以下四个节点:

1. 接单

这是采购的前提条件。公司业务员(包括外销和内销)根据客户定单提供给采购部打样单或者备料单,这相当于接单,而采购部的客户则是公司的业务处。打样单或者备料单上业务应该注明相关要求,比如客户订单数量,单件成衣所需物料以耗料,物料品质及工艺,备料完成时间等。采购员如有不明白之处应在打样单或者备料单到采购部的当天及时告知此跟单的业务员。

2. 排单

服装面辅料采购员从业务处接到打样单或者备料单,便要开始排单。排单应该可以说是采购计划的第一步,能够把备料单理清楚,既能缩短采购时间,也可减少成本,达到事半功倍的效果。有的时候从业务处来的备料单不是一张两张,而是很多张,这就须在时间上给这些单子进行排期,遵循急单优先的原则,先排货期紧的单子。另外,工艺流程繁杂,供应期长的物料也应先安排采购。同时,如果来的备料单中,多张单需用同一种物料,要考虑一并采购。这首先在数量上有优势,可以要求供应商相应地降低些单价,这对于公司而言可以降低成本。另外,排单中还要优先考虑到清理仓库的库存物料,减少不必要的重复采购工作。

3. 下订单

下订单所指对象是供应商。排好单后便可依照排单时做的采购计划着手备料。服装面辅料采购这个动作分为开采和购买。业务处来的打样单中常会有些之前从未用到过的新面辅料,这就需要开采。而另外一些可能是每年所有打样过的产品,有相关的物料卡存档资料。下订单的时候,可以根据这些现有的资料并对照仓库的库存料来按备料单所需的数量以及时间进行订货。

订货的时候选择供应商也是非常重要的。这就需要在下订单前对现有的供应商进行评估,有必要也需要开发更多的新的供应商。选择好的供应商能有助于更好地开展日后的采购工作。而从价格、质量、交货时间/方式/地点/付款方式、服务质量等多方面比较中选择合适的供应商,是采购人员应具有的能力。本着以质优价廉的理念,选择到合适的供应商后,便可与供应商立《购销合同》,也称为下订单。

《购销合同》中除了应该写清楚所订物料的规格、数量、颜色、单价(明确是否含税)、总金额等外,还须注明品质要求、交货时间、交货方式、付款地点和付款方式,以及履行不了合约时双方所承担的责任等诸多细节问题。总之,车间大货生产之前,所有的物料都应在供应商处有安排生产,大货生产时务必所有需用的物料都要入库(包装材料纸箱、胶袋可缓些)。

4. 跟单

指的是与供应商签订好《购销合同》后,在规定交货时间内,跟踪物料的生产进展情况。对于不按时生产和交货的供应商,要直接找供应商负责人,要求按期生产,不然则有必要换供应商。这种情况大都在采购作业中会有碰到,所以这就要求先前公司找供应商不局限于一家,毕竟东边不亮西边亮,找多家供应商对公司有益无害,也可给供应商造成竞争的压力。

供应商有安排物料生产的过程中,有必要去到供应商生产车间,紧盯质量。跟单这一环节中,如果保证了大货物料的质量,可避免不少公司日后大货生产中可能会出现的一些问题,如因物料的质量不过关而换物料,耽误时间进而延误出货时间等。所以跟单中既要要求供应商时间上能按时,更要要求供应商质量上一定不出差错。

完成了以上四个重要流程后,大货所需物料就回到仓库,服装面辅料采购应协同进料检验 QC 进行全部产品的验货工作,并在备料单上做好相关记录,待所有料都完成,才算此订单结束。另外,采购还要做的是在每次打样单完成后做好相关物料卡,以便日后大货的有序进行,同样地,在大货备料单完成后做相关的物料卡存档工作,以便日后翻单。

第一节　寻找采购渠道

一、网络

(一)通过搜索引擎搜索

通过 Google、Baidu 等有名的搜索引擎找到合适的供应商。如英文形式采用 products name +importer,distributor,buyer,company,wholesaler,retailer,supplier,vendor 等及其复数形式;中文形式可采用产品名称+公司,供应,批发,采购,生产等。

(二)通过访问 B2B 网站获取

B2B 是指进行电子商务交易的供需双方都是商家(或企业、公司),她(他)们使用 Internet 的技术或各种商务网络平台,完成商务交易的过程,使企业之间的交易减少许多事务性的工作流程和管理费用,降低了企业经营成本。网络的便利及延伸性使企业扩大了活动范围,企业发展跨地区、跨国界更方便,成本更低廉。下面三个是知名度较高的服装面辅料 B2B 网站:

1. 网上轻纺城

网址是 http://www.qfc.cn/。它是绍兴市政府在"十二五"期间,投入 20 亿元,打造的轻纺产品、原料、辅料等纺织产品线上交易平台,是中国服装纺织行业专业的网上纺织品交易市场。

2. 阿里巴巴

网址是 http://www.1688.com/。它是全球企业间(B2B)电子商务的著名品牌,为数千万网商提供海量商机信息和便捷安全的在线交易市场,也是商人们以商会友、真实互动的社区平台。

3. 中国纺织交易网

网址是 http://www.tex86.cn/。它是全球企业间(B2B)电子商务的平台,汇集大量供求信息。中国纺织交易网是全球领先的网上交易市场和商人社区。

(三)访问有名的论坛

福步论坛(FOB Business Forum)、阿里巴巴商人论坛、跨国外贸论坛、全球纺织论坛。在这些论坛中,你可以和大家讨论,帮助他人,或者请求别人帮助。比如在福步论坛,你可以发求助贴,如选择一个清楚的标题,直接的方式提问,这样别人看了标题就知道是否能帮你。遇到问题可以求助百度知道,也可以在百度知道帮助他人。如果在阿里巴巴论坛,你最好使用阿里帮帮提问。因为这样你能得到更多的关注。你问问题的时候需要付出财富值,回答问题正确的可以获得财富值。

二、参加展览会

参加展览会是迄今为止最有效的出口营销和采购方法,效果因参展人员的策划能力和经验的不同而异。对于销售方来说,参加展览会能帮助企业迅速打开市场,帮助企业迅速了解行业市场的动态,帮助企业在较短时间内树立在行业内的影响力。对于采购方来说,具有效率高、针对性强等优势,能很快帮助采购方找到合适的供应商。一般来说,优先选择参加国内外著名行业展览和综合展览,首要考虑是否与我们的目标市场相一致,要么举办国是我们的目标市场,同时该展是该国行业内最专业的展览;要么展览的行业影响力、国际性很强。

（一）国外较具影响力的展览会

(1)俄罗斯国际轻工纺织展览会

(2)乌克兰基辅国际服装轻纺博览会

(3)俄罗斯国际儿童时尚服装博览会

(4)法国国际面料展览会(TEXWORLD)

(5)英国伦敦(春季)服装服饰展览会

(6)意大利米兰国际成衣加工展、米兰国际纺织面料展

(7)德国慕尼黑国际纺织面料展

(8)波兰波兹南国际服装轻纺博览会

(9)韩国大邱/首尔国际纺织展览会

(10)香港国际成衣及时装材料展

(11)日本中国纺织成衣展

(12)印度班加罗尔国际纺织面辅料展

(13)斯里兰卡面料展览会

(14)土耳其国际纱线展

(15)孟加拉达卡国际面料博览会

(16)越南胡志明/河内国际纺织及服装面辅料展

(17)印尼雅加达国际纺织面料及纱线展览会

(18)柬埔寨国际纺织及制衣工业博览会

(19)东盟国际纺织及服装面辅料博览会

(20)缅甸仰光布料及制衣工业展览会

(21)巴西国际纺织机械及面辅料博览会

(22)秘鲁国际纺织及服装工业展

(23)阿根廷国际纺织品服装家纺展览会

(24)墨西哥国际服装、面料、辅料展

(25)美国纽约国际服装面料及辅料博览会

(26)美国拉斯维加斯国际服装服饰及面料博览会

(27)澳大利亚"中国纺织服装展"

(28)南非开普敦国际纺织面料及鞋类博览会

(29)埃及开罗纺织展

(30)迪拜服装、纺织、鞋类及皮革制品博览会

(二)国内较具影响力的展览会

(1)中国国际纺织面料及辅料博览会

(2)国际面辅料纱线展览会：北京、广州、大连、深圳、宁波等区域

(3)服装节：大连、宁波等

三、厂家直接采购

从 2002 年开始，历经八年，由中国纺织工业联合会与纺织产业集群地区共同进行的纺织产业集群化发展试点工作，收到很好的效果。截止到目前为止，协会公布了全国纺织产业集群 175 个试点地区名单及授予的相应称号，在这些地方，采购商可以直接从生产厂家采购。

(一)中国纺织产业基地市(县)

辽宁省海城市

江苏省常熟市

江苏省江阴市

江苏省张家港市

江苏省海门市

江苏省通州市

江苏省睢宁县

浙江省海宁市

浙江省绍兴市

浙江省杭州市萧山区

浙江省桐乡市

浙江省兰溪市

安徽省望江县

安徽省宿松县

福建省晋江市

福建省长乐市

福建省永安市

江西省宜春市奉新县

山东省昌邑市

山东省淄博市周村区

山东省滨州市

河南郑州市中原区

广东省东莞市

广东省开平市

广东省中山市

广东省普宁市

广东省佛山市高明区

陕西省西安市灞桥区

（二）纺织产业特色名城

河北省清河县　中国羊绒纺织名城

河北省南宫市　中国羊剪绒·毛毡名城

河北省容城县　中国男装名城

河北省磁县　中国童装加工名城

河北省宁晋县　中国休闲服装名城

河北省高阳县　中国毛巾·毛毯名城

山西省晋中市（榆次）　中国纺织机械名城

辽宁省康平县　中国针织塑编名城

辽宁省兴城市　中国泳装名城

吉林省辽源市　中国袜业名城

黑龙江省兰西县　中国亚麻纺编织名城

江苏省常熟市　中国休闲服装名城

江苏省通州市　中国家纺名城

江苏省金坛市　中国出口服装制造名城

江苏省高邮市　中国羽绒服装制造名城

浙江省海宁市　中国经编名城

浙江省杭州市余杭区　中国布艺名城

浙江省乐清市　中国休闲服装名城

浙江省平湖市　中国出口服装制造名城

浙江省瑞安市　中国男装名城　　中国针织名城

浙江省嵊州市　中国领带名城

浙江省义乌市　中国针织（袜业、无缝内衣、线带、手套）名城

浙江省天台县　中国过滤布名城

浙江省象山县　中国针织名城

浙江省浦江县　中国绗缝家纺名城

浙江省慈溪市　中国毛绒名城

安徽省岳西县　中国手工家纺名城

福建省石狮市　中国休闲服装名城

福建省泉州市丰泽区　中国童装名城

福建省尤溪县　中国革基布名城

江西省共青城　中国羽绒服装名城

江西省南昌市青山湖区　中国针织服装名城

山东省即墨市　中国针织名城

山东省海阳市　中国毛衫名城

山东省诸城市　中国男装名城

山东省文登市　中国工艺家纺名城

山东省淄博市高青县　中国棉纺织名城

山东省邹平县　中国棉纺织名城

山东省郯城县　中国男装加工名城

山东省高密市　中国家纺名城

山东省夏津县　中国棉纺织名城

山东省嘉祥县　中国手套名城

山东省临清市　中国棉纺织名城　中国蜡染名城

山东省禹城市　中国半精纺毛纱名城

山东枣庄市市中区　中国针织文化衫名城

山东省广饶县　中国棉纺织名城

河南省安阳市　中国针织服装名城

河南省郑州市二七区　中国女裤名城　中国服装商贸名城

湖北省襄樊市樊城区　中国织造名城

湖南省益阳市　中国麻业名城

湖南省株洲市芦淞区　中国服装商贸名城　中国女裤名城

广东省广州市越秀区　中国服装商贸名城

广东省潮州市　中国婚纱晚礼服名城

广东省汕头市澄海区　中国工艺毛衫名城

广东省惠州市惠城区　中国男装名城

广东省江门市新会区　中国化纤产业名城

青海省西宁市　中国藏毯之都

宁夏回族自治区灵武市　中国精品羊绒产业名城

新疆维吾尔族自治区和田市　中国手工羊毛地毯名城

新疆维吾尔族自治区石河子市　中国棉纺织名城

（三）纺织产业特色名镇

辽宁省海城市西柳镇　中国裤业名镇

江苏省常熟市海虞镇　中国休闲服装名镇

江苏省常熟市支塘镇　中国非织造布及设备名镇

江苏省常熟市碧溪街道　中国毛衫名镇

江苏省常熟市沙家浜镇　中国休闲服装名镇

江苏省常熟市辛庄镇　中国针织服装名镇

江苏省常熟市古里镇　中国羽绒服装名镇　中国针织名镇

江苏省常熟市虞山镇　中国防寒服·家纺名镇

江苏省常熟市梅李镇　中国经编名镇
江苏省宜兴市西渚镇　中国亚麻纺织名镇
江苏省宜兴市新建镇　中国化纤纺织名镇
江苏省江阴市祝塘镇　中国针织服装名镇
江苏省江阴市周庄镇　中国化纤名镇　中国棉纺织名镇
江苏省江阴市顾山镇　中国针织服装名镇
江苏省张家港市金港镇　中国氨纶纱名镇
江苏省张家港市塘桥镇　中国棉纺织·毛衫名镇
江苏省海门市三星镇　中国家纺名镇
江苏省太仓市璜泾镇　中国化纤加弹名镇
江苏省通州市川姜镇　中国家纺名镇
江苏省通州市先锋镇　中国色织名镇
江苏省常州市湖塘镇　中国织造名镇
江苏省吴江市盛泽镇　中国丝绸名镇
江苏省吴江市横扇镇　中国毛衫名镇
江苏省吴江市震泽镇　中国亚麻名镇　中国蚕丝被家纺名镇
江苏省吴江市桃源镇　中国出口服装制造名镇
江苏省泰兴市黄桥镇　中国牛仔布名镇
江苏省阜宁市阜城镇　中国环保滤料名镇
江苏省丹阳市导墅镇　中国家纺名镇
江苏省丹阳市皇塘镇　中国家纺名镇
浙江省海宁市许村镇　中国布艺名镇
浙江省海宁市马桥镇　中国经编名镇
浙江省绍兴县杨汛桥镇　中国窗帘窗纱名镇
浙江省绍兴县马鞍镇　中国化纤名镇
浙江省绍兴县漓诸镇　中国针织名镇
浙江省绍兴县夏履镇　中国非织造布名镇
浙江省绍兴县钱清镇　中国轻纺原料市场名镇
浙江省绍兴县兰亭镇　中国针织名镇
浙江省绍兴县齐贤镇　中国纺织机械名镇
浙江省杭州市萧山区衙前镇　中国化纤名镇
浙江省杭州萧山区党山镇　中国化纤织造名镇
浙江省杭州市萧山区新塘街道　中国羽绒家纺名镇
浙江省诸暨市大唐镇　中国袜子名镇
浙江省诸暨市枫桥镇　中国衬衫名镇
浙江省桐乡市濮院镇　中国羊毛衫名镇
浙江省桐乡市洲泉镇　中国化纤名镇　中国蚕丝被名镇
浙江省桐乡市大麻镇　中国家纺布艺名镇

浙江省桐乡市屠甸镇　中国植绒纺织名镇

浙江省桐乡市河山镇　中国绢纺织名镇

浙江省嘉兴市油车港镇　中国静电植绒名镇

浙江省嘉兴市秀州区王江泾镇　中国织造名镇

浙江省嘉兴市秀州区镇洪合镇　中国毛衫名镇

浙江湖州市织里镇　中国童装名镇　中国品牌羊绒服装名镇

浙江省桐庐县横村镇　中国针织名镇

浙江省建德市乾潭镇　中国家纺寝具名镇

浙江省嘉善县天凝镇　中国静电植绒名镇

安徽省芜湖市繁昌县孙村镇　中国出口服装制造名镇

福建省石狮市蚶江镇　中国裤业名镇

福建省石狮市灵秀镇　中国运动休闲服装名镇

福建省石狮市宝盖镇　中国服装辅料服饰名镇

福建省石狮市凤里街道　中国童装名镇

福建省石狮市鸿山镇　中国休闲面料名镇

福建省晋江市深沪镇　中国内衣名镇

福建省晋江市英林镇　中国休闲服装名镇

福建省晋江市龙湖镇　中国织造名镇

福建省长乐市金峰镇　中国经编名镇

福建省长乐市松下镇　中国花边名镇

山东省胶南市王台镇　中国纺织机械名镇

山东省平邑县仲村镇　中国劳保手套名镇

湖北省仙桃市彭场镇　中国非织造布制品名镇

湖北省汉川市马口镇　中国制线名镇

广东省东莞市大朗镇　中国羊毛衫名镇

广东省东莞市虎门镇　中国女装名镇

广东省东莞市茶山镇　中国品牌服装制造名镇

广东省开平市三埠街道　中国牛仔服装名镇

广东省中山市沙溪镇　中国休闲服装名镇

广东省中山市大涌镇　中国牛仔服装名镇

广东省中山市小榄镇　中国内衣名镇

广东省普宁市流沙东街道　中国内衣名镇

广东省增城市新塘镇　中国牛仔服装名镇

广东省佛山市南海区西樵镇　中国面料名镇

广东省佛山市南海区大沥镇　中国内衣名镇

广东省佛山市禅城区张槎街道　中国针织名镇

广东省佛山市顺德区均安镇　中国牛仔服装名镇

广东省佛山市禅城区祖庙街道　中国童装名镇

　　广东省汕头市潮阳区谷饶镇　中国针织内衣名镇

　　广东省汕头市潮南区峡山街道　中国家居服装名镇

　　广东省汕头市潮南区陈店镇　中国内衣名镇

　　广东省汕头市潮南区两英镇　中国针织名镇

　　广东省博罗县园洲镇　中国休闲服装名镇

　　四川省成都市龙桥镇　中国童装名镇

四、综合性专业市场

（一）中大国际轻纺城

　　中大国际轻纺城位处中国华南中心城市广州海珠区，地处中大纺织商圈核心位置，是目前亚洲单体建筑面积最大的现代化纺织品批发市场，建有地下两层、地上七层，建筑面积31万平方米，商铺4 000余间。中大国际轻纺城集纺织品交易、展示、商务三大功能于一体，构筑面料、辅料的一站式采购基地，经过近20年的发展，形成了约30个分市场，6 000余家商户，年成交额逾200亿人民币的纺织品批发市场群，成为广东省乃至华南地区最重要的纺织品资源采购地和集散地，是全国最重要的纺织品专业批发市场之一。

（二）广东西樵轻纺城

　　座落在佛山市南海区西樵山旅游度假区樵高公路与金樵大道汇处。市场占地面积54万平方米，拥有4 500多间商铺，分设纺织原料、服装面料、装饰布艺、床上用品、牛仔布棉织品、女装面料专业街、纺织机械、布匹零售和窗帘加工等八大交易区。其中装饰布艺交易区现有600多家装饰布艺经营店铺，聚集了全国26个省市的装饰布艺生产厂家和经销商在此经营，年销售装饰布5亿多米，并呈现规模大、档次高、品种新的发展趋势，被誉为中国"家纺名城"，引导着当今家用纺织品的新时尚。

（三）广东虎门布料市场

　　虎门布料市场目前已经成为珠三角重要的布料辅料批发集散地，与广州中大布料市场遥相呼应，成为华南地区面料辅料两大窗口之一。在虎门博美、花城、兴裕路段形成了布料多条街，目前规模较大的有虎门国际布料交易中心、花城布料辅料市场、博美布料辅料商贸中心、兴裕辅料城、财富辅料城、富民布料市场等5家大型布料市场。

（四）石狮市鸳鸯池布料市场

　　石狮市鸳鸯池布料市场位于中国休闲面料商贸名城——石狮，创建于1995年，总占地面积1 000余亩，紧邻著名的石狮服装城，已形成鸳鸯池中心市场、德辉文化大厦、金石大厦、莲花苑、元兴花园、金汇一二期、富丰一二期商厦、协盛一二期花苑面料市场等九大中心交易区，3 000多家经营户，10 000余个商铺，2 000多家公司总部，6 000多个仓储点，在全国各地设立6 000家以上分公司，并在阿联酋、意大利、西班牙、韩国、欧美等国设立分销点。

（五）中国轻纺城

　　中国轻纺城始建于20世纪80年代，是全国首家冠名"中国"的专业市场。目前，中国轻纺城已基本形成了"南部的传统交易区、北部的市场创新区、中部的国际贸易区、西部的原料龙头区和东部的物流配套区"。柯桥中国轻纺城已成为目前亚洲最大的轻纺专业市场，轻纺产品总销售额占全国的 1/3。名列全国 10 大专业批发市场第二位。全球每年有四分之一的面料在此成交，与全国近一半的纺织企业建立了产销关系。现有市场建筑面积 365 多万平方米，传统区营业房 26 000 余间，注册经营户（公司）24 000 余家，常驻国（境）外采购商 5 500 余人，国（境）外代表机构近千家。中国轻纺城市场销售网络遍布全球，常驻中国轻纺城境外企业代表机构近千家，境外专业采购商 1 万余人，常驻的境外采购商 5 500 余人，拥有自营出口实绩企业 1 459 家。

第二节　纺织面料的成本核算

面料的成本核算对于销售人员和采购人员来说都很重要，一般来说，需要较强的专业知识，即要知道用什么原料、用什么机器织，需要丰富的专业信息，如原料价格、织工、印染加工费等，同时需要良好的人际关系，可以咨询相关市场信息。

面料的成本一般由坯布成本、染整成本、包装、运费等构成。机织物、针织物的成本核算方法完全不同，因此下面分机织面料和针织面料分别计算：

机织物成本＝经向原料成本＋纬向原料成本＋织造费＋染费＋包装费＋运费

一、原料成本核算

（一）经、纬向原料成本核算（无弹力）

经向原料成本＝经纱用量（kg/100 m）×原料单价＝经纱细度（tex）×总经根数×经纱系数（K_j）/（1－经纱织缩）×原料单价

纬向原料成本＝纬纱用量（kg/100 m）×原料单价＝纬纱细度（tex）×纬密（根/10 cm）/10×箱幅×纬纱系数（K_w）/（1－纬纱织缩）×原料单价

对于纱线细度要求统一采用 tex 为单位，由于棉织物外贸中经常以英制支数为单位，因此单位要统一。

$N_{tex}＝C/N_e$，常用换算常数 C 可通过下表确定：

纱线种类	混纺比	换算常数 C
棉	100	583
化纤	100	590.5
涤棉	65/35	588
维棉	50/50	587
腈棉	50/50	587
丙棉	50/50	587

公式中的经纱系数（K_j）主要是考虑自然缩率、放码损失率、经纱伸长率、经纱回丝率等，具体可参考下表：

经纱(线)成分	K_j(纱)	K_j(线)	K_w(纱)	K_w(线)
全棉(包括黏胶、Modal、天丝等)	0.000100855	0.000101762	0.000102481	0.000102481
全合成纤维	0.000103185	0.000104113	0.000104848	0.000104848
合成纤维>55%	0.000102670	0.000103594	0.000104326	0.000104326
45%≤合成纤维≤55%	0.000102489	0.000103411	0.000104141	0.000104141
合成纤维<45%	0.000102338	0.000103258	0.000103987	0.000103987

经纱缩率可参考下表：

织物名称	织缩率		织物名称	织缩率	
	经纱	纬纱		经纱	纬纱
粗平布	7.0~12.5	5.5~8	全线卡其	8.5~14	约2
中平布	5.0~8.6	约7	纱斜纹	3.5~10	4.5~7.5
细平布	8.5~13	5~7	半线斜纹	7~12	约5
纱府绸	7.5~16.5	1.5~4	纱哔叽	5~6	6~7
半线府绸	10.5~16	1~4	半线哔叽	6~12	3.5~5
线府绸	10~12	约2	直贡	4~7	2.5~5
纱华达呢	约10	1.5~3.5	横贡	3~4.5	约5.5
半线华达呢	约10	约2.5	麻纱	约2	约7.5
全线华达呢	约10	约2.5	皱纹布	约6.5	约5.5
纱卡其	8~11	约4	灯芯绒	4~8	6~7
半线卡其	8.5~14	约2	防羽绸	约7	约4.3

缩率的确定可以按以下方法测算：

在布样的经纬向各标出一定的长度 L，然后将纱线拆出，加上张力 m_1，测定其长度 L_1；再加张力 m_2，测定其长度 L_2；根据这两点测算出 $m=0$ 时，纱线所具有的长度 B，则推算出织缩率为 $[B/(L+B)]\times100\%$。m_1、m_2 的确定，可按照 $m_1=7.644\,N_{tex}$，$m_2=2.5m_1$ 进行。

(二)经、纬向原料成本核算(有弹力)

1. 纬弹面料成本核算

常规的纬弹面料都有相对应的坯布。比如：全棉弹力府绸成品 $40\times40+40D/133\times72$ 57/58 英寸，对应的坯布是 96×72 上机门幅 84 英寸；全棉弹力纱卡成品 $16\times16+70D/120\times40$ 48/50 英寸，对应的坯布是 90×40 上机门幅 72 英寸；全棉弹力直贡成品 $32\times32+40D/190\times80$ 57/58 英寸，对应的坯布是 130×80 上机门幅 84 英寸。其他不是常规的纬弹面料门幅的缩率就按这个比例计算，一般的门幅缩率是 30% 左右，把成品的规格还原成坯布的规格，然后再按没有弹力的面料的用纱量的计算公式计算出用纱量和原料成本。

举例：$40\times40+40D/133\times72$ 57/58 弹力府绸

第一步，还原到坯布规格

$40\times40+40D/96\times72$ 82

第二步,计算氨纶包芯纱中的实际细度

40^s+40D 的包芯纱,在纺纱过程中氨纶丝的牵伸倍数一般为 2.5～4.5 倍。在这里,以常用的牵伸倍数 3.5 倍进行计算,那么氨纶的实际细度是:40 D÷3.5＝11.4 D 。再将氨纶包芯纱的英制支数单位统一成特克斯单位,计算出氨纶包芯纱中的实际细度(tex)＝583/40＋11.4/9＝15.84 tex

第三步,我们可以计算出

经纱每百米用纱量＝583/40×96×82×0.000100855/(1－12％)＝13.15 kg/100 m

纬纱每百米用纱量＝15.84×72×82×0.000102481/(1－3％)＝9.88 kg/100 m

其他的弹力面料,比如弹力纱卡、弹力贡缎、全涤四面弹、全棉四面弹、T/R 纬弹和四面弹,都采用一样的计算方法。总的思路是要根据面料的成品规格,还原到坯布的上机规格,然后根据用纱量的计算公式,计算出每米布总的用纱量和每米布氨纶的用量,就可以计算出整块面料中氨纶的含量。一般纬弹或者经弹面料的氨纶含量为 2％～5％,四面弹的氨纶含量为 4％～10％,特殊的比如泳装面料的氨纶含量在 15％以上。需要说明的是,这只是理论上计算出来的含量,实际生产过程中有很多因素影响这个百分比,例如:

40^s+40D 有两种:一种是真正的 40^s 包覆 40D 的氨纶;另外一种是用细于 40^s 的纱和 40D 的氨纶包覆后是 40^s 。很明显,前者比后者粗,含量也不一样。上面的举例用的是前一种情况。

一般的纺纱工厂为了降低成本,牵伸倍数总是用得比较大,有些甚至超过 4 倍。

有些织布厂为了降低成本,纬纱用氨纶包覆纱和没有氨纶的纱间隔使用,针织面料也可以间隔用氨纶包覆纱。

染色的时候,前处理过于强烈或者助剂使用不当,也会造成氨纶含量减少。

2. 双弹原料成本核算

方法一样,也要把成品面料规格还原到坯布的上机规格,再按没有弹力的计算方式计算。比如全棉四面弹,成品的规格是:$32^s/2+70D×32^s/2+70D$,密度是(100×60 根/英寸),门幅是 46 英寸;还原成坯布的上机规格应该是:密度为(65×46 根/英寸),门幅是 72 英寸(纬向缩率为 35％,经向缩率为 23％,一般是长车扎染)。按照前面的计算公式就可以计算出用纱量:(65＋46)×72×0.65/16＝325 g/m(经纬向的纱支一样,就把经纬密度相加),即每米的用纱量是 325 g。

再比如全涤四面弹,常见的成品规格 200D＋40D×200D＋40D,密度是(118×80 根/英寸,门幅是 57/58 英寸;还原成坯布的上机规格应该是:经纬密度是(82×56)根/英寸,(全涤四面弹一般都采用溢流缸染色,经纬向缩率都是 30％左右),上机门幅是 84 英寸,200D 换算成支数应该是 5314/200＝26.6 英支。按照用纱量的计算公式计算出用纱量:(82＋56)×84×0.65/26.6＝283 g/m。

其他的 T/R 四面弹、T/C 四面弹,都是一样的道理,只是经纬向的缩率有所不同,具体的缩率数据要咨询有相关生产经验的人。

二、染色印花后整理加工费

一般全棉用长车扎染,全工艺活性染色,春夏面料的染费在 1.5 元/m 左右,秋冬面料的染费在 2.8 元/m 左右。普通的全涤面料用机缸染色,春夏面料在 1 元/m 左右,秋冬面料在 2 元/m 左右。普通的印花根据有几套色、门幅的宽窄,加工费从 2 元/m 到 5 元/m 不等。绣花加工费以每米的针数计算,一般是普通小机平绣是 0.03 元/千针,大机绣,亮片绣,毛巾绣,水溶绣,链条绣,贴布绣,多色绣花,加工费有或多或少的增加。总之,质量要求越高,相应的加工费越贵。

在计算这些加工费的同时,不要忘了算上缩率,加上损耗。比如全棉四面弹面料,经向缩率 23%,染费 4.5 元/m,如果坯布是 15 元/m,那么染色好成本是:15/(1−23%)+4.5=23.98 元/m,再加上损耗 2%(生产过程中的缝头等),23.98×1.02=24.46 元/m。

其他特殊面料,比如锦纶面料、天丝、莫代尔等等,或者特别的加工费,比如特氟龙三防处理、绣花加工费、涂层、复合等等,需要详细咨询相应的生产加工企业,得出准确的费用。

三、其他费用

检验打卷包装的费用一般是 0.1 元/m,增值税是 17%,比如利润是 1 元/m,那么要交 0.17 元/m 的税,如果客人不需要发票,一般可以便宜 3%。

需要说明的是,这里的理论计算只适合定做的品种,特殊规格的面料。如果是常规品种,市场上的价格一般比理论计算的价格便宜,实际的价格有市场行情,在各大纺织网站基本上都可以查到,因为数量大,各个环节的加工费便宜,损耗小。还有一些偷工减料生产出来的,就更便宜,比如克重不到、经纬密度不到、纱支偏细、染色质量不好,以及用的纱线条干差、强力不好等等。

四、举例

例 1:全棉纱卡,坯布规格是 $21^s \times 16^s / 128 \times 60$,门幅 63 英寸,$21^s$ 棉纱 20 000 元/吨,18^s 棉纱 18 000 元/吨。

经向原料成本=经纱用量(kg/100m)×原料单价=经纱细度(tex)×总经根数×经纱系数(K_j)/(1−经纱织缩)×原料单价=583/21×128×63×0.000100855/(1−10%)×20000/1000=501.75 元/100 m

纬向原料成本=纬纱用量(kg/100m)×原料单价=纬纱细度(tex)×纬密(根/10 cm)/10×筘幅×纬纱系数(K_w)/(1−纬纱织缩)×原料单价=583/16×60×63×0.000102481/(1−4%)×18000/1000=264.66 元/100 m

所以每百米坯布原料成本=经向原料成本+纬向原料成本=501.75+264.66=766.41

织造费的计算常规:平纹织物加工费 0.03 分/每梭,斜纹 0.035 分/每梭,提花 0.035−0.04 分/每梭,高密织物 0.04 分以上。由于卡其是斜纹,按照每梭 0.035 分,则每百米需要 60/2.54 ×100×100=236220 梭,所以织造成本为 236220×0.035=8268 分=82.68 元/100m。

每百米坯布成本=每百米坯布原料成本+织造费=766.41+82.68=849.09 元/100m

这里需要注意的是:第一,计算成本时一定要单位统一,如细度、密度等;第二,遇到纬丝有两种原料时,要知道两种原料的排列,再按比例来计算每种原料的用纱量。如纬线排列是 A5B3A6B4,那么计算 A 纬原料时纬密按坯布纬密*11/18 计算,其他按以上公式计算;计算

B 纬原料时纬密按坯布纬密 * 7/18 计算,其他按以上公式计算。

例 2:全毛华达呢,坯布规格是 $22 \times 2\text{tex} \times 34\text{tex}/395 \times 220/149$ cm,$22 \times 2\text{tex}$ 毛纱 85 000 元/吨,34tex 毛纱 65 000 元/吨。

由于毛织物比较复杂,因此没有统一采用经纱系数,织造长缩率和染整长缩率,可以通过查阅相关资料,也可以问询相关企业获得。全毛华达呢的总长缩率为 15%～20%,这里取 19%。则

经向原料价格=经纱细度(tex)×总经根数/[1 000×(1—织造长缩率)×(1—染整长缩率)]×原料单价=$22 \times 2/1\ 000 \times 395/10 \times 149/(1-19\%) \times 85\ 000/1\ 000\ 000 = 27.18$ 元/m

纬向原料成本=纬纱细度(tex)×纬密(根/10 cm)/10×幅宽/[1000×(1—织造幅缩率)×(1—染整长缩率)]×原料单价=$34/1\ 000 \times 220/10 \times 149/(1-12\%) \times 65\ 000/1\ 000\ 000 = 8.23$ 元/m

织造成本为 $395 \times 10 \times 0.035 = 138$ 分/m=1.38 元/m

每米坯布成本=每米坯布原料成本+织造费=$27.18 + 8.23 + 1.38 = 36.79$ 元/m

例 3:纯蚕丝平纹织物,经密 754 根/10 cm,纬密 410 根/10 cm,经线组合为 2/20/22D 桑蚕丝,纬线组合为 3/20/22D 桑蚕丝,幅宽 108 cm,蚕丝价格 240 000 元/吨

蚕丝织物由于要经过精练、整理等工序,质量会发生变化,因此要考虑质量耗损率,一般来说桑蚕丝织物 21%,生绢丝 10%,柞蚕丝 15%,人造丝 3%,合纤长丝不计。

经向原料用量=经丝细度(D)/9000×总经根数/(1—质量耗损率)=$21 \times 2/9000 \times 754/10 \times 108/(1-21\%) = 48$ g/m

经向原料用量=纬丝细度(D)/9000×总经根数/(1—质量耗损率)=$21 \times 3/9000 \times 410/10 \times 108/(1-21\%) = 39$ g/m

每米该织物的原料单价=48+39=87 g/m=$87 \times 240\ 000/1\ 000\ 000 = 20.88$ 元/m

织造费用根据纬密确定,一般丝织物采用喷气、喷水织机织造,喷水织机 210T 以下按照 0.01～0.015 分/梭,310T 以下按照 0.015～0.025 分/梭,400 T 以下按照 0.025～0.035 元/梭,消光品种在此基础上加 0.005 分/梭,桃皮绒、花瑶、色丁等 0.02～0.03 分/梭(加密品种加 0.01 分/梭),循环大、强捻、弹力品种 0.03～0.05 分/梭。本例按照 0.02 分/梭,则

每米织造费用=$410/10 \times 100 \times 0.02 = 82$ 分=0.82 元/m

每米坯布成本=每米坯布原料成本+织造费=$20.88 + 0.82 = 21.7$ 元/m。

五、针织物成本核算

针织物成本核算相对机织物来说简单一点,针织物的成本包括原料成本、织造费及印染加工费。

(1)光坯布成本 x(单位:元/吨)=[(原料价格+织造加工费)/(1—织耗)+染色加工费]/(1—染耗)。

(2)成衣用料 y(克)=用料面积×坯布克重/(1—裁耗)。

(3)成衣加工费 z 一般在 1～5 元/件。

(4)考虑辅料包装等费用 c(按不同产品的实际费用确定)。

(5)考虑毛利润 l,一般在 5%～10%。

(6)其他(如高科技含量等 f)。

一件成衣出厂价=$(x \times y + z + c) \times (1+l) + f$

上式中:织耗、染耗、裁耗的确定根据产品不同,可按实际或从相应针织手册中查询;原料价格、织造加工费、染色加工费根据产品不同和市场价确定,目前织造加工费一般在 2000~3000 元/吨,染色加工费 6000~12000 元/吨(颜色越深加工费越高)。

举例:全棉 21^S 汗布圆领短袖衫,平方米克重 180 g/m^2,染棕色,原料规格幅宽 50 cm,胸围 100 cm,衣长 70 cm,袖长 20 cm。试求该针织汗衫成本核算和出厂价。

成本核算如下:

各参数确定:21^S 棉纱价格为 20000 元/吨,汗布织造加工费 2000 元/吨,织耗 2%,染棕色加工费 12000 元/吨,染耗 6%,成衣加工费 1.5 元/件,裁耗 5%,辅料等 0.8 元/件,毛利润 5%(取低限,复杂产品可取高限)。

设衣服下摆、袖边、合缝处毛边余量为 6 cm(含缩率、缝耗等),毛边余量根据产品不同而不同,可按款式要求和针织手册确定。

计算:

(1)每件衣服用料面积=长×宽=$(0.70+0.06+0.20+0.06) \times (0.5 \times 2 + 0.06)$

$= 1.0812$ m^2

考虑裁耗 5%,则实际用料为 $1.0812/(1-5\%) = 1.1381$ m^2

(2)每件成衣用料重量 $y = 1.1381 \times 180 = 205$ g $= 0.205$ kg/件

(3)光坯布成本价=$[(20000+2000)/(1-2\%)+12000]/(1-6\%) = 36648$ 元/吨

(4)每件衣服光坯布成本价=$0.205 \times 36648/1000 = 7.52$ 元/件

(5)考虑辅料和成衣加工费,则每件衣服成本价=$7.52+1.5+0.8 = 9.82$ 元/件

(6)考虑毛利润,则每件衣服出厂价=$9.82 \times (1+5\%) = 10.31$ 元/件

备注:(1)上述不含销售利润;(2)如为高科技含量产品,可另加附加值 f,视不同情况确定。

第三节　服装面辅料的跟单

一、服装面辅料跟单职责

(一)服装生产企业面辅料跟单员职责

面辅料跟单是服装生产企业中服装跟单的重要组成部分,其主要任务是跟踪、协调、组织、管理服装订单生产所需要的面辅料供应,确保订单生产所需要的面辅料按照预定的颜色、规格、数量、质量准时供应到服装生产部门,避免因面辅料问题而影响订单的生产。面辅料跟单任务繁杂,跟单员必须对自己的职责非常明确,做好日常工作,它是确保服装订单最后完成的重要前提。具体来说,其职责如下所述:

(1)收集并了解面辅料市场和面辅料供应商的信息资料。

(2)给面辅料部发出生产计划订单。

(3)跟进面辅料样板制作情况。

（4）跟踪服装订单用户对面辅料样板的审核及修改意见。

（5）向面辅料供应商反馈审核意见，跟进面料修改。

（6）计算、核对面辅料用量，填写面料订购清单。

（7）发出面辅料订购清单，督促落实面辅料采购计划。

（8）跟进、督促大货面辅料生产。

（9）协调、组织大货面辅料运输、查验点收等工作。

（10）做好服装订单生产完成后的剩余面辅料返还、转运工作。

（二）贸易公司的面辅料跟单员职责

贸易公司的面辅料跟单员是面辅料生产企业和服装生产企业的桥梁，与服装生产企业跟单员有相同之处，但也有不同之处，其相同之处表现在：

（1）从跟单目标而言，都是为了保证订单项下的货物能够按时、按质、按量抵达合同或信用证要求的地方。

（2）从跟单人员的知识构成而言，都需要具备外贸基础知识与商品知识，还要有计算机与外语能力。

（3）从跟单业务进程而言，都涉及前程跟单、中程跟单和全程跟单。

（4）从跟单的能力而言，要求具备某项商品的专业知识，精通生产操作，能分析和解决问题。

不同之处主要是：

（1）所处企业不同，外贸公司跟单员所涉及的产品品种、结算方式等比生产企业跟单员要相对多些，接触企业面要相对较大。

（2）跟单工作侧重不同。生产企业跟单员素质要求侧重于产品知识、工艺质量等。而外贸公司的跟单员要求广泛。

二、供应商的评估

一般来说，评核供应商的基本评估准则是遵循"QCDS"四个项目，即质量（Quality）、成本（Cost）、交付（Delivery）、服务（Service）四个方面并重的评估准则。评估供应商除要遵循客观公正、防止偏颇的原则外，还要注意以下事项。

（1）不同的物料供应商应用不同的审核标准评估；

（2）采购前一定要清楚客户的需求，明确订单内容；

（3）了解供应商的竞争对手；

（4）诚信是建立长期合作关系的基础；

（5）供应商的态度和应变能力是采购能否圆满完成的保证；

（6）跨国供应还要考虑文化和地域的差异；

（7）做好采购记录，定期评估。

三、跟单的分类

跟单简言之就是跟进、跟随、追踪订单，详细来说就是有关进出口、单证、报关、运输等业务的跟进和实现作业过程的总称。

（一）根据跟单对象分

1. 生产跟单

生产跟单生产过程跟单，其任务是跟进或跟踪已接订单后的生产过程，即确保材料采购、生产进度、质量监控、包装储运等事务能如期完成，为后续的外贸跟单做好准备。

2. 外贸跟单

外贸跟单又称进出口业务跟单，也就是外贸业务跟进，其主要职责是找准客户专项跟进，以促成合同的签订；将合同分解成订单，跟踪订单到各职能部门，协助并敦促各职能部门完成订单任务；跟踪安排运输、保险、报关、结汇、出口退税等；保存与管理单据文档；等等

（二）根据业务进程分

1. 前程跟单

前程跟单跟到出口货物交到指定储运仓库为止，一般由生产跟单员完成。

2. 中程跟单

中程跟单跟到出口货物到货物装船清关为止，一般由外贸跟单员完成。

3. 全程跟单

全程跟单跟到货款到账、合同履行完毕为止。

（三）根据货物流向分

1. 进口跟单

进口跟单在进口业务中跟踪业务单据，跟踪订单在对方的履行情况，以保证进口货物的质量、数量等符合本方的要求。

2. 出口跟单

出口跟单同外贸跟单（含生产跟单）

（四）根据业务范围分

1. 内部跟单

内部跟单跟踪产品的生产制造、监控产品质量、保证交货进度等。这些工作主要在企业内部进行。

2. 外部跟单

外部跟单与客户沟通交流、跟踪运输保险、监管包装运输、跟踪银行结算、协助办理退税以及原材料采购、产品外包等。这些工作多发生在企业外部，跟踪时常常需要与外单位打交道。

四、服装面辅料样板跟单

（一）面辅料样板种类

在整个面辅料样板跟单中，跟单员需要跟进的面辅料样板有：色板、纱卡、确认板、头缸板、缸差板、后整理样板等。

1. 色板（Lab Dip）

面料颜色样板，俗称"手掌样"。就是面料供应商或布料织造厂按照客户或服装企业的要求，专门针对所选定的颜色第一次织造出，用于确定面料颜色的样板，简称色板。色板的

织制简称打小样,织制时要求快速、准确。

在面料采购跟单工作流程中,颜色样板的跟进和批复是采购前期最主要的跟单工作,是保证大货面料顺利生产的关键点。

(1)填写"打颜色样板通知"

一般来说,化纤类染色面料每种色打 4 个板,其他类型面料每种色打 2~3 个板。面料颜色样板的打样时间有:染色样 3 天左右,印花样 8 天左右,色织样 10 天左右,有些特殊情况可以根据实际情况特殊处理。

(2)通知面料部或面料供应商打色板

"打颜色样板通知"填写完成后,送达面料供应部或供应商,作为织造面料颜色样板的依据。一般情况下,面料供应商应提供面料色卡,跟单员应促使客户在供应商所提供的色卡中选定其订单所需的色号。这样可以简化面料样板批复修改等跟单工作,还可以方便面料的采购,减少面料供应上的差错。

(3)颜色样板对色

面料对色就是观察面料的样品颜色与客户原样板间的颜色差别。面料供应商完成面料颜色样板织造后,将颜色样板尽快送给面料跟单员,由跟单员会同质检部门对颜色样板进行颜色核对,鉴别面料样板颜色与客户原样板的颜色是否一致。

(4)颜色样板批复

面料颜色样板对色完成,审核合格后,由跟单员将颜色样板送交客户审批,以确定大货面料的颜色。面料颜色样板批复流程首先由开发部,跟单部与面料部共同审核颜色样板,然后由跟单员将颜色样板交给客户审批并确定大货面料的颜色。如果颜色样板未获客户审批通过,应要求客户提出更正颜色样板的具体要求。

(5)整理面料颜色样板

跟单员要详细记录每个客户对颜色样板的批复意见,总结不用客户的不同特点和要求,以便以后改进面料颜色样板的跟单。已经完成的面料颜色样板要贴在规定的表格内,并根据打样通知书标明色号、色名、编号、送样日期等。

2. 纱卡

纱卡也称为线卡,是为了确定面料成分、特性、手感的纱线样板。在面料报价时,跟单员向供应商要求提供纱卡,将纱样寄给客户挑选确定纱线手感、重量、色牢度、染色均匀度等,挑出合适的纱样作为最终产品的标准,保证成衣的生产质量。

3. 确认板

确认板是采购合同签订前或面辅料正式投产前,由客户对面辅料整体效果最终确认的样板,确认板需要确定的项目有:

(1)面辅料质地、成分、厚薄、重量。

(2)面辅料肌理、纹路、颜色、图案。

(3)面辅料手感、弹性、悬垂性。

(4)面辅料规格、产地等。

4. 手感板

当客户对成品尤其是各种加软洗水以后的成品有特殊手感要求时,跟单员应向客户索取最终的手感板,并将手感板和标准要求等资料一起交给面料部或加工厂,面料部或加工厂在进行大货面料或成品洗水时要严格核对手感标准,尽量使面料洗涤后的手感满足客户需求。

5. 头缸板

头缸板是第一次染色出缸的面辅料,或者是将面辅料批量生产中的第一件成品作为生产前板提交给客户批复确认。通常确认板一经客户确认后,跟单员就得下发通知进行生产。

6. 缸差板

缸差是批次不同的面辅料因不同的染色缸次所出现的颜色差异,缸差板是用于判断面辅料色差是否在可接受范围内的样板,作为控制大货面辅料颜色标准的样板。缸差会严重影响面辅料的品质,即使是同一缸次染出的面辅料也会有差异。

(二)面料测试样板跟单

面料测试样板跟单主要包括缩水率、热缩、性能、洗水和染色等方面。

1. 缩水率测试

缩水率测试一般由加工厂或面料部派专人负责,跟单员跟进测试,及时收取缩水率测试报告,并将测试结果告诉客户,测试方法和执行标准应该严格按照订单合同规定或客户要求,但无论采用哪种标准,同一批次各种颜色面料的缩水率误差不得超过±2%,其一般操作程序为:

(1)取样

机织物取样方法:每批取 3 块试样,试样尺寸为经向 55 cm,纬向全幅。先将试样沿经向两端各剪去 2.5 cm,取中间 50 cm,纬向全幅。再在试样中间均匀量取 3 个点,然后按经纬 3 个位置正确而平直地用铅笔画"T"字形。"T"形仔细缝纫做标记,或用不褪色的笔正确画"T",精确测量 3 个"T"形记号之间的经、纬向距离。

针织物取样方法:针织物沿纵向或横向各量取 3 处,纵向量 50 cm,横向量全幅(平幅织物离边 10 cm,阔幅在 1 m 以上者离布边 25 cm,圆筒织物离边 5 cm)。用划粉或铅笔对准线圈画好十字记号,并用棉线沿标记精细缝纫,并记录缩水前的纵、横向尺寸,锦纶圆筒织物分别量取上下两层。量取时应精确至 0.1 cm。

(2)经过洗水测试以后,用熨斗将布料轻熨平整,平铺在台面上,分别量度经向与纬向间的尺寸,并与洗水前量度的尺寸做对比,计算出平均值。

(3)已装配电子供应链管理系统的服装企业还需将测试结果和评语输入管理系统。

(4)如果测试结果显示面料的缩水率不符合要求,跟单员应通知面料部负责人重新选取面料做测试。

2. 热缩测试样板跟单

无需洗水测试的面料一般需要做热缩测试,其测试用的面料裁剪数量与洗水测试相同。热缩测试多采用熨热加热的办法,测试面料受热后的伸缩情况。热缩测试报告同样需填写测试报告,并分送客户批复及面料部、采购部、纸样 CAD 部、生产部、跟单部各一份备查。一般将面料沿经纬向垂直剪成 30 cm×30 cm,用蒸汽闷烫 3 min,冷却后测量其缩率。

3. 性能测试样板跟单

一些对服装质量要求较高的客户,通常要求对面料性能进行综合性测试,这项工作一般由跟单员剪取 3~5 m 测试布样,列明需要测试的技术指标,寄送纺织品专业检测机构如

ITS、SGS、BV 等完成。纺织品测试主要分有面料测试与成品测试两大类,主要测试项目包括:尺寸稳定性、色牢度、综合性能、织物结构、成分分析、服装试验、附件检测、燃烧测试、填充棉试验、地毯试验项目、环保纺织品测试等。

4. 洗水或染色样板的跟单

跟单员根据客户要求的洗水标准,选择合适的洗水厂进行面料或成衣洗水测试。洗水完成后,跟单员需认真核对洗水后面料样板的颜色、手感、缩水率、柔软度和褪色磨白效果等,并送交客户批复。对于一些需要测试特殊洗水效果的面料样板,要将剪出的面料样板制成一截裤筒形状的洗水模型,以更好地检验洗水后的效果,特别是检验磨白洗水效果和缝道、裤脚的雪花凹凸花纹等。对于特殊要求的订单,除日常服装面料的日晒色牢度或汗渍牢度测试、耐磨测试以及功能服装面料的保暖度或凉爽感测试、防污防尘测试、防水测试等,对出口外贸成衣的面料还需进行阻燃测试、重金属含量测试、对人体有害的微量元素测试等,以确保服装产品符合进出口的检验标准,而需通过烘干的成衣,烘干后需进行抗撕裂强度测试。

五、服装面辅料采购跟单

(一)面辅料采购跟单总流程

面辅料在采购过程中,跟单员需要跟进的主要工作包括:发出订购单和面辅料标准样板,跟进供应商提交的面辅料颜色样板,跟进大货面料颜色样板与手感样板,批复并确认样板颜色和手感,跟进大货面料的交货日期和地点,检验面辅料的质量,数量和颜色等。

(二)面辅料采购前的准备工作

1. 资料准备

包括客供面辅料颜色原样板、面料原手感样样板、客供面辅料质量样板、客户已确认的小样、客户订单或合同复印件、客户最终确认样板、客户批复样板的确认意见及更正资料、生产制单与生产工艺要求、客户的特殊要求、面辅料供应商的所有资料、面辅料样板的准备等其他资料。

2. 用量预算

首先预算出单件成衣用料,然后根据面辅料本身造成的损耗和生产中产生的损耗进行大货生产用料预算与控制。

3. 清查库存

查阅库存清单,检查库存面料,清查资料的建档与管理。

(三)面料采购前期跟单工作

包括:收集面料信息资料,制定采购跟单计划,反复计算采购数量,填写面料订购清单,确认大货头缸样板,做好大货面料投产前准备等工作。

(四)面料采购中期跟单工作

包括:做好大货面料生产跟进,做好面料数量与质量等级控制,做好大货面料运输安排,做好大货面料查验点收等工作。

(五)面料采购后期跟单工作

包括:制作面料卡,试排料,成衣洗水测试,面料溢缺值核算,剩余面料的返还,面料资料管理等工作。

参 考 文 献

1. 周璐瑛. 现代服装材料学[M](第2版). 北京:中国纺织出版社,2011.

2. 杨静. 服装材料学[M](第2版). 北京:高等教育出版社,2007.

3. 濮微. 服装面料与辅料[M](第2版). 北京:中国纺织出版社,2015.

4. 徐军. 服装材料[M](第2版). 北京:中国纺织出版社,2001.

5. 刘元风. 服装设计学[M](第2版). 北京:高等教育出版社,1997.

6. 包昌法. 服装缝纫工艺[M](第2版). 北京:中国纺织出版社,1998.

7. 欧阳心力. 服装工艺学[M](第2版). 北京:高等教育出版社,2005.

8. 李世波,金惠琴. 针织缝纫工艺[M](第3版). 北京:中国纺织出版社,2006.

9. 吴微微. 服装材料学[M](第2版). 杭州:浙江大学出版社,2009.

10. 郑佩芳. 服装面料及其判别[M](第2版). 上海:中国纺织大学出版社,1994.

11. 吴震世. 新型面料开发[M](第2版). 北京:中国纺织出版社,1999.

12. 朱松文. 服装材料学[M](第2版). 北京:中国纺织出版社,2010.

13.《织物词典》编辑委员会. 织物词典(第1版). 北京:中国纺织出版社,1996.

14. 陈琦,徐燕,侯经初等. 毛纺织品手册[M](第1版). 北京:中国纺织出版社,2001.

15. 李桂珍. 麻纺织品手册[M](第1版). 北京:中国纺织出版社,2003.

16. 滑钧凯. 纺织产品开发学[M](第2版). 北京:中国纺织出版社,2005.

17. 邢声远. 董奎勇. 杨萍. 新型纺织纤维[M]. 北京:化学工业出版社,2013.

18. 翟亚丽. 纺织品检验学[M]. 北京:化学工业出版社,2009.

19. 曾林泉. 纺织品贸易检测精讲[M]. 北京:化学工业出版社,2012.